2021年江苏省主题出版重点出版物

以水定城　以水定业

——江都水利枢纽印记

YISHUI DINGCHENG
YISHUI DINGYE

江苏省水利厅　组织编写

河海大学出版社
·南京·

图书在版编目(CIP)数据

以水定城　以水定业:江都水利枢纽印记 / 江苏省水利厅组织编写. -- 南京 : 河海大学出版社, 2021.6

ISBN 978-7-5630-6987-3

Ⅰ. ①以… Ⅱ. ①江… Ⅲ. ①水利枢纽—水利工程管理—江都 Ⅳ. ①TV6

中国版本图书馆 CIP 数据核字(2021)第 096193 号

书　　名　以水定城　以水定业——江都水利枢纽印记
书　　号　ISBN 978-7-5630-6987-3
策划编辑　朱婵玲　吴劭文
责任编辑　谢业保　龚　俊
特约编辑　倪美杰　蔡芳盈
特约校对　王新月　曹　阳
封面设计　独好文化
装帧设计　红骑士设计
出版发行　河海大学出版社
地　　址　南京市西康路 1 号(邮编:210098)
电　　话　(025)83737852(总编室)
　　　　　(025)83722833(营销部)
经　　销　江苏省新华发行集团有限公司
排　　版　南京布克文化发展有限公司
印　　刷　南京工大印务有限公司
开　　本　787 毫米×1092 毫米　1/16
印　　张　18.25
字　　数　433 千字
版　　次　2021 年 6 月第 1 版
印　　次　2021 年 6 月第 1 次印刷
定　　价　228.00 元

《以水定城　以水定业——江都水利枢纽印记》

编辑委员会

序

“古有李冰都江堰，今有人民江都站”。江都水利枢纽历经60年沧桑与辉煌，可谓明珠闪亮，功勋卓著。在举国隆重庆祝中国共产党成立100周年之际，《以水定城　以水定业——江都水利枢纽印记》编撰出版，不仅是对江都水利枢纽60年建设发展历程的回顾与展望，也是对江苏水利改革发展历程的见证与记载，更是在中国共产党领导下的江苏儿女水治理成效的积淀和凝练。

中华人民共和国成立后，毛主席发出“一定要把淮河修好”的伟大号召。在周恩来总理的亲自关心下，江都水利枢纽工程于1961年12月正式开工。历经17载，集调水、排涝、泄洪、通航、发电、改善生态环境等功能于一体，由中国人自行设计、自行建设的综合水利枢纽巍然屹立于世界东方，享有“江淮明珠”美誉。该工程既是治淮工程的重要节点，也是南水北调东线工程的“源头”。60年来，江都水利枢纽累计抽引江水1 530.0亿m^3，抽排里下河地区涝水398.4亿m^3，自流引江

1 396.5 亿 m^3，利用淮河余水发电 10 181.4 万 kW·h，为受益地区抗旱排涝、农业增产丰收、百姓安居乐业做出了重要贡献。

国家南水北调东线工程以江都水利枢纽为源头，抽引江水通过 13 级泵站和穿黄隧道，将长江水输送到山东、河北、天津、北京以及雄安新区。截至 2020 年底，江苏累计向省外送水 47 亿 m^3，有效缓解了北方地区水资源严重不足的问题，充分彰显了“源头”的战略地位。源头之水，逆流北上，再现京杭大运河的繁华盛景，唱响了南水北调强国富民的雄壮乐章。

斯为序！

江苏省水利厅厅长

2021 年 5 月

目录

上篇

影像记录

第一章 历史剪影

1 工程旧貌

（1）20 世纪 70 年代

江都抽水站航拍 1（ 1974 年）

江都抽水站航拍 2（1974 年）

江都第一抽水站

江都第二抽水站

江都第三抽水站

江都第四抽水站

万福闸

太平闸

金湾闸

江都东闸

江都西闸

芒稻闸

宜陵北闸

太平闸鱼道

金湾闸鱼道

（2）20世纪80年代

江都第一抽水站

江都第二抽水站

江都水利枢纽鸟瞰图

江都第三抽水站

江都第四抽水站

江都抽水站变电所

万福闸

太平闸

江都西闸

芒稻闸

（3）20 世纪 90 年代

江都水利枢纽航拍 1

江都水利枢纽航拍 2

江都第三抽水站

江都第四抽水站

江都水利枢纽变电所

万福闸

江都西闸

邵仙闸洞

宜陵闸

邵仙套闸

2 工程建设场景

（1）工程早期建设场景

正在建设中的江都第四抽水站

江都第四抽水站建设内景

水泵安装

大型水泵主轴吊装

上海电机厂三结合小组在江都四站检查电机设备

技术人员检查大型水泵运转情况

上海开关厂三结合小组在四站协助检查自动控制设备

水泵运到工地

上海整流器厂技术人员测试自动控制线路

上海工人协助检查线路

建设者工间休息表演

工地理论学习场景

（2）工程加固改造

引河Y形导流坎施工

江都三站电机安装

变电所Ⅱ号主变安装

河道模袋混凝土施工

河道疏浚

江都东西闸之间河道抛石现场

江都三站进水流道模板制作

江都四站新水泵部件吊装

江都西闸闸门吊装

水泵制造质量检查

（3）工程试运行

江都一站试运行（1963 年）

江都四站两台机组试机（1975 年 7 月 1 日）

第二章
雄伟工程

1 工程外景

江都水利枢纽航拍（2021 年 4 月）

江都水利枢纽鸟瞰图

江都第一抽水站

江都第二抽水站

江都第三抽水站

江都第四抽水站

江都抽水站变电所

万福闸

太平闸

金湾闸

江都东闸

江都西闸

芒稻闸

送水闸

邵仙套闸

运盐闸

邵仙闸洞

邵伯节制闸

宜陵闸

宜陵北闸

三里窑船闸（原宜陵船闸）

五里窖船闸

万福闸鱼道

金湾闸鱼道

2 工程内景

江都第一抽水站

江都第二抽水站

江都第三抽水站

江都第四抽水站

枢纽集中控制中心内景

万福闸启闭机房内景

江都东闸

江都西闸

芒稻闸

运盐闸

宜陵闸

第三章 治水方略

宏伟构想

淮河是中国七大河流之一，中华人民共和国成立后即拉开了治淮工程的帷幕。1950年10月14日，政务院发布《关于治理淮河的决定》，1951年，毛泽东主席发出“一定要把淮河修好”的号召。随后，国家对淮河投入巨大的人力和物力进行治理。

1952年10月30日，毛泽东主席视察黄河，在听取时任黄河水利委员会主任王化云关于引江济黄设想的汇报后指出：“南方水多，北方水少，如有可能，借点水来也是可以的。”这是第一次关于南水北调的宏伟设想。

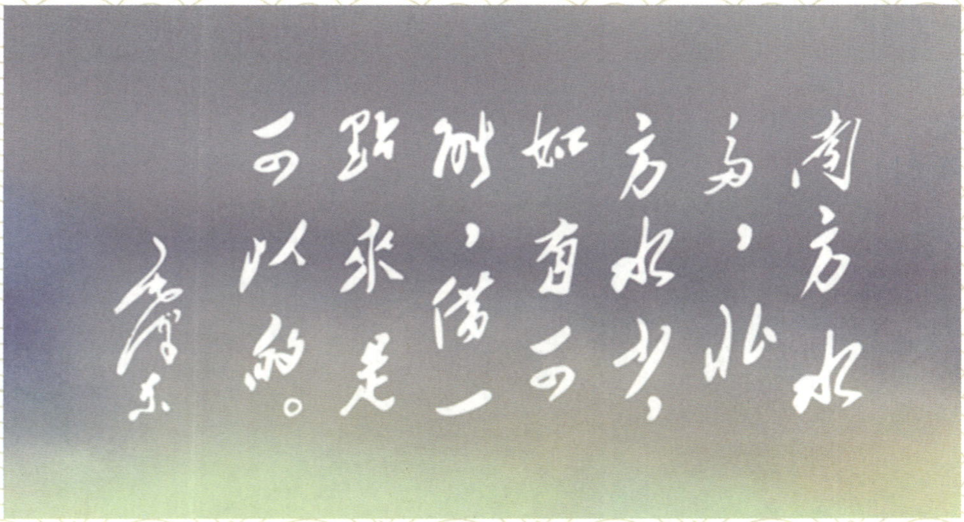

宏伟构想

周恩来总理非常重视淮河流域的全面规划和综合治理，提出了“蓄泄兼筹，以达根治之目的”的治淮方针和“三省共保、三省一齐动手”的团结治淮原则，先后批准导沂整沭工程、开挖苏北灌溉总渠及淮沭新河、整治大运河、兴建江都水利枢纽工程等一系列治淮大型骨干工程的建设。

陈云同志积极主张南水北调。1975年7月16日，他在扬州视察江都抽水站时指出：“南水北调是造福子孙后代的大事，在条件允许时应当进行。”1978年2月19日，在中共十一届二中全会东北组会上，他提出要搞南水北调。陈云同志十分关注水资源问题，多次强调要从战略高度来认识水的问题。

江水北调规划

1958年江苏省水利厅编制《江苏省水利规划提纲》，提出“扎根长江、江水北调、引江济淮”的总体规划，规划开挖南官河引水穿过通扬运河入里下河地区，干线经卤汀河、射阳河出海，拓浚通扬运河为输水河道，结合航运，在南官河口及通扬运河西口各建引江闸，兴建邵伯大控制工程，在邵伯、大汕子建抽水站。1960年2月，江苏省人民委员会报送了《江水北调东线江苏段工程规划要点》和《苏北引江灌溉电力抽水站设计任务书》，正式形成了“八级提水、四湖调节”的江水北调综合治理规划方案，其中规划将邵伯抽水站移至归江河道上，称滨江站。4月15日，水利电力部批准第一期工程先行施工。

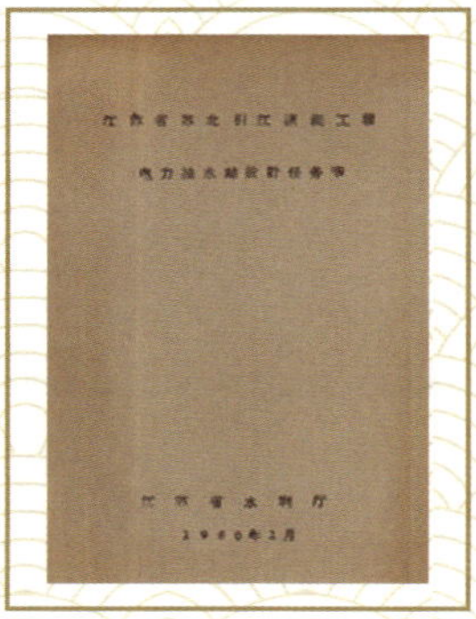
江苏省水利厅

江苏省水利厅
1960年1月

江水北调规划

1961 年 3 月，水利电力部召开六省市规划筹备会议，研究认为：抽引江水到山东的工程规模巨大，决定暂缓考虑，抽引江水先解决苏北地区灌溉用水。1961 年 4 月，水利电力部批准江苏实施苏北引江灌溉工程。同年 8 月，江苏省人民委员会报送《苏北引江灌溉第一期工程滨江抽水站修正设计》，同时上报江都水利枢纽工程设计方案，将滨江站移址到江都，更名为江都抽水站。同年 12 月，江都一站开工。1963 年 1 月，国务院正式批复，同意江都水利枢纽工程的总任务为：通过自流和抽引江水，统一调度江、淮、沂沭泗水源，以达到苏北里下河地区涝、淤、旱、碱综合治理的目的。江都站装机规模第一步按抽排里下河地区涝水 250 m^3/s 设计，近期抽引江水灌溉限于 250 m^3/s。如以后淮河来量减少，装机需要扩大时，再行报批。

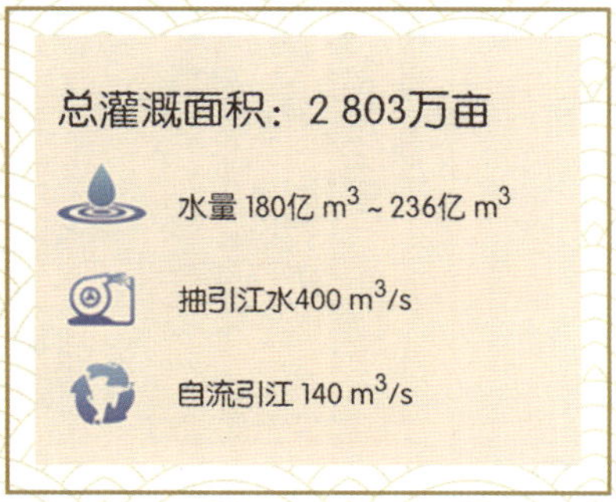

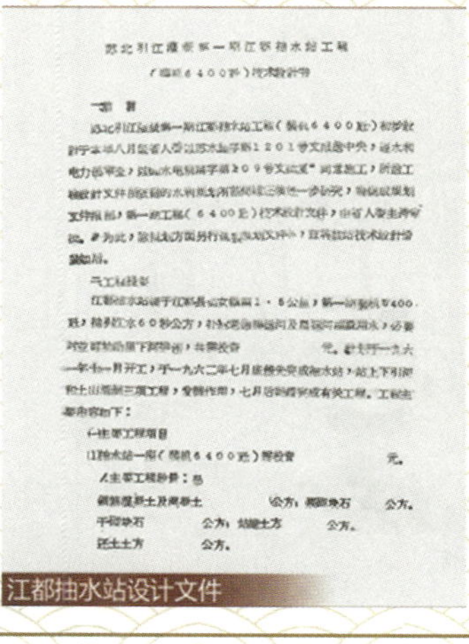
江都抽水站设计文件

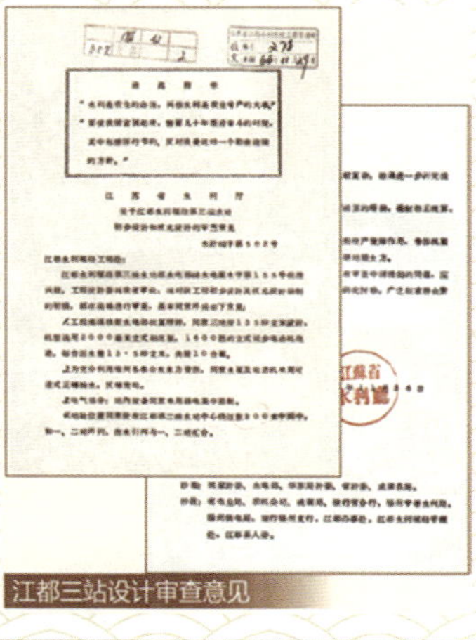
江都三站设计审查意见

江水北调规划

1970 年江苏省水电局编制完成《江苏省淮河地区骨干工程规划治理意见》，计划在已建的自流引江工程和江都抽水站一、二、三站共抽水 250 m³/s 的基础上，再增加 150 m³/s，达到 400 m³/s。此次设计为缓解淮河自 1959 年断流 108 天，1966—1967 年连续断流 221 天造成的洪泽湖干涸，里下河地区水位低落、水质变坏，入海港口淤塞严重问题，解决苏北农田灌溉压力、冲淤保港的燃眉之急。

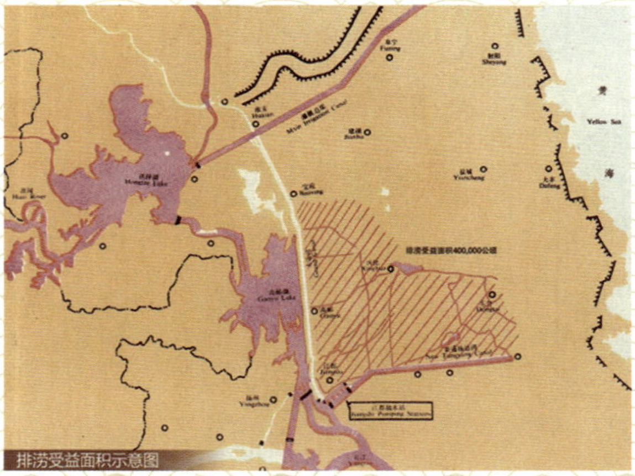

排涝受益面积示意图

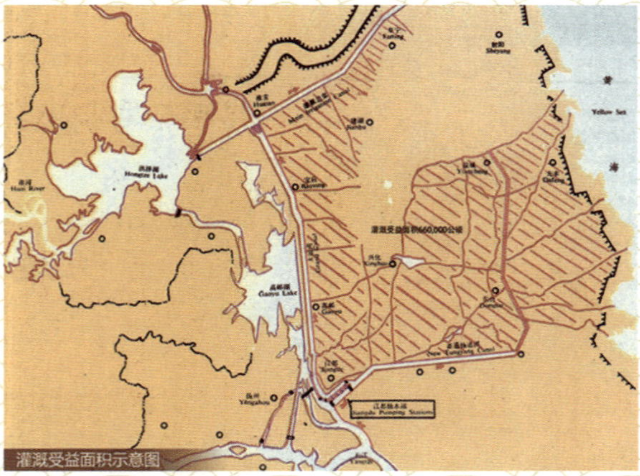

灌溉受益面积示意图

国家南水北调东线一期工程

南水北调东线工程是在江苏省江水北调工程基础上的扩大规模和向北延伸。从江苏省扬州市境内的长江引水，利用京杭大运河及与其平行的河道输水，以洪泽湖、骆马湖、南四湖、东平湖为调蓄水库，经泵站逐级提水进入东平湖分水两路，一路向北穿黄河后自流到天津，另一路向东经胶东地区输水干线接引黄济青渠道，向胶东地区供水。全线设 13 个梯级抽水站，其中江苏境内 9 级，山东境内 4 级，总扬程 65 m，从长江到天津北大港水库输水主干线长 1 156 km。

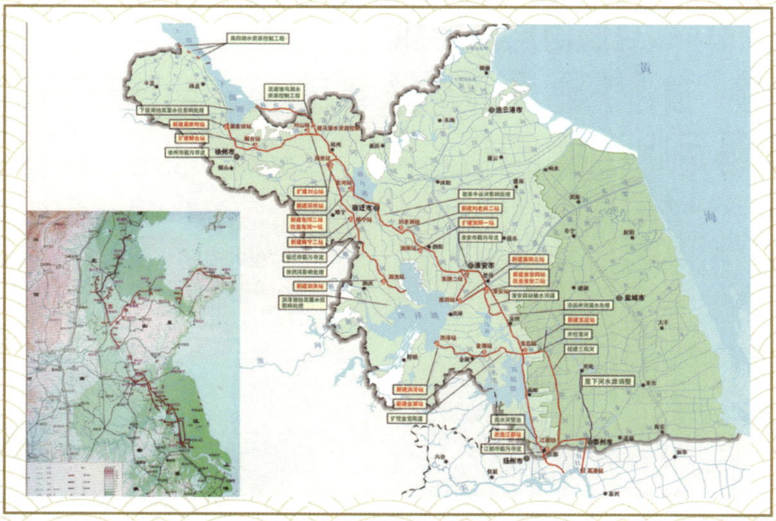

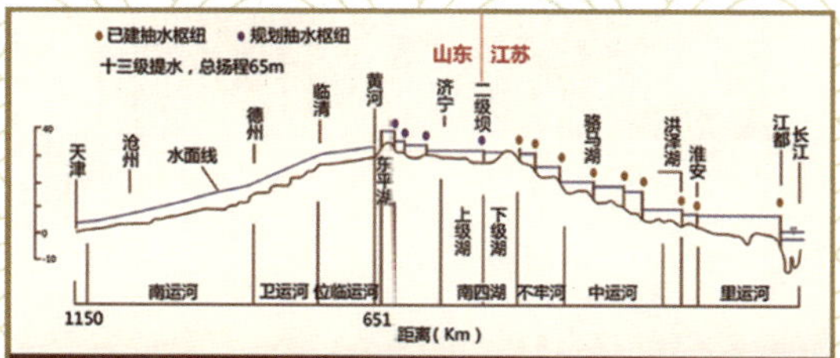

南水北调东线工程输水干线纵断面示意图

梯级	站名	规模（m³/s）	设计流量（m³/s）利用现有工程	新增	合计
一	江都站	500	400		400
	宝应站			100	100
	高港站*		300		300
二	淮安站	450	200	100	300
	金湖站			150	150
三	淮阴站	450	200	100	300
	洪泽站			150	150
四	泗阳站	350	160	70	230
	泗洪站			120	120
五	刘老涧站	340	150	80	230
	睢宁站		50	60	110
六	皂河站	275	175	75**	175
	邳州站			100	100
七	刘山站	125	50	75	125
八	解台站	125	50	75	125
九	蔺家坝站	75		75	75

注：*加力站 **新增备机 ▭南水北调供水区 ▭东引供水区

南水北调东线一期工程江苏境内泵站规划规模表

正式通水

人民日报
RENMIN RIBAO

2013年12月9日
星期一
癸巳年十一月初七
人民日报社出版
国内统一连续出版物号
CN 11-0065
代号 1-1
第 23893 期
今日 24 版

人民网网址：http://www.people.com.cn

习近平就南水北调东线一期工程正式通水作出重要指示要求

总结经验 加强管理 再接再厉
确保工程运行平稳 造福人民

李克强作出批示 张高丽作出部署

新华社北京12月8日电 经多年建设，南水北调东线一期主体工程已完工，近日正式通水。中共中央总书记、国家主席、中央军委主席习近平对此作出重要指示，强调南水北调东线一期工程如期实现既定通水目标，取得重大进展，向为工程作出贡献的全体同志表示慰问和祝贺！南水北调工程是事关国计民生的战略性基础设施，希望大家总结经验，加强管理，再接再厉，确保工程运行平稳、水质稳定达标，优质高效完成后续工程任务，促进科学发展，造福人民群众。

中共中央政治局常委、国务院总理李克强作出批示，指出南水北调是优化我国水资源配置、促进经济社会可持续发展的重大战略性基础工程。东线一期实现正式通水，凝聚了参与工程建设运营的全体干部职工和技术人员的不懈努力和辛勤汗水，谨向你们表示慰问和感谢！要再接再厉，着力做好通水后的质量、环保、安全以及各项保障工作，扎实推进后续工程建设，确保清水北送，造福沿线群众，让千家万户受益。

中共中央政治局常委、国务院副总理、国务院南水北调工程建设委员会主任张高丽就贯彻落实习近平重要指示和李克强批示作出部署，要求切实做好工程维护、水质安全、水量配置和沿线环境生态保护等工作，充分发挥经济社会效益。

按照计划，这次调水过程将于12月10日结束。南水北调东线一期工程自长江下游江苏境内江都泵站引水，通过13级泵站提水北送，经山东东平湖后分别输水至德州和胶东半岛。工程干线全长1467公里，设计年抽江水量87.7亿立方米，供水范围涉及江苏、安徽、山东3省约71个县（市、区），直接受益人口约1亿人，总投资500多亿元。

南水北调工程是缓解我国北方水资源严重短缺局面的战略性基础设施。按照规划，工程分东、中、西三条线路从长江调水北送，总调水规模448亿立方米。南水北调工程分期建设，目前正在实施东、中线一期工程。中线一期工程建设进展顺利，主体工程将于今年底基本完工，明年汛后通水。

南水北调线路示意图

图片来源：中国南水北调网站

2013年8月15日南水北调东线一期工程全线通水验收

江都抽水站三次选址

三次选址位置示意图

1　一次选址邵伯大控制工程

2　二次选址滨江站

3　三次选址江都站

枢纽工程建设时序

邵伯节制闸	1952.10—1953.5
万福闸	1959.10—1962.12
江都一站	1961.12—1963.3
变电所	1961—1963（1967—1969扩容）
土山坝涵洞	1961.12—1962.11
宜陵闸	1963.3—1963.7
邵仙闸洞	1963.5—1964.5
江都西闸	1963.6—1964.5
五里窑船闸	1963.6—1964.5
江都二站	1963.7—1964.8
宜陵船闸	1964.7—1966.1
芒稻闸	1964.9—1965.7
运盐闸	1963.10—1966.5
江都三站	1966.12—1969.10
太平闸	1971.11—1973.8
金湾闸	1972.10—1976.10
江都四站	1973.11—1977.12
宜陵北闸	1974.11—1975.9
江都东闸	1977.11—1978.3
宜陵地下涵洞	1977.12—1980.5
江都送水闸	1977.12—1978.10
邵仙套闸	1998.11—1999.11

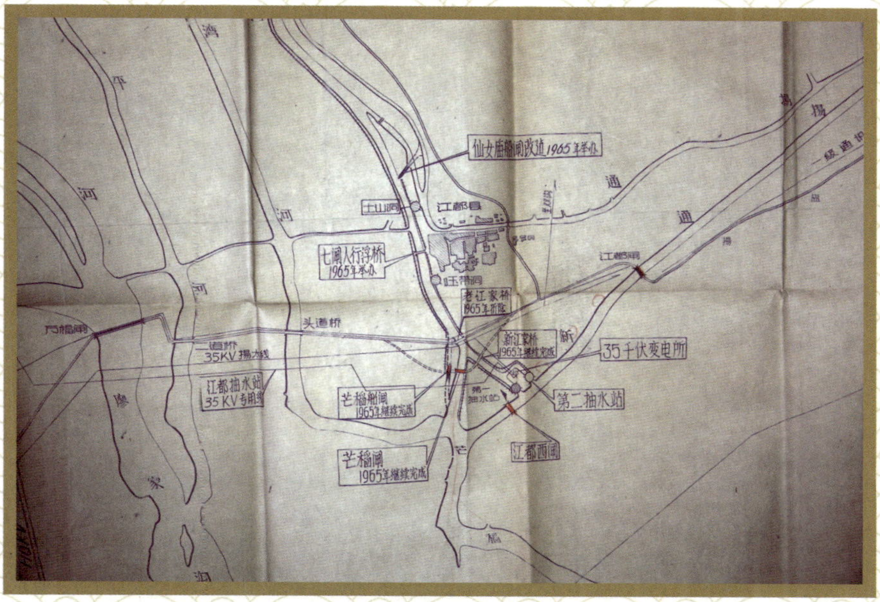

江都水利枢纽工程总布置示意图 1（1965 年）

江都水利枢纽工程总布置示意图 2（1965 年）

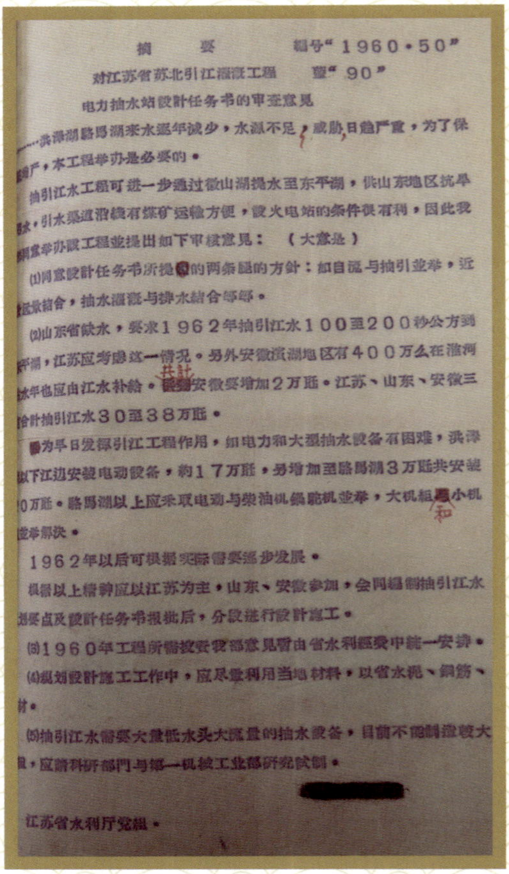

摘　　要　　　　　編号"1960·50"

对江苏省苏北引江灌溉工程　　　　壹"90"

电力抽水站設計任务书的审查意見

……洪澤湖駱馬湖来水逐年减少，水源不足，威胁日益严重，为了保

产，本工程举办是必要的。

抽引江水工程可进一步通过微山湖提水至东平湖，供山东地区抗旱

水，引水渠道沿綫有煤矿运輸方便，設火电站的条件很有利，因此我

意举办該工程並提出如下审核意見：　（大意是）

⑴同意設計任务书所提的两条腿的方針：如自流与抽引並举，近

遠景結合，抽水灌溉与排水結合等等。

⑵山东省缺水，要求1962年抽引江水100至200秒公方到

平湖，江苏应考虑这一情况。另外安徽濱湖地区有400万亩在淮河

水年也应由江水补給。安徽要增加2万瓩。江苏、山东、安徽三

合計抽引江水30至38万瓩。

为早日发揮引江工程作用，如电力和大型抽水設备有困难，洪澤

以下江边安裝电动設备，約17万瓩，另增加至駱馬湖3万瓩共安裝

0万瓩。駱馬湖以上应采取电动与柴油机鍋駝机並举，大机組小机

並举解決。

1962年以后可根据实际需要逐步发展。

根据以上精神应以江苏为主，山东、安徽参加，会同編制抽引江水

划要点及設計任务书报批后，分段进行設計施工。

⑶1960年工程所需投資我部意見請由省水利經費中統一安排。

⑷規划設計施工工作中，应尽量利用当地材料，以省水泥、鋼筋、

材。

⑸抽引江水需要大量低水头大流量的抽水設备，目前不能制造較大

組，应請科研部門与第一机械工业部研究試制。

[redacted]

江苏省水利厅党組。

江都抽水站设计任务书审查意见书（1960 年）

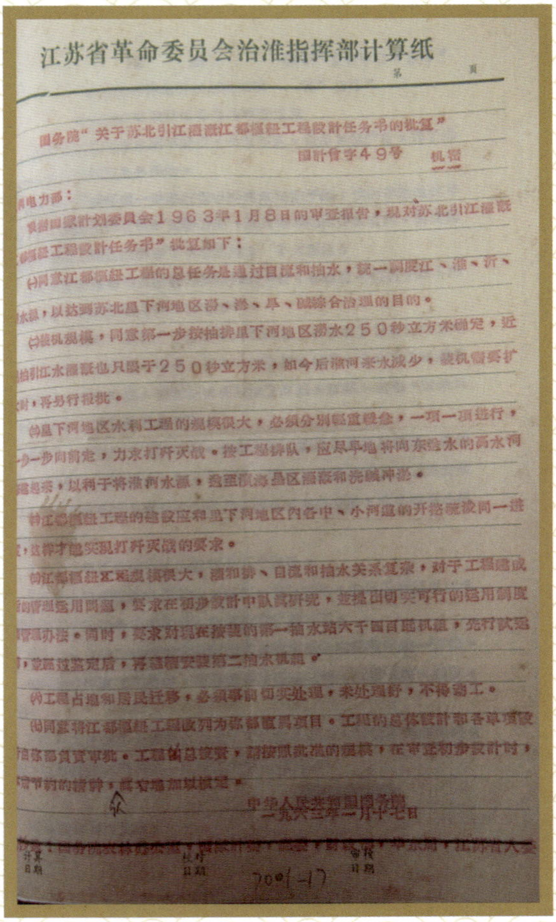

江苏省革命委员会治淮指挥部计算纸

第　　頁

国务院"关于苏北引江灌溉江都樞紐工程設計任务书的批复"

国計會字49号　　机密

电力部：

根据国家計划委員会1963年1月8日的审查报告，現对苏北引江灌溉

樞紐工程設計任务书"批复如下：

㈠同意江都樞紐工程的总任务是通过自流和抽水，統一調度江、淮、沂、

水源，以达到苏北里下河地区澇、漬、旱、碱综合治理的目的。

㈡裝机規模，同意第一步按抽排里下河地区澇水250秒立方米确定，近

抽引江水灌溉也只限于250秒立方米，如今后淮河来水减少，裝机需要扩

时，再另行报批。

㈢里下河地区水利工程的規模很大，必须分別輕重緩急，一項一項进行，

一步一步向前走，力求打歼灭战。按工程排队，应尽早地将向东送水的高水河

建起来，以利于将淮河水源，送至濱海县区灌溉和洗碱冲淤。

㈣江都樞紐工程的建設应和里下河地区內各中、小河道的开挖疏浚同一进

，这样才能实現打歼灭战的要求。

㈤江都樞紐工程規模很大，灌和排、自流和抽水关系复杂，对于工程建成

的管理运用問題，要求在初步設計中认真研究，並提出切实可行的运用調度

管理办法。同时，要求对现在按装的第一抽水站六千四百瓩机組，先行試运

，並經过鉴定后，再继续安装第二抽水机組。

㈥工程占地和居民迁移，必须事前切实处理，未处理好，不得动工。

㈦同意将江都樞紐工程改列为你部直属項目。工程的总体設計和各单项設

由你部負責审批。工程的总投資，請按照批准的規模，在审查初步設計时，

節約的精神，尽可能加以核定。

中华人民共和国国务院

一九六三年一月十七日

計算　　　　校对　　　　審核
日期　　　　日期　　　　日期

江都抽水站设计任务书批复（1963 年）

第四章
风景如画

北大门“源头”雕塑

江都水利枢纽鸟瞰图

黄金小道

迎宾大道

江都水利枢纽主入口

“流韵”雕塑

“源头”纪念碑

江都水利枢纽展览馆

江石溪纪念碑亭

千里淮河由此归江

万里长江自此北上

咏源文化长廊 1

咏源文化长廊 2

水闸科普园

游客赏花

文化长廊

万福廊亭

“源头”雪景

春——春色迎新

夏——花影相伴

秋——黄金大道

冬——冬日画卷

姹紫嫣红

城市绿洲

枫叶红了

秋晨气润 1

秋晨气润 2

花开烂漫

节水文化园

“畅廉”文化园

池塘一角

法治文化示范点

松柏大道

西闸文化石

明珠阁

“仙女”雕塑

枢纽晚霞

叶落时节

玉兰花开

“醉”美游道

第五章

人物风采

中国共产党江苏省江都水利工程管理处第一次党代会（2005 年 11 月 22 日）

中国共产党江苏省江都水利工程管理处第二次党代会（2012 年 8 月 23 日）

中国共产党江苏省江都水利工程管理处第三次党代会（2017 年 5 月 23 日）

全国人大代表　孙汉明

全国先进工作者　张顺民

第六章

荣誉展示

江都抽水站被授予“全国优质工程金奖”（1982 年 11 月）

江都抽水站被水利电力部授予“优质工程奖”（1982 年 11 月）

江都抽水站被水利部评为“部一级管理单位”（1991 年 10 月）

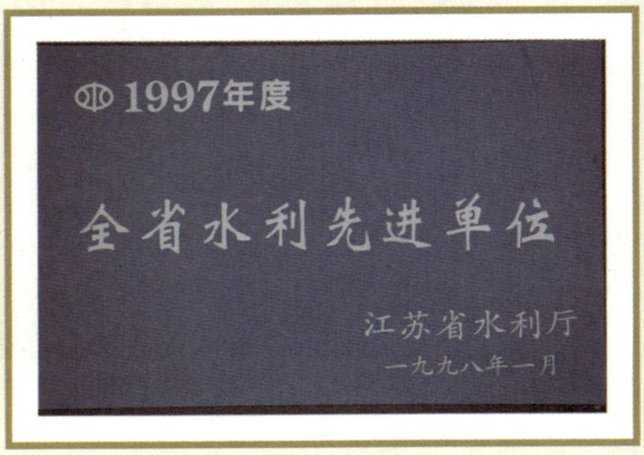

江都管理处被江苏省水利厅评为“1997 年度全省水利先进单位”（1998 年 1 月）

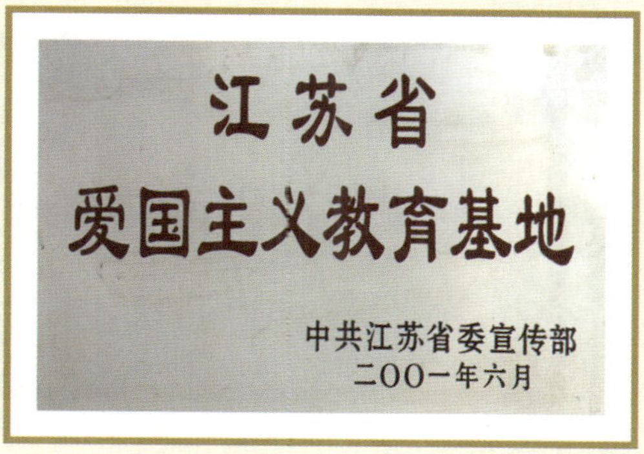

江都管理处被江苏省委宣传部评为“江苏省爱国主义教育基地”（2001 年 6 月）

江都水利枢纽被水利部确定为首批“国家水利风景区”（2001 年 9 月）

江都管理处被全国绿化委员会授予“全国绿化模范单位”（2004 年 3 月）

江都管理处被中华全国总工会授予“模范职工之家”（2005 年 5 月）

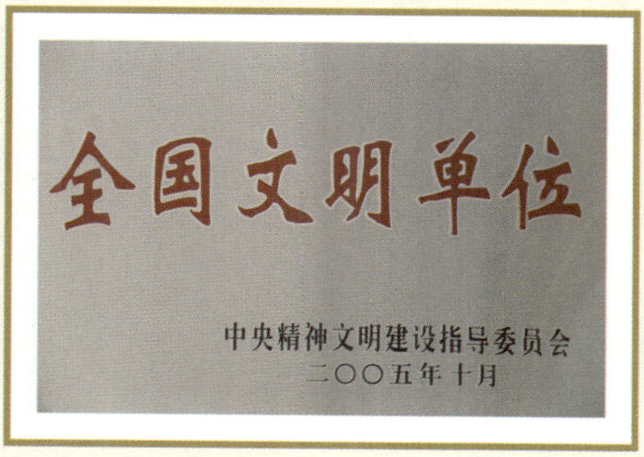

被中央精神文明建设指导委员会授予“全国文明单位”荣誉称号（2005 年 10 月）

被人事部和水利部授予“全国水利系统先进集体”荣誉称号（2005 年 12 月）

荣获“全国厂务公开民主管理先进单位”称号（2007年）

被中国农林水利工会全国委员会授予“全国农林水利系统和谐事业单位”（2007年12月）

被中华全国总工会授予“全国五一劳动奖状”（2008年4月）

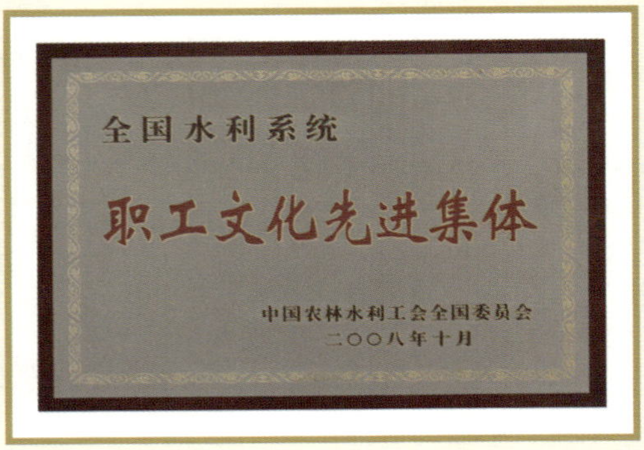

被授予“全国水利系统职工文化先进集体”（2008年10月）

被中央精神文明建设指导委员会第二次授予“全国文明单位”荣誉称号（2009年1月）

江都管理处被中华全国总工会授予“工人先锋号”荣誉称号（2009年6月）

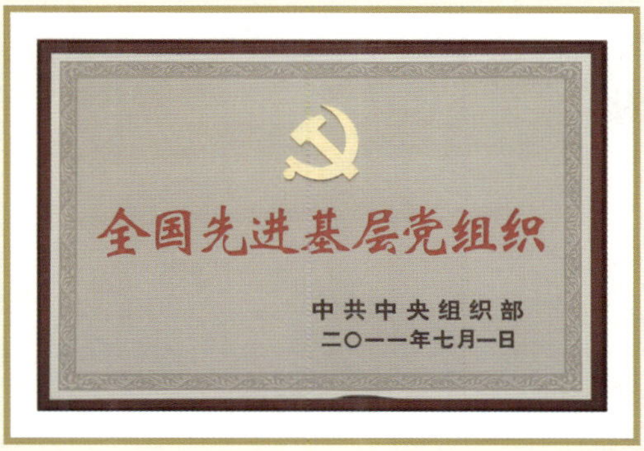

被中共中央组织部授予“全国先进基层党组织”荣誉称号（2011 年 7 月）

第三次获得“全国文明单位”称号（复查证书）（2011 年 12 月）

江都水利枢纽工程被中国土木工程学会等单位评为“百年百项杰出土木工程”（2012 年 1 月）

第四次获得“全国文明单位”称号（复查证书）（2015 年 2 月）

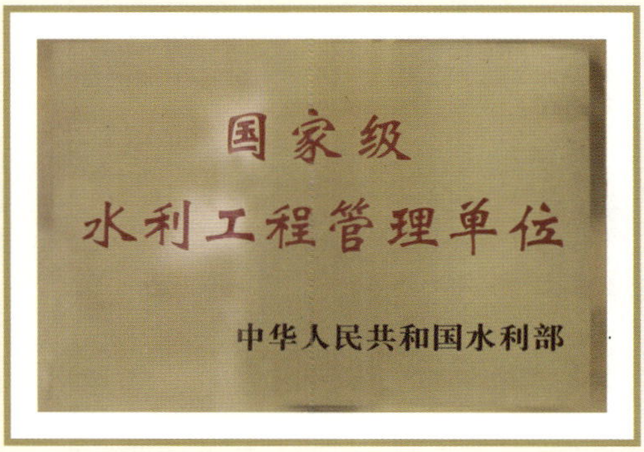

江都管理处高分通过水利部“ 国家级水利工程管理单位”考核（2015 年 11 月）

江都站改造工程被中国水利工程协会授予“中国水利优质工程大禹奖”（2016 年 11 月）

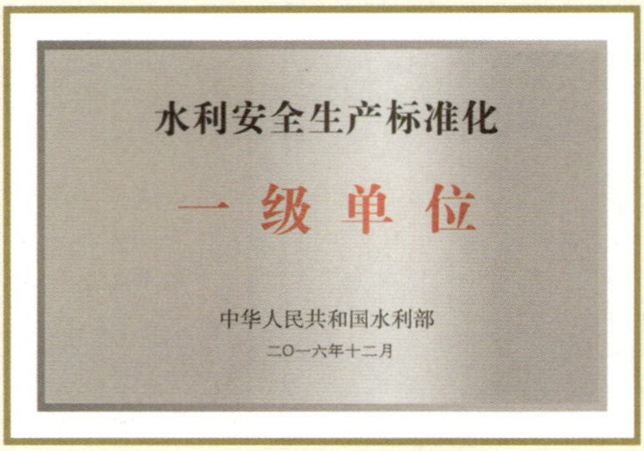

江都管理处被水利部评为“水利安全生产标准化一级单位”（2016 年 12 月）

第五次获得“全国文明单位”称号（复查证书）（2017 年 11 月）

江都管理处被水利部等单位评为“国家水情教育基地”（2019 年 3 月）

下篇

工程实录

在长江与淮河的下游，苏北平原的南端，有一座闻名中外的工程——江都水利枢纽。它就像一个神奇的“调节阀”，沟通了长江和淮河两大水系，使江淮互调互济；它又像一颗璀璨的明珠，闪烁在苏北大地，担负起改变苏北贫穷落后面貌的历史使命；它更像一座丰碑，镌刻着一代代水利人成功治水的智慧和艰辛……

江都水利枢纽位于江苏省扬州市江都区境内，其主体工程江都抽水站位于京杭大运河、新通扬运河和淮河入江尾闾芒稻河的交汇处。它既是伟大治淮工程中一项综合利用的重要工程，也是江苏省“江水北调东引”的起点工程，还是国家南水北调东线工程的源头站。

江都水利枢纽主要由江水北调东引工程和淮河入江水道归江控制工程组成，其中，江水北调东引工程以总装机容量为 49 800 kW（改造后为 55 800 kW）的 4 座大型电力抽水站（以下分别简称一站、二站、三站、四站）为主体工程，以京杭运河、新通扬运河和三阳河为输水干线，以江都西闸、江都东闸、宜陵闸、宜陵北闸、芒稻闸、芒稻船闸、邵仙闸洞、运盐闸等 14 座水闸为配套工程；淮河入江水道归江控制工程以万福闸、太平闸、金湾闸为主要口门。它们形成了一个集灌溉、泄洪、供水、排涝、发电、航运等多功能于一体的大型水利枢纽工程。

江都水利枢纽的主要作用和任务是：抽引江水北上，送至京杭大运河沿线和苏北灌溉总渠自流灌区，并向江苏省淮北地区、天津和山东半岛补给水源；提供大运河航运、沿线工业和城镇生活等所需水量；增加里下河地区排涝出路；自流引江水至里下河腹部灌溉，补给沿海垦区水源，实现冲淤保港和改良盐碱地；改善淮北地区和里下河地区水环境；在淮河有余水下泄时，利用三站的可逆式机组倒转发电；当淮河洪水下泄长江时，利用淮河入江水道，开启万福闸、太平闸、金湾闸排泄洪水。这一工程的实施，既为彻底改变苏北地区农业多灾低产面貌，建设高产稳产农田，加速发展农业创造条件，又为苏中、苏北城镇工业、生活用水和京杭大运河通航提供了可靠的保障，也为国家南水北调东线工程的实施奠定了坚实的基础。

江都水利枢纽经过 17 年的建设、60 年的运行，实践证明，工程规划设计合理，施工质量优良，管理规范科学，工程效益显著，具有一水多用、一闸多用、一站多用的优点。该工程于 1981 年荣获“国家优秀工程设计奖”，1982 年荣获“全国优质工程金奖”，1984 年被评为“江苏省十佳建设工程”，2012 年被评为“百年百项杰出土木工程”，2016 年，南水北调东线第一期工程江都站改造工程获得 2015—2016 年度“中国水利优质工程大禹奖”。

60 年来，江都水利枢纽发挥了显著的社会效益，为苏北地区国民经济的发展做出了巨大的贡献。从 1963 年一站投运到 2020 年底，江都抽水站共抽引江水 1 530.0 亿 m^3，抽排里下河地区涝水 398.4 亿 m^3，自流引江 1 396.5 亿 m^3。从 1969 年到 2020 年，三站利用淮河余水共发电 10 181.4 万 kW·h。同时，为京杭大运河航运、改良盐碱地、滩涂开发、沿海冲淤保港、改善生态环境等提供了可靠的水源保障。淮河入江水道作为排泄淮河洪水的主要通道，60 年来，万福闸、太平闸、金湾闸共泄洪 10 049.1 亿 m^3，为江淮安澜提供了安全保障。

2013 年，南水北调东线一期工程建成通水，截至 2020 年底管理处已顺利完成 7 个年度的水量调度计划，江苏累计向山东调水 47 亿多 m^3，惠及人口约 5 800 万，为保障亿万群众饮水安全、促进沿线地区经济社会发展、助力沿线生态环境改善做出了重要贡献。管理处连续六次荣获“全国文明单位”，2011 年被授予“全国先进基层党组织”称号，先后获得“全国五一劳动奖状”“工人先锋号”“模范职工之家”等荣誉称号。

“古有李冰都江堰，今有人民江都站”。江都水利枢纽一代代的建设者、管理者胸怀让高山低头、让河水改道的豪迈气概，勇担人民至上的光荣使命，秉承勠力创新的源头精神，让江都水利枢纽吞江吐淮，除害兴利，丰盈清澈的江淮活水泽被了广袤的北方大地。

2020 年 11 月 13 日，习近平总书记在考察江都水利枢纽时充分肯定南水北调工作取得的重大成就，强调要把南水北调打造成为“优化水资源配置、保障群众饮水安全、复苏河湖生态环境、畅通南北经济循环的生命线”，为南水北调工作指明了方向，提供了根本遵循。

江都水利枢纽管理者们将牢记习总书记的殷殷嘱托，不断推进工程运行管理标准化、规范化、精细化，充分发挥工程的综合效益，为促进江水北调、南水北调沿线地区经济社会发展、生态环境改善，为全面建设小康社会做出新的、更大的贡献。

第七章
工程规划

江苏省苏北地区从整体上讲，除洪水威胁外，还是个缺水地区，特别是淮北地区和沿海垦区，缺水严重。苏北虽然面向长江，水资源丰富，但在中华人民共和国成立初期，通江河道既少又小，引江水只有几十个流量。这些地区雨量虽然比较丰沛，但在时空上、地区间分布极不平衡，南丰北枯，年际变率大。淮北地区大部分为平原坡地，沿海地区为平原洼地，蓄水条件都很差，水资源紧缺。历史上洪泽湖所蓄淮水，主要灌溉东南部里下河和新通扬运河以南地区，就整个苏北地区而言，灌溉无保证。20 世纪 50 年代中期，省水利厅为解决苏北灌溉问题，先后提出“淮水北调，分淮入沂”和“引江济淮，江水北调”的跨流域调水规划，为解决苏北水源问题提出了战略性目标。

1957 年 5 月，省水利厅编制完成“淮水北调，分淮入沂”规划，1958 年 1 月水利电力部(以下简称水电部)批复同意，并于是年冬开始实施。其主要内容是：从洪泽湖向北，经杨庄、沭阳到连云港兴建一条长 172.9 km 由二河、淮沭河和沭新河 3 段组成的淮沭新河，从洪泽湖二河闸引水 900 m^3/s(1970 年修订为 750 m^3/s)，由淮阴闸向北送水 440 m^3/s，其中由沭新闸向沂北地区，包括沭阳、东海、连云港送水 100 m^3/s，进行灌溉，结合改善航运及城市工业用水；二河闸至沭阳淮沭段还可分泄淮河洪水 3 000 m^3/s，由新沂河入海。

1958 年，随着国民经济的发展及淮河上中游工情、水情的变化，上游来水日趋减少，苏北地区缺水问题更加突出。淮水可用不可靠，提高洪泽湖蓄水位一时又难以实现，而丰富的长江水却未被充分利用。因而省水利厅在 1958 年《江苏省水利规划提纲》中，提出了“扎根长江，江水北调，引江济淮”的规划。

从此，经过 30 多年的规划、设计和施工，以江都水利枢纽为“龙头”，京杭运河苏北段为输水干渠，以 9 级 17 座抽水站为阶梯，4 个湖泊为调节的江苏省江水北调工程终于建成。该工程通过抽水北上，沟通江、淮、沂沭泗各流域，向东经新通扬运河送水入里下河地区，构成了苏北地区能灌、能排、能调度、能通航的供排水网络，彻底改变了这一地区贫穷落后的面貌，为国民经济和社会事业的全面发展、进步奠定了坚实的基础。

江都水利枢纽是江苏省江水北调的“龙头”工程，其主体工程是江都抽水站，另有 15 座配套水工建筑物，新通扬运河、三阳河和连接京杭运河的高水河等配套河道。该项工程前后经过 7 年酝酿，20 年建设，1980 年建成，达到抽、引长江流量 1 023 m^3/s，其中抽水473 m^3/s（包括备用机，一站、二站更新改造后达到 508.2 m^3/s），自引 550 m^3/s。新增和改善航道 700 多 km。经过 60 年的运行，至 2020 年，抗旱、排涝抽水量达到 1 928.4 亿 m^3，自流引江 1 396.5亿 m^3，为淮北地区和里下河地区的工农业发展提供了丰富的水源。实践证明，工程布置合理，设计先进，施工优良，管理科学，效益显著。

第一节　江水北调规划

1952 年 10 月，毛泽东主席在视察黄河时说：“南方水多，北方水少，如有可能，借点水来也是可以的。”这一宏伟设想也符合苏北的实际情况，启发了江苏省引江水至淮北和沿海垦区的思路。长江水源丰富，大通站年平均径流量有 10 016 亿 m^3，而苏北从整体上讲一直是个缺水地区，特别是沿海垦区和徐淮地区缺水更为严重。淮河下游地区原来一直依靠淮水灌溉，而淮河来水年际变幅很大，多水年份来水很多，无法拦蓄，且集中在汛期几个月内；偏旱和干旱年份来水很少，甚至断流，灌溉水源问题一直没有得到根本解决，尤其是通扬运河和栟茶运河以南这块沿用淮水灌溉的尾部地区，经常是“望淮兴叹”。洪泽湖水库虽已形成，但长期以来水位蓄不高，随着上中游工情的变化，下游灌溉水源问题长期得不到解决。如何利用长江水，把江水送到整个苏北地区成为当时省水利厅领导思考的一个主要问题。

1954 年冬，省治淮总指挥部派出以陈志定为首的 20 多名技术干部去蚌埠治淮委员会参加淮河流域规划初稿编制工作，至 1956 年二季度完稿，提出了抽引江水的规划问题。

1956 年 1 月，党中央公布了《1956 年到 1967 年全国农业发展纲要（草案）》，要求“在 12 年内，基本上消灭普通的水灾和旱灾”“内涝灾害严重的地区，应该大力进行除涝排水，改造洼地的工程建设”。是年，淮北地区发生特大涝灾，粮食单产下降到 30～40 kg，有 70%以上农民缺粮，近一半农民靠国家救济粮食维持生计。1956 年 7 月，中共江苏省委（以下简称省委）提出淮北地区“除涝改制、发展水稻”的方针，“旱改水”需要大量灌溉水源，引江济淮势在必行。

1957 年 7 月，省委召开的第三届委员会第一次全体会议上，作出了根治徐淮地区的洪涝灾害，帮助徐淮人民彻底摆脱贫困的决定，提出解决淮北地区 67 万 hm^2“旱改水”的灌溉水源问题，淮水不够，要引江济淮。

1958 年制订江苏全省水利规划时，省水利厅党组两次向省委报告，阐明淮河来水显著减少，加之淮水北调后，徐淮水稻面积扩大，水量分配将更加困难，因此，必须抽引江水，以解决苏北地区的灌溉问题。同时，拟将洪泽湖灌溉蓄水位自 12.5 m 提高到 13.5 m。由于洪泽湖有较大库容，以及预报的时期较长，多年调节具备有利条件，淮水调节后仍不够，则需抽引江水补给。于是省水利厅提出了“扎根长江，江水北调，引江济淮”的规划。

1959年淮河流域干旱，下游断流，农业减产，使江苏省充分认识到淮河水可用不可靠，更加促使江苏集中力量，加快步伐，用扩大抽引江水的办法来解决苏北地区的灌溉水源问题。除自流引江外，江苏省考虑在沿江地区建造大型电力抽水机站，抽提江水，逐级北上。于是在1959年下半年省水利勘测设计院编制、1960年初省人民委员会(以下简称省人委)报送了《江水北调东线江苏段工程规划要点》和《苏北引江灌溉电力抽水站设计任务书》，这是江水北调工程带有纲领性的规划文件，正式形成了“八级提水，四湖调节”的江水北调综合治理规划方案。

1959年下半年，省水利勘测设计院编制的《苏北引江灌溉工程规划意见》，对建站的指导思想、原则及其作用都作了阐述，提出了灌溉抽水与里下河地区降低水位相结合的设想。在归江河道上设12 500 kW抽水站(称滨江站)，在高宝湖大汕子处设15 440 kW抽水站(称大汕子站)，两级抽提江水11亿 m^3，合流量130 m^3/s。

1960年1月，在中共中央召开上海会议期间，省委向周恩来总理呈报请求解决苏北缺水问题报告后，周总理同意兴办苏北引江工程。同年4月15日，水电部批准第一期工程按设计方案先行施工。是年，滨江站动工后又停建(移址现江都站，后有详述)。1961年，省人委按国家计划委员会(以下简称国家计委)要求，突击赶编了《里下河地区修正规划报告》，同时一并上报江都水利枢纽工程设计方案。当年12月，一站开工建设。1963年1月，国务院以国计曾字第49号及水利电力部(63)水电规水字第01号文正式批复，同意江都水利枢纽工程的总任务为：通过自流和抽引江水，统一调度江、淮、沂沭泗水源，以达到苏北里下河地区涝、淤、旱、碱综合治理的目的。装机规模第一步抽排里下河涝水250 m^3/s，为二站、三站的相继建设铺平了道路。

1969年10月，一站、二站、三站全部建成后，为江水北送淮北打好了基础，但淮安一站还在建设中，江水到不了淮北。1973年冬到1974年春，淮北地区冬旱接春旱，旱情发展很快。面对当时的严重旱情，省水利厅下决心按江水北调规划，在分级抽水的规划点上，突击兴建金湖、蒋坝、淮安、高良涧、杨庄、泗阳、刘老涧、井儿头、芝麻、房山10处临时抽水站，向洪泽湖、骆马湖补水，并翻水到石梁河水库，以解决淮北地区的水源。虽然这些临时建成的简易抽水站单机流量小、成本高、效率低，只能应急，但它们却为“江水北调”走出一条通畅的道路，在江都抽水站这个“龙头”后面长出了“龙身”和“骨骼”。经过10多年的改造，这些临时抽水站有的已拆除，有的已改造成永久性的电力抽水站。目前，“江水北调”工程含江都、淮安、淮阴、泗阳、刘老涧、皂河、刘山、解台、沿湖9个梯级泵站，输水干线长404 km。第九级站沿湖站提水入微山湖能力为32 m^3/s。西支线经过郑集、范楼、梁寨等泵站，可把江水送到江苏省最西北缺水的丰沛地区。东支线经二河、淮沭河、蔷薇河等河道，再经房山、芝麻、石梁河等泵站，可把江水送到江苏省最东北的赣榆县(现赣榆区，下同)。实现了全面规划、综合利用、一站多用、一闸多用、一河多用、一水多用的目标。

随着淮河上中游工程的变化，淮河来水继续锐减，断流的情况越来越多，时间也越来越长，里下河地区及沿海垦区缺水灌溉，入海港口淤塞严重，直接影响排涝入海，在苏北旱改水规模逐年扩大、需水量急剧增加的情况下，为了解决苏北农田灌溉和冲淤保港的水源问题，省水电局于1970年又提出《江苏省淮河地区骨干工程规划治理意见》，要求江都抽水站由250 m^3/s扩大至400 m^3/s。1973年7月，省水电局和省治淮指挥部向水电部治淮规划办公室和水电部报送《南水北调江苏段向北送水江都四站及配套工程初步设计》，水电部于10月批复同意四站设计。同年11月，四站开工建设，1977年3月建成投运。至此，历时17年江都抽水站一站、二站、三站、四站全部建成并投入使用，从而为江水北送淮北打下了坚实的基础。为了解决南水北调水源问题，江苏省建议首先要开挖泰州引江河，增建高港抽水站，向东送水工程和向北送水工程同步兴建。1995年11月省计划经济委员会(以下简称计经委)批复泰州引江河河道试挖工程初设概算，同月，泰州引江河工程正式开工，1999年泰州引江河工程竣工。该工程与江都水利枢纽工程一道为以后实施的国家南水北调东线工程提供了可靠的水源。

第二节　南水北调东线工程规划

南水北调工程是解决我国北方地区水资源严重短缺问题的重大战略举措，经过半个世纪的研究，规划确定分别从长江上、中、下游向北方调水的南水北调东、中、西3条线路，形成与长江、淮河、黄河和海河相互连通的“四横三纵”总体格局。

东线工程从长江下游干流取水，基本沿京杭运河向北送水。在北方水资源配置的总体格局中，考虑东线工程位置偏东，地势较低，拟定其供水区域为黄淮海平原东部和山东半岛，主要供水目标为解决京沪铁路沿线和山东半岛的城市缺水问题，并为农业和生态环境补水。

东线工程的规划论证工作始于20世纪50年代。1958年中国科学院和水电部有关单位组成南水北调研究组，曾提出从长江下游引水的大运河提水线，即从淮河入江水道和京杭运河分段提水，经高宝湖、洪泽湖、南四湖，于东平湖入黄河，分级供水灌溉沿线农田。1959年淮河流域大旱，江苏省遂提出兴建苏北引江灌溉工程的意见，经水电部批准后于1961年开始建设江都泵站。

1972年华北大旱后，为解决海河流域的水资源危机，水利部组织有关部门研究东线调水方案，多次提出规划和有关规划论证报告，并于1976年提出《南水北调近期工程规划报告》上报国务院初审。在此基础上，淮河水利委员会(以下简称淮委)于1983年1月提出《南水北调东线第一期工程可行性研究报告》，同年获国务院批准。在对1976年规划报告修改和补充的基础上，淮委于1990年提出《南水北调东线工程修订规划报告》，1992年提出《南水北调东线第一期工程可行性研究修订报告》，1993年9月水利部审查了这两份报告。在此期间，淮委还组织开展了南水北调东线第一期工程总体设计和其他专题科学研究工作，取得的许多重要成果，为科学比选东线调水方案打下了坚实基础。

20 世纪 90 年代以来，北方地区缺水问题日益严重，已达到难以为继的程度。突出表现为黄河流域断流频繁、河湖干涸，国民经济的发展被迫以大量超采地下水、污染环境为代价。水资源已成为制约我国经济、社会和环境协调发展的重要因素。

为贯彻落实党的十五届五中全会确定的“采取多种方式缓解北方地区缺水矛盾，加紧南水北调工程的前期工作，尽早开工建设”的重大决策和国务院领导“先节水后调水，先治污后通水，先环保后用水”的指示精神，国家计委、水利部于 2000 年 12 月在北京召开了南水北调工程前期工作座谈会，部署了南水北调工程总体规划工作。根据水利部工作安排，淮委负责会同海河水利委员会，于 2001 年编制完成《南水北调东线工程规划(2001 年修订)》。此后，在东、中、西线规划等 12 个附件的基础上，国家计委和水利部联合编报了《南水北调工程总体规划》。

2002 年 12 月，国务院批准了《南水北调工程总体规划》。12 月 27 日，国务院在北京和江苏省、山东省施工现场同时举行了南水北调工程开工典礼仪式，国务院总理朱镕基宣布南水北调工程开工。

南水北调东线工程，是在江苏省江水北调工程的基础上扩大规模、向北延伸，从扬州附近的长江干流引水，以京杭运河为输水干线，开辟运西支线，逐级提水北上，并以洪泽湖、骆马湖、南四湖、东平湖作为沿线主要调蓄水库。出东平湖后分水两路，一路向北穿黄河后自流到天津，另一路向东流经胶东、烟台、威海地区。东线工程输水干线总长 1 156 km，建设 13 个梯级泵站，总扬程 65 m，其中，江苏境内输水干线 404 km，建设 9 个梯级泵站，扬程 40 m左右。全线共需新建、扩建大型抽水泵站 51 座，江苏境内新建、扩建 34 座。工程规划分 3 期实施，抽江规模最终达到 800 m^3/s，规划抽江水量达到 148 亿 m^3，新增供水量 87 亿 m^3。东线一期工程抽江规模由现有的 400 m^3/s 扩大到 500 m^3/s，多年平均抽江水量达 89 亿 m^3，新增抽江水量 36 亿 m^3，其中向江苏省增供水量 19 亿 m^3，并实现向山东半岛和黄河以北各调水 50 m^3/s。

东线工程从长江引水，有三江营和高港两个引水口门，其中，三江营是主要引水口门；高港在冬春季长江低潮位时负责经三阳河、潼河向宝应站加力补水。为了实现东线一期工程抽水达 500 m^3/s，2002 年 12 月三阳河、潼河开工建设，2005 年 6 月完工，2003 年 9 月宝应站开工新建，2005 年 12 月完工，宝应站与江都站一起作为南水北调东线工程的第一梯级泵站。为达到年抽水 89 亿 m^3，江都站从 2005 年 12 月起进行了改造，改造工程全部内容包括：①江都三站更新改造工程；②江都四站更新改造工程；③江都站变电所更新改造工程；④江都西闸除险加固工程；⑤江都东西闸之间河道疏浚工程；⑥江都船闸改建工程等。2012 年 12 月底江都站改造工程全部完工。2013 年 5 月 30 日南水北调东线工程江苏段实施了试通水，经 9 级提水，总扬程 40 m，江水送至山东南四湖。至此，南水北调东线一期工程江苏段主体工程全部完工。

第三节　工程布局

（一）总体布局

根据苏北地势特征及现有水利情况，苏北引江灌溉工程本着“自力更生，互相支援”的原则，在大搞河网化，大修水库，尽量蓄用本地水和外来水的同时，以抽引江水为纲。在工程实施方面，采取“两条腿走路”的方针：一是自流引江和抽引江水同时进行，即实施里下河引江开挖河道工程和兴建电力抽水站；二是集中抽水和分散抽水同时进行；三是近期与远景结合，苏北抽引江水灌溉与南水北调东线工程力求配合；四是蓄引并举，既利用湖泊调蓄抽水北上，又利用湖泊蓄水互相调剂；五是抽水灌溉与除涝防洪结合，做到一站数用。

江都水利枢纽工程布局分自流引江和抽引江水两大系统。自流引江，主要是开挖新通扬运河、三阳河等河道，作为里下河地区引排河。新通扬运河已开挖，三阳河已完成宜陵至三垛段，今后继续开挖延伸到潼河。抽引江水，主体工程江都抽水站，布设在新通扬运河与淮河入江尾闾之一的芒稻河的交汇处，新通扬运河的北岸，由西到东布置一站、二站、三站、四站。其送水干渠高水河，向北至邵伯镇接京杭运河。江都抽水站配套工程芒稻闸、芒稻船闸、土山坝涵洞、江都船闸、邵仙闸洞、邵仙套闸、运盐闸，由南向北依次布置在高水河上及其两岸；江都西闸、江都东闸、江都送水闸、五里窑船闸、宜陵船闸（又称三里窑船闸）、宜陵地下涵洞、宜陵北闸、宜蒌闸，由西向东依次布置在新通扬运河上及其两岸。

1. 泵站工程

江都抽水站布设在江都区仙女镇（原江都镇，下同）引江桥南，新通扬运河河口北岸，自西向东一字形排开。一站位于江都西闸下游 242 m 处，西距芒稻河约 750 m；二站位于一站东侧 260 m 处；三站位于二站东侧 250 m 处；四站位于三站东侧 260 m 处，东距江都东闸 430 m。江都抽水站既可抽引长江水，又可抽排里下河地区涝水，同时三站还可利用淮河余水发电，是江苏省江水北调工程的“龙头”工程，也是国家南水北调东线工程的“源头”工程。

2. 配套涵闸工程

江都西闸布设于江都区境内的新通扬运河河口，是新通扬运河渠首工程，作为抽引江水北上京杭运河、自流引江入里下河和抽排里下河涝水的调节控制闸，并在三站发电时，开闸或关闸可排泄淮河余水入江或入里下河（此工况时打开江都东闸）。

江都东闸布设于离江都西闸 1.5 km 处的新通扬运河上，是因原江都闸不能满足江水北调引排流量被拆除改建而成，与江都西闸一起控制自流引江、抽引江水、抽排里下河涝水和发电。

江都送水闸布设在四站上游出水渠道东侧距四站中心线 400 m 处。冬春长江水位低，无法自流引江，利用江都抽水站的余力，抽引江水经送水闸入新通扬运河，向里下河补水。

此闸实际运用时间极少(建闸后仅在 1996 年用过 1 次)。

宜陵闸布设在江都区宜陵镇东北 1.5 km 的新通扬运河上,主要作用是自流引江入里下河,解决新通扬运河上下游高低地之间引排和新通扬运河与通扬运河航运的矛盾。

宜陵北闸布设在三阳河河口,三阳河是南水北调东线工程加力补水线(或里下河地区自流引江),里下河涝水经新通扬运河抽排入江,可防止新通扬运河高水入三阳河两岸洼地。

宜陵地下涵洞布设在宜陵船闸东侧,江都区宜陵镇以西的新通扬运河河底,是通扬运河穿过新通扬运河的交叉建筑物,主要解决新通扬运河自流引江与通扬运河向南送水的矛盾。

芒稻闸建在芒稻河河口,其作用是:江都抽水站抽引江水北上时,关闸隔断江水;江都抽水站抽排里下河涝水时,开闸排涝入江或关闭闸门将涝水北送;淮河发生洪水时,开闸排除淮河洪水。

邵仙闸洞建在江都抽水站北约 7.7 km 的高水河上,闸底部为东西方向的地下涵洞,洞上接运盐河上段,通邵伯湖,下通邵仙河,与通扬运河衔接。邵仙闸洞上部为南北方向的节制闸,南接高水河上段、运盐河下段,与江都抽水站上游引河相接;北接高水河下段,在邵伯镇与京杭运河衔接,为高低水分流的立体交叉控制工程。邵仙闸洞下部的邵仙洞作用为送淮水(邵伯湖水)入通扬运河,或江都面临集中暴雨时退涝水入邵伯湖。邵仙闸作用为江都抽水站抽水北送时,开闸放水;汛期排淮河洪水,经芒稻闸入江。该闸原可通航,自 2001 年 6 月建成邵仙套闸后停航,从而解决了因邵仙闸过闸流速过大易造成船只撞闸沉船事故的问题。

运盐闸建在江都区与邗江区交界的运盐河上,邵仙闸的西侧,它北通邵伯湖,南接高水河,可向邵伯湖补水;也可排淮河洪水经芒稻闸入江;江都抽水站抽水北送时,关闸挡水。该工程是江都水利枢纽配套工程之一,也是淮河入江水道控制工程。

邵伯闸位于江都区邵伯镇西侧,地处高水河与盐邵河的交汇处。工程下游调向里下河,通过南塘河接盐邵河,用里运河水为里下河补水。

土山坝涵洞(以下简称土山洞)建在江都区仙女镇西北老土山坝坝址上,是向通扬运河输水的涵洞,但通扬运河补水一般是启用邵仙洞,该工程基本未用。2010 年 10 月省水利厅在南京组织召开了土山洞工程安全鉴定会,该工程被评定为四类水闸。鉴于土山洞工程存在严重安全问题,且已有 10 多年未启用,原设计功能已丧失,省水利勘测设计研究院有限公司受委托,编制了土山洞封堵方案设计报告。2014 年 6 月,省发展改革委以《省发展改革委关于江都水利枢纽土山坝涵洞应急封堵工程初步设计的批复》(苏发改农经发〔2014〕652 号)同意土山坝涵洞进行应急封堵。2014 年 7 月,省水利厅以《关于转发〈省发展改革委关于江都水利枢纽土山坝涵洞应急封堵工程初步设计的批复〉的通知》(苏水计〔2014〕67 号)进行批转。2015 年 10 月完成封堵。土山洞工程封堵完成后,原供水、灌溉功能已丧失,2018 年 11 月省水利厅同意该工程注销。

3. 船闸工程

五里窑船闸布置在江都区宜陵镇西北五里窑附近,在新通扬运河与通扬运河交叉口以西约 450 m 处的通扬运河上,是与宜陵船闸相望,配合宜陵船闸解决通扬运河仙女镇段灌溉、排涝和通航问题的工程。原曾担负向新通扬运河以南地区送水的任务,自宜陵地下涵洞建成后，不再担任此任务。

宜陵船闸（后称三里窑船闸）布设在宜陵镇以西三里窑附近，在新通扬运河与通扬运河交叉口以东 500 m 处的通扬运河上，与五里窑船闸相望于新通扬运河两岸，与五里窑船闸相互配合解决新通扬运河自流引江与通扬运河灌溉、排涝和航运上的矛盾。

芒稻船闸布设在江都区仙女镇西的芒稻河上，芒稻闸西侧 120 m，与芒稻闸一起构成芒稻河与高水河交汇的控制工程，是沟通芒稻河通江航运的建筑物。该工程建成后即交由交通运输部门接管运用。

江都船闸（原称仙女船闸）建在仙女镇西原芒稻河（现为高水河）和通扬运河的夹滩上，主要为了沟通原芒稻河和通扬运河的航运。江都水利枢纽建成后，由于芒稻河北段成为江都抽水站向北送水的高水河，因此，该工程 1965 年进行调向加固提高通航标准。江都船闸列入江都水利枢纽工程项目前后，一直由交通运输部门管理运用。水利部水总〔2005〕350 号江都站改造工程主要建设内容中，江都船闸改造工程也被列入其中。为保证南水北调工程实施后高水河堤防安全，省交通厅以苏交航〔2011〕1 号文向省水利厅提出断航封堵的建议，根据省水利厅、省南水北调办公室相关批示，江苏水源公司于 2012 年 9 月 27 日组织有关部门召开协调会，双方商定，因省干线航道网调整，江都船闸段航道及船闸已失去功能，为保证南水北调东线调水期间该段堤防安全，将江都船闸加固改造方案调整为封堵废弃方案，已于 2013 年 6 月完成封堵。

邵仙套闸布设在邵仙闸与运盐闸之间的隔堤上，是为解决邵仙闸通航时因过闸流速太大易造成船只撞闸沉船事故的问题而建设的，该套闸除通航外，当江都抽水站大流量抽水北送时，可分流部分流量。

4. 入江水道工程

万福闸布设于扬州市广陵区廖家沟上，在凤凰河、新河、壁虎河 3 河的汇合处，下游连接廖家沟，是淮河入江水道归江控制的主要排洪闸。

太平闸布设于扬州市科技新城太平河下游石羊沟上。1972 年废坝建闸，与万福闸、金湾闸配合运用，组成淮河入江水道归江控制的排洪闸。

金湾闸布设于江都区、扬州市科技新城交界的金湾河下游董家沟上，与万福闸、太平闸配合运用，组成淮河入江水道归江控制的排洪闸。

（二）站址选定

江都抽水站站址的选择，是有一个发展变化过程的。早在 20 世纪 50 年代中期，淮河和沂沭泗两次规划中就提出利用淮河归江河道，沿邵伯湖、高邮湖抽引江水北上。1958 年 10 月省水利厅党组向省委报告，要求兴建邵伯抽水站和大汕子抽水站，邵伯抽水站建在邵伯镇南塘附近，主要是考虑利用盐邵河结合抽排里下河水。

1959 年下半年，省水利勘测设计院根据水电部意见，编制《苏北引江灌溉工程规划意见》，该意见提出："抽引江水灌溉工程，不仅是淮河下游地区保证灌溉用水，提高灌溉标准的根本关键，就里下河地区而言，也是根除涝灾，大面积降低地下水位、改良盐渍土壤的重要措施。"这个规划意见的指导思想，就是抽引江水灌溉工程一定要结合里下河地区（包括沿海垦区)排涝,从而提出了要在归江河道上和高宝湖大汕子处设置两级抽水站,抽提江水和里下河地区涝水。

1960年初,国务院总理周恩来同意建站后,省水利厅反复商讨,站址选在何处才能发挥它的最大作用。当时,新通扬运河已经开挖,京杭运河正在施工,已决定将邵伯控制站由集中控制改为分散控制,万福闸也在建设,从这些实际情况考虑,认为邵伯抽水站应移到归江河道和通扬运河、邵仙闸范围内。根据这个精神,省水利厅计划将抽水站建于万福闸下游廖家沟西侧,称滨江站,作为江水北调的1级站,抽提江水,直接入邵伯湖、高邮湖;在大汕子建2级站,抽水入高宝湖;在蒋坝建3级站,抽水入洪泽湖。为了实现上半年完成25 000 kW抽水能力的要求,滨江站必须抓紧开挖站塘。

滨江站开挖站塘动工后,扬州专署水利局向省水利厅发去电报,提出了一个新建议。电报称:里下河地势低,排涝不畅,地下水位高,对农业增产影响极大,即使做了工程,还需大量的动力排涝。如结合解决动力设备,能否考虑将滨江抽水站移建于江都闸附近,既可抽引江水入高邮湖,又可使里下河一部分雨涝经卤汀河、三阳河等河沟流向新通扬运河,利用抽水站抽排入长江。后来,扬州专署分管水利的副专员殷炳山带领专署水利局的主要技术干部,对沿江各港口逐一进行了实地查勘,对选择新的站址作了大量调查研究工作。经过多方面的比较后,殷炳山带领技术人员到省水利厅汇报,正式建议将滨江站站址建在江都县(现江都区,下同)西南郊芒稻河东侧、新通扬运河北岸。经过共同讨论,权衡利弊,这一建议得到省水利厅的赞同。滨江站即停工待议。

1961年4月,水电部副部长钱正英来江苏视察工作,经实地查勘后认为:苏北引江灌溉规划,应全面考虑里下河、垦区和高宝湖地区。事后,省水利厅对抽水站站址又进一步进行了调查研究,广泛征求各方面的意见,认为扬州建议的站址比较理想。省水利厅向省委、省政府汇报,并征得水电部同意后,于1961年8月编制了《苏北引江灌溉第一期工程滨江抽水站修正设计》,将滨江抽水站移至江都,正式更名为江都抽水站,输水干河利用京杭运河,将原高宝湖抽水站由大汕子附近移到淮安,更名为淮安抽水站。这个修正设计由省人委报经水电部审查批准,同意施工,并要求继续编制苏北引江灌溉工程全面规划。修正设计后,既可避免走一连串的湖泊洼地,工程省、水量损失少,还可向东送水解决滨海垦区用水问题和结合里下河排涝,使江都水利枢纽成为能灌、能排、能引、能抽、能航,控制灵活,江淮调度自如的多功能的综合利用工程。实践证明,江都抽水站站址的优选,使抽引江水的"龙头"工程规划布局趋于合理、优越。

(三)泵站工程规划

江都抽水站建在江都区仙女镇西南侧,在新通扬运河和淮河入江尾间之一的芒稻河的交汇处,由一站、二站、三站、四站4座电力抽水站组成,共装机33台套,装机总容量49 800 kW,设计流量400 m^3/s,连同备用机组抽水能力达473 m^3/s,后通过一站、二站、三站、四站技术改造,江都4座抽水站现装机总容量达55 800 kW,抽水能力共508.2 m^3/s。它和其他15座配套水工建筑物共同负责淮北地区灌溉水源,提供京杭运河航运及沿岸工农业和城镇生活用水,兼有苏北里下河地区灌溉、除涝、治渍任务,三站还可利用淮河余水进行发电。江都抽水站是江都水利枢纽的核心工程，既是江苏省江水北调综合利用的一项重点工程，也是国家南水北调东线工程的起点站之一。一站、二站、三站、四站规划建设主要数据见表7-1。

表 7-1　江都抽水站规划建设主要数据表

站名	机组（台）	装机容量（kW）		抽水能力（m^3/s）		叶轮直径（m）		扬程（m）		开、竣工年份（年）	改造年份（年）
		改造前	改造后	改造前	改造后	改造前	改造后	改造前	改造后		
一站	8	6 400	8 000	64	81.6	1.54	1.65	8	6	1961—1963	1994—1996
二站	8	6 400	8 000	64	81.6	1.54	1.65	8	6	1963—1964	1997—1999
三站	10	16 000		135		2.00		8	7.8	1966—1969	2006—2009
四站	7	21 000	23 800	210		3.10	2.90	7	7.8	1973—1977	2008—2010
合计	33	49 800	55 800	473	508.2						

1. 一站、二站规划

20 世纪 50 年代中期，由于水情、工情的变化，改变了淮河下游灌溉水源的历史状况，使得淮河流域上下游用水矛盾日趋突出，1959 年 3 月至 4 月间，江苏省与安徽省曾因洪泽湖蓄水位的问题意见不一致，国务院总理周恩来曾亲自处理这一争议。1959 年淮河流域遇伏旱，淮河断流百余天，洪泽湖水位低于死水位，苏北人民虽全力抗旱，水稻仍严重减产。干旱、断流、减产等事实，使江苏人民充分认识到淮河水可用不可靠。水电部领导也深感必须解决江苏缺水问题。1960 年 1 月，适逢中共中央召开上海会议，水电部副部长李葆华通知省水利厅厅长陈克天，就苏北引江灌溉工程问题，尽快呈具报告送达上海。陈克天和副厅长陈志定及设计院工程师许荫桐、沈日迈等随即赶至上海，并赶写了一份关于苏北引江灌溉工程设计任务书的简要报告，送请江苏省参加中共中央会议的省委书记江渭清呈报周恩来，请求解决江苏缺水问题。时至是年春节期间，省水利厅派灌溉管理处戎政和工程师沈日迈又赶赴北京落实此事，在国家经委谢北一秘书处看到一份工程项目目录上周恩来批示："请一波、志远阅办。"该目录里有"苏北引江灌溉工程"一项。从此，苏北引江灌溉工程有了立项，这也就为江水北调工程的实施迈出了关键的一步。

在水电部的支持下，国家经委将苏北引江灌溉工程列入议事日程，后不久，省水利厅又派王厚高、吴光铣两位工程师赶到上海，由谢北一（当时主管全国物资）主持开会，商谈确定由上海市制造大型电机、水泵各 16 台，并同意由江苏省垫支经费先行开工。1960 年 4 月，省水利厅随即编报了《苏北引江灌溉第一期工程滨江电力抽水站及高宝湖电力抽水站初步设计》。同年 4 月 15 日，水电部批准第一期工程按设计方案先行施工。6 月 12 日，水电部同意苏北引江灌溉工程在 1960 年水利基本建设第二步计划中安排。是年冬，滨江抽水站开工，计划装机 12 500 kW。后来，省水利厅采纳扬州地区的意见，研究决定将苏北引江灌溉工程规划与里下河地区规划、滨海垦区规划、高宝湖地区规划进行综合考虑，统一解决灌溉、洗盐、改良水质和港口冲淤等水源问题，并结合里下河排涝。为此，滨江站停工迁至江都，改名为江都抽水站，原计划高宝湖站移到淮安，称淮安抽水站。

当时，省水利厅没有独立的设计单位，所以临时抽调人员对江都水利枢纽布局和设计数据等内容进行规划。不久,成立“江苏省水利厅基本建设工程队”,负责一站、二站的工程勘测、规划、设计等工作。

1961年3月,水电部召开六省市规划筹备会议,研究认为:抽引江水到山东的工程规模巨大,决定暂缓考虑,抽引江水先解决苏北地区灌溉用水。水电部于同年4月批准江苏实施苏北引江灌溉工程。8月,省水利厅编制了《苏北引江灌溉工程第一期工程江都抽水站初步设计》,8月底报请省人委以苏水鲍字第1201号文报送中央,10月水电部以(61)规南字109号文批复同意施工,第一期工程(6 400 kW)技术设计文件由省人委以苏计惠字第2518号文批准。

江都抽水站虽然批准了,但上上下下仍有不同看法。有的认为当时国内经济十分困难,要不要搞这个大型抽水站?有的认为工程规模要不要搞这么大,要不要送水到微山湖?有的认为有没有物质和技术条件去搞这样大的现代化抽水站?还有的认为,现在吃饭都成了大问题,需要“休养生息”,搞这么大的工程不太适宜等。对这些意见和建议,省水利厅又反复论证,深入探讨研究,认识到必须迎着困难上。

一站建成后,与之配套的涵闸工程。有的已经完成,有的相继开工。1963年8月,里下河地区遭遇暴雨袭击,江都一站首次启用,日夜开机20天,抽排里下河涝水1亿 m^3,把泰州溱潼洼地的涝水直接抽排入江,形成里下河南部洼地水向南倒流,减轻了灾情,受到广大群众的赞扬。当时扬州地委书记胡弘非常支持江都抽水站建设,了解到有些人对江都抽水站有看法,就将人拉到一站出水地方开会,一看到一站出水,大家思想就不一样了,疑问就解决了,同时也为二站建设打下了基础。

二站于1963年由省水利厅基本建设局编制设计文件,水电部于同年5月批准扩大初步设计,省水利厅于6月转发下达,7月开始兴建二站,同时建造宜陵闸、邵仙闸洞、江都西闸、五里窑船闸等配套工程以及邵伯闸、邵伯老船闸下游调向工程。1964年又批准建造芒稻闸、芒稻船闸及宜陵船闸等配套工程,同时整治新通扬运河江都至泰州段。1963年至1966年相继建成的宜陵闸、江都西闸、五里窑船闸、宜陵船闸使自流引江向东送水得到调节和控制;邵伯闸、邵伯船闸下游调向,邵仙闸、芒稻闸、芒稻船闸使抽水站引江水北送河道与京杭运河衔接;运盐闸使淮河入江排洪河道与抽引江水北送河道得以分隔和控制;同时邵仙洞建成,初步完成了引邵伯湖水输送到通扬运河以南地区灌溉。至此初步形成了一个沟通长江、京杭运河与里下河水系的引、排、灌、航运为一体的江都水利枢纽工程。

一站和二站的设计流量、装机容量和站身结构相同,每站安装8台叶轮直径1.54 m半调节轴流泵,配单机800 kW立式同步电动机。单站容量为6 400 kW、抽水64 m^3/s,两站共12 800 kW、128 m^3/s。站上设计水位8.5 m,高水河两岸堤防按此水位设计。

站身采取整体性结构,站身总长54.42 m,采用肘形逐渐收缩的进水流道,逐渐扩散的虹吸出水流道,停机时,打开驼峰的真空破坏阀断流。进水室底面高程−5.5 m,水泵叶轮中心高程为−2.05 m,水泵层楼面高程−1.8 m,电机层楼面高程为5.53 m。

一站是1963年最早建成投产的泵站,二站1964年建成,所用的主辅机设备是国产第一代产品,经过三十多年的长期运行,主水泵磨损、汽蚀严重,主电机绝缘严重老化,装置效率下降,已不能发挥原设计效益。1994年11月,江苏省水利厅批准对一站进行更新改造,1996

年 12 月竣工。1997 年 11 月，江苏省水利厅批准对二站进行更新改造，1999 年 4 月竣工。改造后一站、二站均安装 8 台 1.75ZLQ-6 型立式机械全调节轴流泵，叶轮直径 1.64 m，配套 TL1000-24/2150 同步电机。泵站设计扬程 6.8 m，单机流量 10.2 m^3/s，单站抽水能力 81.6 m^3/s，单机流量提高了 27.5%。一站、二站虹吸式出水管驼峰底原高程为 8.65 m，为适应南水北调总体规划水位的变化，故一站、二站更新改造时将出水管驼峰底高程抬高到 9.0 m，与三站、四站驼峰底高程(9.0 m)相同。

2. 三站规划

1966 年，省水利勘测设计院编制完成三站设计，同年 6 月，省水利厅报送水电部。10 月 10 日水电部批复同意兴建。12 月 1 日开工。1967 年 7 月继续兴建三站和有关配套工程。1968 年冬拓浚新通扬运河，使之与抽水站抽排能力相适应。1969 年 10 月，三站竣工投产。

三站安装立式可逆全调节轴流泵和立式可逆电动发电机 10 台套，总容量为 16 000 kW。设计流量为 135 m^3/s，发电 3 000 kW(水头 4 m)。进水流道采用平面蜗壳结构型式，因产生涡带，后来在进水口底壁加了隔板，消除了涡带。1970 年有 2 台改用逐步收缩的肘形弯管。其进水室底面高程－6.5 m，水泵叶轮中心高程－3.5 m，电机层楼面高程 5 m，站身总长 61.6 m。出水流道型式与一站、二站相同。

2006 年 11 月经水利部批准，南水北调江都三站更新改造工程开工，2009 年 11 月主要工程完成。改造后采用 ZLQ13.5-8 型立式全调节轴流泵 10 台套，叶轮直径 2.0 m，设计扬程 7.8 m，总机流量 13.5 m^3/s。配套 TL1600-28/2600 型 1 600/450 kW 立式可逆同步电机，总抽水能力 135 m^3/s，总装机容量 16 000 kW。改造后江都三站仍然保留发电功能，采用反向变频发电方式，增设变频发电机组，包括 4 000 kW 50 Hz 发电机、4 300 kW 25 Hz 电动机。改造后进水流道改为完全肘形流道。

3. 四站规划

经过连续 8 年建设，到 1969 年止，江都水利枢纽近期工程基本建成；京杭运河苏北段经过整治，大部分河段具备了向北送水的条件；新通扬运河扩建后，自流引江流量也达到了 250 m^3/s。这些工程的建成，对缓解苏北地区水资源不足的矛盾起了显著作用。随着淮河上中游工程的变化，淮河来水继续锐减，断流的情况越来越多，断流时间也越来越长，里下河地区及沿海垦区由于缺水灌溉，水位低落，水流不活，水质变坏，入海港口淤塞严重，仅射阳河、新洋港等排水河道闸下淤积达 3 000 多万 m^3，直接影响排涝出海，在苏北旱改水规模逐年扩大、需水量急剧增加的情况下，为了解决苏北农田灌溉和冲淤保港的水源问题，省水电局于 1970 年又提出《江苏省淮河地区骨干工程规划治理意见》，要求江都抽水站由 250 m^3/s 扩大至 400 m^3/s。

1973 年 7 月，省水电局和省治淮指挥部向水电部治淮规划办公室和水电部报送《南水北调江苏段向北送水江都四站及配套工程初步设计》，水电部于 10 月批复同意四站设计。同年 11 月，四站开工，1975 年 7 月 1 日 2 台主机泵投入试运行，1977 年 2 月中旬 7 台机组全部安装结束，同年 3 月 4 日至 8 日，7 台机组进行了试运转，3 月 15 日正式投入运行。至此，江都抽水站形成现在的 4 座泵站的规模。

1974 年至 1978 年间，还相继批准建设了宜陵北闸、江都东闸、江都送水闸、宜陵地下涵洞等配套工程，至 1980 年，这些工程陆续建成后，江都水利枢纽形成了较为完整的引、排、灌、航运、发电体系。

四站设计流量为 150 m^3/s，包括备用机为 210 m^3/s，每台 30 m^3/s。选用机泵 7 台套（含备用机 2 台套）立式全调节轴流泵，叶轮直径 3.1 m，每台配 3 000 kW 电动机，总容量 21 000 kW。站身主要部位的高程：进水室底面－9.1 m，水泵叶轮中心－3.5 m，水泵层楼面 4.5 m，电机层楼面 8.23 m。站身总长 51.4 m，进出水流道型式与一站、二站相同。

2008 年 9 月经水利部批准，南水北调江都四站更新改造工程开工，2010 年 6 月主要工程完成。改造后采用 ZLQ30-7.8 型大型液压全调节立式轴流泵 7 台套，叶轮直径 2.9 m，设计扬程 7.8 m，单机流量 30 m^3/s。配套 TL3400-40/2600 型 3 400 kW 立式同步电机，总抽水能力 210 m^3/s，总装机容量 23 800 kW。

第八章
泵站工程

江都抽水站由 4 座大型电力抽水站组成，一站兴建于 1961 年 12 月，竣工于 1963 年 3 月；二站于 1963 年 7 月开工，竣工于 1964 年 8 月；三站于 1966 年 12 月开工，竣工于 1969 年 10 月，1970 年 10 月通过竣工验收；四站于 1973 年 11 月开工，竣工于 1977 年 3 月。至此，历时 17 年，江都抽水站终于建成。该工程共安装大型立式轴流泵机组 33 台套，总装机容量为 49 800 kW，总抽水能力为 473 m^3/s。

江都抽水站工程规模大，建设周期长，是在国民经济持续发展和机电设备制造技术不断提高的基础上逐步建设成功的。在 17 年兴建过程中，十分注意整个工程的效益发挥，坚持边建设，边扩大效益的原则，使得整个工程在建设的同时，就逐步发挥并扩展自身的综合效益。1963 年一站建成，当年就抽排里下河地区涝水，减轻了里下河地区的涝情；二站建成后就及时投入了 1965 年里下河地区抗大涝和 1966 年、1967 年持续抗大旱之中。这充分证明了江都抽水站的兴建是有利于国计民生发展的必要之举。

江都抽水站是中华人民共和国成立后国内第一座自行设计、自行制造、自行安装的大型抽水站。随着工程建设规模的不断扩大，水泵叶轮直径从 1.54 m、流量 8 m^3/s 发展到叶轮直径 3.1 m、流量 30 m^3/s，配套电动机功率从 800 kW 发展到 3 000 kW，每一步无不推动和验证了我国大型电动机、大型水泵研发制造技术的发展，为培养大批泵站建设、管理人才打下了坚实的基础，同时为建设、管理大型泵站积累了宝贵的经验。

江都抽水站的成功建设克服了设计、施工、管理等一系列实际困难，这一切源于党的正确领导，源于广大干群的衷心拥护和支持，源于工程建设者充分发挥聪明才智，坚持发扬自力更生、艰苦奋斗的精神，才得以保证。

一站于 1994 年至 1996 年、二站于 1997 年至 1999 年、三站于 2006 年至 2009 年、四站于 2008 年至 2010 年先后进行了更新改造，使得江都抽水站在总装机台数不变的情况下，容量扩大到 55 800 kW，在机组净扬程有所增加的情况下总抽水能力达到 508.2 m^3/s。

第一节 江都一站

江都一站位于江苏省扬州市江都区仙女镇引江桥南，处于新通扬运河与芒稻河的交汇处。根据江都抽水站的总体规划，一站建在整个枢纽的最西面。建站初该站装有 PVP-160(64ZLB-50)型立式半调节轴流泵 8 台，配套 8 台 TDL800-24/1250、6 kV 立式同步电动机直接传动，总装机容量 6 400 kW，设计流量 64 m^3/s。由江都抽水站专用变电所直接供电，采用架空式组合导线引入 6 kV 电源。

一站的设计、建设是中华人民共和国成立后国内第一个自行设计、自行建设、自行管理的大型泵站，由于当时的特定条件，加上无相关参考资料和经验可借鉴，因此在设计、施工中遇到了设计难、产品生产难、泵站施工难等许多实际困难。但是广大建设者发扬自力更生、艰苦奋斗的精神，成功地攻克了各种难关。一站的建成，开创了我国建设大型泵站的新篇章。

一站自建成投运到 2020 年底，累计平均每台机运行 13.3 万 h(更新改造前平均每台机运行 7.2 万 h)，向北抽送江水 247.1 亿 m^3，抽排里下河地区涝水 67.4 亿 m^3。

(一) 泵站设计

一站的设计是我国大型泵站设计的第一次尝试，当时(1961 年)国家正处在经济困难时期，同时，国内没有生产过大型水泵，也无大型泵谱可查，因此在设计过程中遇到不少困难，但是参与人员勤奋工作、团结协作，终于完成了一站的设计工作。生产厂家(上海电机厂、上海水泵厂等)、大专院校(苏北农学院、华东水利学院等)以及相关科研单位在各方面给予了很大的支持。主水泵、主电动机的选型如下。

1. 主水泵

抽水站设计的首要任务是选择泵型。经反复论证，确定以灌溉期抽引江水为主，设计净扬程采用 7 m。上、下游水位组合见表 8-1。

表 8-1 一站水位组合表

工作情况		长江三江营江潮水位(m)	抽水站站下水位(m)	抽水站站上水位(m)	净扬程(m)
设计	灌溉期抽引江水	1.77	1.67	8.5	6.83
	冬春季节抽引江水	0.3	0.0	8.5	8.5
	抽排里下河涝水		−1.0	6.3	7.3
校核水位			−1.7	9.0	10.7

根据表中净扬程组合数值，按照设计净扬程和批准的抽水站设计流量为 60 m^3/s 的规模，设计组考虑到装机容量大，只有使用大型机组才能节省投资，方便管理，提高效率。但在当时国内没有生产过大型水泵，也无水泵型谱可供选择，经反复调研，最终在南京热电厂发现了购自苏联的 OΠ-2 型立式半调节轴流泵，该泵基本符合要求，出水 8 m^3/s，选用 8 台套，共可抽水 64 m^3/s，虽比批准规模略大，但与站址规模适合。最后经过审定，并根据工程规划要求，结合当时制造厂的生产能力，一站选用了 1960 年初上海水泵厂仿苏联 OΠ-2 型设计制造的 PVP-160(64ZLB-50)型水泵作为主水泵。

1994 年更新改造后，主水泵采用了 1.75ZLQ-6 型立式全调节轴流泵，改造前后主水泵的具体参数见表 8-2。

表 8-2　一站主水泵参数表

项目	改造前	改造后
型号	PVP-160(64ZLB-50)	1.75ZLQ-6
流量(m^3/s)	8	10.2
扬程(m)	8	6.0
比转速	500	700
转速(r/min)	250	250
设计效率(%)	67	73.4
叶轮直径(m)	1.54	1.64
重量(t)	13	20.554

水泵固定部分的重量基本由泵墩支持。整台水泵自下而上分别为：底座、进水锥管、叶轮室、导叶体、中间接管、大弯管、出水弯管、出水座环，主泵为全金属结构。一站更新改造采用机械全调节水泵后，可根据实时水位组合进行水泵叶片角度的调节，以提高运行效率，同时水泵在中间接管侧面设计了进人孔，便于水泵的安装与检修。

2. 主电动机

主水泵型号选定后，设计组立即着手选择与之匹配的主电动机。由于当时国内没有现成的适合该种泵型的电动机，设计组和上海水泵厂、上海电机厂协商，上海电机厂决定试制与主水泵配套的立式同步电动机，型号为 TDL800-24/2150。1994 年更新改造后采用 TL1000-24/2150 型立式同步电动机，改造前后主电动机参数见表 8-3。

表 8-3　一站主电动机参数表

项目	改造前	改造后
型号	TDL800-24/2150	TL1000-24/2150
单机容量(kW)	800	1 000
定子额定电压(kV)	6	6
定子额定电沉(A)	92	115

续表

项目	改造前	改造后
转子励磁电压(V)	96	100
转子励磁电流(A)	193	192
功率因素	0.9(超前)	0.9(超前)
转速(r/min)	250	250
效率(%)	92	93.5
相数	3	3
极数	24	24
重量(t)	15.2	15.5

8台主电动机均由电动机大梁支持，电动机分为固定和转动两部分。固定部分主要是上机架、定子、下机架。转动部分主要是电动机转子，它主要由主轴、轮辐、磁轭、磁极等组成。一站更新改造后的水泵及电动机主轴均为中空，内装机械调节杆。主电动机上机架以上装有机械调节机构轴承箱、齿轮箱及调节电动机等。

3. 土建工程

(1) 站型及站房

一站站房型式为堤身式结构(见图8-1)，站身直接挡水，虹吸式出水流道蜷曲在站房之中，站房本身兼作出水池后墙。站身由主站房、副站房、工作桥等组成。工程按2级建筑物标准设计，站房结构安全系数采用一级标准，工作桥荷载按汽-10 t标准设计。

一站站房包括主站房和副站房两部分。主站房底板分为两块，两块底板之间设有伸缩缝。主站房自上而下为主机层、通风层、检修层、水泵层。主机层自东向西依次为1号至8号主电动机，北墙中部位置设有4台现场低压控制开关柜。副站房建在出水流道上面，分两层，设有真空破坏阀室、空压机房、站变室、检修间、仓库、低压开关室(包括励磁、保护盘、直流盘、变送屏等)、隔离变压器室和高压开关室等。主副站房西侧为主控制室、办公和档案用房。整个泵站的布置合理大方，比较适合机组的运行管理和主辅设备的检修。

(2) 进水流道

一站采用肘形进水流道，由直线渐缩段、弯曲段、直锥段3个部分组成，逐步将水流由水平方向变为垂直方向。为了减小流道底板跨度，在进水口5 m宽处加设一个小中墩，使其净跨度减至2.2 m。

一站进水流道进口宽5 m，高3.7 m，当流量为10.2 m^3/s时，进口流速达0.55 m/s。此外，在进水流道侧装有配套的拦污栅、检修闸门。

(3) 出水流道

一站设计出水流道时，对于出水管出口型式曾分析了快速闸门、逆止阀门、虹吸管三种，经比较分析后，参考国外相关资料，最终确定选用虹吸管出水。

虹吸式出水流道主要是用于停机断流防止水泵倒转。虹吸断流的优点是：安全可靠，检修任务少，特别是没有水下检修任务。一站建站全国最早，同时又要求该站既能灌又能排，运行时间长等，从安全可靠出发，选用了虹吸断流方案。停机时及时打开真空破坏阀，虹吸即行破坏，发生事故的概率很低。真空破坏阀如发生故障，不能及时打开，装有手动闸阀补救。这些设备都在水面以上，并安装在室内，体积小、可靠性高，利于运行操作。

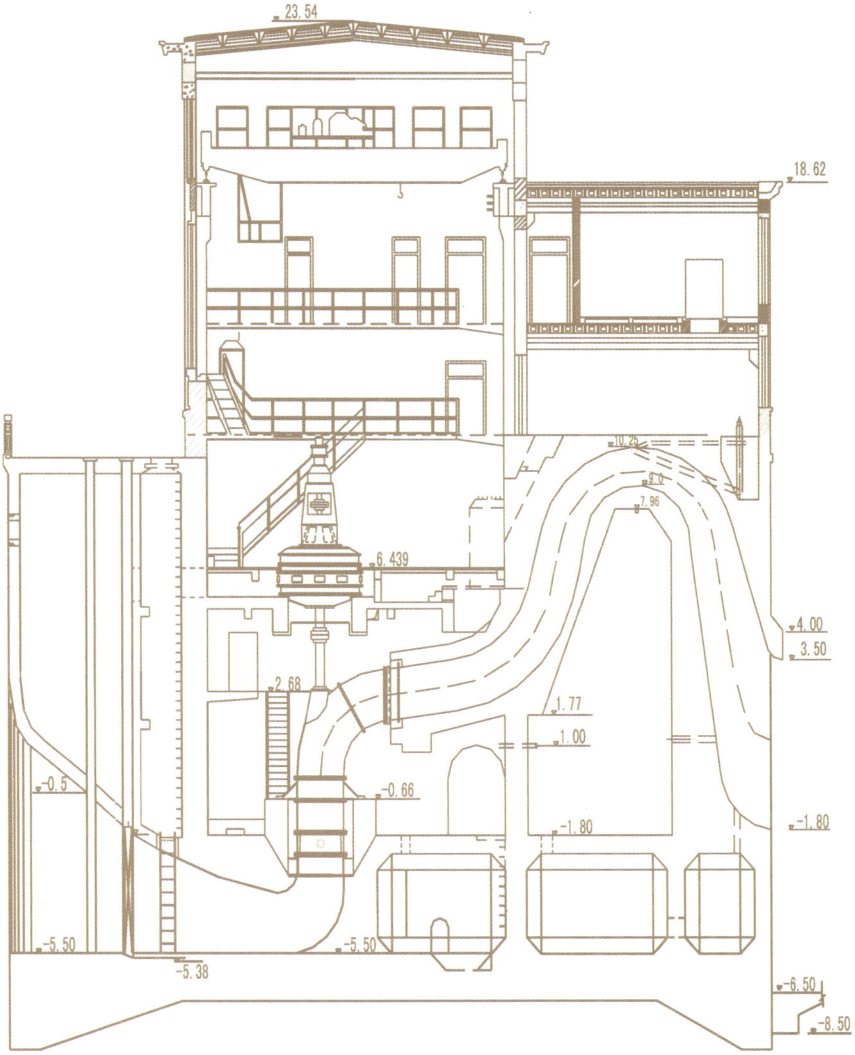

图 8-1　一站站身剖面图

(4) 进水渠道

一站的进水渠道主要由引水渠、前池及进水池三部分组成。灌溉时来自江都西闸的长江水由西向东流，然后直角转弯流入引水渠；排涝时来自江都东闸的涝水由东向西流，然后直角转弯流入引水渠。考虑到工程量和进水条件要求高的原因，一站将进水池和进水管合二为一，成为肘形进水流道。进水前池为干砌块石护坦及灌砌块石护坦各 10 m，引水渠与前池之间设浆砌块石埂底坎。引水渠正对着进水河道——新通扬运河，成 90°正交侧向进水，进水时水流偏向一边，另一边形成回流区，抽江水时回流区在右边，排涝时回流区在左边，一方面影响进水流道的流态，致使泥沙淤积不对称；另一方面影响到水泵效率，致使边侧机组有汽蚀和水力振动现象。

2006 年实施的江都东西闸之间河道疏浚工程项目中，为改善进水河道水流偏向一边，形成回流区和泥沙淤积，影响进水流道流态现象，在一站下游引河距站身 141 m 处设倒 Y 形导流墩，墩顶高程 2.0 m，尾汊夹角为 60°（尾汊与进水方向一致），单边长 14 m，底高程 −9.5 m；一站下游引河距站身 90.5 m 处增设导流坎，顶高程为 −2.5 m。

（5）出水渠道

一站出水渠道包括上游砼防渗铺盖 13 m，上游灌砌块石护坦 9.5 m，上游砌块石护坦 12 m，块石防冲槽 4 m，外接黏土铺盖及上游滚水坝与出水干渠——高水河相连接。经过 60 年运用，河床总体情况稳定，冲淤基本平衡。

4. 辅助设备

（1）油系统

一站油系统的主要作用是用于主电动机轴承的润滑和散热。主电动机的上、下油缸内装有润滑用 32 号透平油，推力瓦和导向瓦运转中因摩擦产生的热量，由润滑油传递给冷却器通过冷却水带走。改造后的主泵叶片角度调节器的轴承箱内也装有润滑用 32 号透平油。

（2）供水系统

一站的供水系统采用直接供水方式，由冷却泵直接提供主电动机及叶片调节机构冷却水和主水泵轴承的润滑水。为了确保供水安全可靠，采用 2 台供水泵，互为备用，并装有自动投入装置，一旦运行泵发生异常情况，另一台泵立即自动投入使用。供水系统主要设备有：IS-100-80-160A 型供水泵 2 台，配用 2 台 Y160M1-2 型 11 kW 异步电动机。

供水系统另一用途是：当水泵检修结束需起吊检修闸门时，由于闸门内外的水压差，检修闸门不能起吊，必须向水泵的进水管充水，以降低检修闸门两侧的水压差。一站的闸门充水利用水泵橡胶轴承的润滑水进水管道和另设的闸门充水管道同时充水，从而缩短充水时间。

（3）排水系统

排水系统主要是排除集水廊道的积水。这些积水主要是供水系统的回水，如冷却水、润滑水、渗漏水，主辅机组的填料漏水，机组检修时进水流道的积水和检修闸门的漏水等。集水坑设置在底板上低于底板 0.5 m 左右处，排水泵装在排水廊道顶板上，排水泵的进水管装在排水廊道底板的积水坑内，易于排干廊道积水。排水泵进水口装有滤网，出口安装在站主泵的进水口，高于进水口的一般水位，低于最高水位。出水管穿墙时，装有闸阀，供检修时与进水口断水。排水系统主要设备有：TBL150/300-22/4 型排水泵 2 台，配用 Y180L-4 电动机，电机功率为 22 kW。

（4）压缩空气系统

一站的压缩空气系统主要作用是供给真空破坏阀和站内风动工具、吹扫用气等，压力为 0.6～0.8 MPa。为确保有足够的用气量及事故停电时空压机停止运行的情况下，能可靠迅速地供给真空破坏阀的用气量，系统中装有低压贮气罐用来储备一定压力的气体。当压力不足时，空压机自动投入运转，始终保持贮气罐的压力在规定的范围内。该系统主要设备有:BLT-15A(1.67/0.8)螺杆风冷式空压机2台,贮气罐1只。

(5) 通风系统

一站原800 kW同步电动机为穿流式风冷,热风在站房内自循环,站房内温度高达48 ℃,同时噪声也高达96 dB,远远超过规范小于或等于80 dB的要求。1994年该站更新改造后,将主机层提高1 m,并分隔成各自独立的排风道,分别设两台T40-6型轴流风机,将热风排至下游站房外工作桥下,大大降低了站房温度和噪声,改善了工作条件。

5. 电气设备

(1) 一次电气部分

更新改造后,一站6 kV电源由江都水利枢纽专用变电所内的一站6 kV总开关经四拼YJV22-10-3×240高压电缆引入,站内6 kV电源进线总开关再由单母线经开关连接至各台主机及站用变压器。变电所还向站内提供400V备用电源,进线高压开关及各台主机的开关均采用德国ABB公司VD4型真空开关,2台站用变压器型号为SCB10-400/6,当全站停机时,站用电自动切换为专用变电所提供的400V备用电源。

(2) 二次电气部分

2003年一站实施了计算机监控系统、视频系统改造。2012年12月进行了计算机监控系统升级改造。改造后一站实现了微机监控、微机保护和微机励磁,微机监控系统可对泵站主机、辅助设备进行现场控制和远方自动控制,以及保护定值修改、实时数据采集、分析计算、数据存储、制表打印、运行监测、越限及事故报警、模拟图显示等。与江都水利枢纽集中监控系统联网,可实行集中监控,并与江苏水利网联网,实现网上通信、信息共享,并具备与南水北调东线工程江苏调度系统联网功能,进一步提高了泵站自动化管理水平。

(3) 励磁装置

一站现采用的是苏州有明科技有限公司LZK-3G微机励磁装置,该装置采用双机热备微机综合控制器,可任意设定为闭环可调的恒功率因数运行、恒电流运行、恒电压运行或恒触发角度运行,并可与上位机通信,实现远方控制、设置、管理,功能更为完善,运行更为可靠。

(二) 泵站施工

1. 施工概况

1961年12月,一站的开工建设在当时尚属国内首举,从泵站设计、机组制造、辅机配套、土建施工,到机电设备安装等都处于探索之中。通过领导、技术人员、工人三结合,设计、施工、管理三结合,建设单位、科研院校、机泵制造厂家三结合,解决了施工中发现的一系列技术难题,较快地于1963年3月建成。1963年4月由专家及省、地、县有关领导组成的"江都抽水机站验收委员会"进行验收,认为该工程"符合工程设计的要求,同意先行验收交接"。

一站是江都抽水站中最早建成的一座大型泵站,也是我国自行设计、自行制造、自行施工、自行管理的最早的大型泵站。该工程由"江苏省苏北引江灌溉工程江都抽水机站工程处"负责施工,泵站的土建工程施工由省水利厅基本建设工程队以内包方式承包;机电安装工程由华东电力建设局江苏工程公司负责,土方工程除部分引河土方出包给建筑工程部第五工程局第三土石方工程公司机械化施工外，系工程处自营，由靖江、泰兴、泰州 3 个县民工总队施工。工程总投资 874.1 万元，共完成土方 91.96 万 m^3、石方 1.89 万 m^3、混凝土 1.91 万 m^3，耗用钢材 397 t、水泥 6 733 t、木材 2 278 m^3、黄沙 2.72 万 t、石子 3.72 万 t、块石 3.77 万 t。

2. 土建工程

土建工程主要包括泵站的引水与进水渠道、出水渠道、进出水流道以及站房等部分。江都抽水站引水渠道皆为 1958 年开挖的新通扬运河，引水渠道与芒稻河相连直通长江。1958 年拓浚的京杭大运河的里运河作为送水干河向北送水。泵站的进水渠道与引水渠道——新通扬运河成 90°正交进水，4 座泵站排列在新通扬运河北岸，设有江都东、西闸控制泵站灌、排运行。

一站的站房为堤身式结构，由于地质条件限制，站身南北中心线布置距新通扬运河口约 750 m，站身东西中心线与新通扬运河中心线平行，相距 220 m。一站站身基坑挖深 15.5 m，施工难度很大，施工人员克服困难、群策群力发明了灵活可靠、省力省时的土方爬坡机和容量较大、轻便耐用的铁架胶轮车、混凝土车道板等。这些发明创造，提高了土方施工效率近 3 倍，加快了施工进度。

一站站房施工过程中，主站房的防渗施工是关键。施工中采用的砂石严格淘洗，控制杂质含量；水灰比控制在 0.65 以内，提高了水泥浆本身的抗渗性；水泥选用普通水泥或矿渣水泥(使用矿渣水泥要加外加剂，并做好泌水排除)；全面使用机拌、机振混凝土，增强与水泥浆的牢固结合；同时要选好适合的石子，加强混凝土的养护，在 28 天内或未达到一定抗渗强度前不要还土或承受水头压力等。

一站的进出水流道施工均是从流道模板制作开始，先把流道分成若干断面按节进行拼制，按设计曲线制成模板并抛光。其中出水流道的驼峰弯管按整体制成，在出口断面较大部分每节又分成 3 个部分制作拼制成曲面模板。在此基础上进行混凝土的浇筑，为避免渗水渗气，整个流道浇筑一次浇成，并加强养护。

一站站身混凝土分成 5 次浇筑：第一次浇筑进出口齿墙及站身底板；第二次浇筑水泵层；第三次浇筑进口导流板及其站墩部位、泵墩等；第四次浇筑电机层、公路桥、出水流道；第五次浇筑副站房及主站房的柱和梁。

所有混凝土浇筑后，施工人员加强养护，查找不足，及时改正，特别是对于防渗工作进行了多次反复试验处理。因此整个土建工程按计划顺利完成，为下一步机电设备的安装打下了良好基础。

3. 设备安装

机组的安装一般按先下后上、先水泵后电机、先固定部分后转动部分的原则进行。一站水泵机组的安装参照大中型悬吊式水轮发电机组的安装质量标准，参照水泵、电动机出厂使用维护说明书的有关规定和工地实际情况分步循序进行。

(三) 泵站改造

一站从 1963 年建成投产，到 1994 年已历时 31 年，平均每台机组运行 7.22 万 h，由于机、泵和电气设备都是我国大型泵站的第一代产品，经过 31 年的运行，机械磨损均达到了机械强度疲劳极限及屈服极限值，水泵叶片因汽蚀磨损严重变形；电气设备绝缘老化，辅机耗能大，泵站效率明显下降；单机流量由设计的 8 m^3/s 下降至 7 m^3/s；8 台电动机有 7 台发生过绝缘击穿现象（1987 年更换 2 台）。1994 年 4 月 15 日省水利厅组织省内外有关专家在现场召开了设备技术鉴定会，一致认为该站已处于超龄服役运行状态，应尽早更新改造。

1. 泵站更新改造的方案审定

一站更新改造工程也是一个新课题，当时省内没有大型泵站改造经验可借鉴，一切从头探索、自力更生进行。在土建基本不变的原则下，该站的更新改造工程尽量利用水工建筑物的原有裕度，更换所有的主机、主泵和辅助设备，适当增加泵站的抽水流量，同时运用先进的计算机监测技术对设备的电流、电压、有功、无功等电量参数和水位、气压、温度等非电量参数进行巡回检测、记录、打印，使得一站自动化、科学化的水平有了较大提高，促进了整个泵站管理向现代化管理迈进。

（1）水位的确定

新选水泵扬程的确定需要根据泵站的实际水位组合来进行，因此一站根据江都水利工程管理处水文站统计的建站 30 年来的水文资料，运用算术平均法求得该站的平均扬程，并参照南水北调东线工程的水位组合，报省水利厅批准，确定了设计水位：上游 8.5 m，下游 0.0 m；校核水位上游 9.0 m，下游－1.0 m（详见表 8-4）；并确定新选水泵扬程为 6.0 m。

表 8-4　一站更新改造水泵性能设计水位表

工作情况	站下游水位(m)	站上游水位(m)	净扬程(m)
灌溉期抽引江水	2.5	8.5	6.0
冬春季抽引江水	0	8.5	8.5
抽排里下河涝水	－0.5	6.3	6.8
校核水位	－1.0	9.0	

（2）主水泵叶片的选型

管理处委托扬州大学农学院的江苏机电排灌研究所对一站改造进行了模型试验。该所的试验报告（一站改造模型试验是继江都泵站更新叶轮模型试验之后进行的）为一站水泵改造提供了优良水力模型，并最终确定选用 F1 型方案，模型方案性能见表 8-5。

表 8-5　复选水力模型方案参数表

水力模型组合编号	叶片数(只)	设计扬程(m)	叶片角度 0°				汽蚀性能(m)	零流量扬程(m)
			设计工况装置效率(%)	最高装置效率(%)	设计工况流量(L/s)	比原流量平均增长(%)		
F1	4	6.0	72.5	74.49	355.4	25～30	7.6	15～17

（3）主机泵的选型

由于一站担负着抗旱、排涝、航运补水等多种功能，其站下水位受长江潮汐影响，水位变幅大。根据建站以来的水文资料，考虑到在净扬程大于 6.5 m 时，原机组启动困难、振动厉害而被迫停机，故改造时选择流量大、效率高、汽蚀性能好的 1.75ZLQ-6 型机械全调节轴流泵，这样不但可以使水泵根据不同的水位及流量改变叶片角度使水泵经常在高效区运行，而且可以使水泵在负角度启动，减轻机组的启动振动。同时采用了上海电机厂生产的 TL1000-24/2150 型立式同步电动机与之配套。

2. 泵站更新改造工程的实施

1994 年 11 月 25 日，省水利厅批复同意"江都一站更新改造工程的初步设计"。江都水利枢纽机电安装处(以下简称处机电安装处)负责该项目的机电设备安装，省水建总公司一公司负责配套的土建工程，微机监测系统由江都水利枢纽科学研究所(以下简称处科研所)设计安装。主要改造项目有：8 台主电动机更新；8 台主水泵更新；高、低压电气改造；新增微机监测等。配套土建项目有：8 台机组驼峰顶底面高程由 8.65 m 增高至 9.0 m；进出水流道扩大衔接处理；二楼改造成高压开关室、整流变压器室、低压开关室及控制室；增设封闭式通风层和 16 个主电动机通风孔等。

为了确保一站汛期能够投运，不影响整个枢纽工程效益的发挥，更新改造工程计划分两期完成。第一期工程自 1994 年 11 月 2 日开工，于 1995 年 5 月 29 日结束，改造了 1 号、2 号两台机组，电气系统维持不变，2 台改造机组电气运行采取临时过渡措施，1995 年 5 月 29 日 2 台机组一次性启动成功。

一站更新改造第二期工程又分两个阶段进行。第一阶段于 1995 年 9 月 20 日开工到 1996 年 5 月 26 日结束，改造了 3 号到 6 号 4 台机组及辅机系统、电气部分，1996 年 5 月 27 日机组一次性启动成功，连同一期改造的 2 台机组全部投入汛期正常运行。改造后的 6 台机组抽水能力在叶片角度 0°到 2°时可达到 64.8 m^3/s，单机平均流量 10.8 m^3/s，平均扬程 5.03 m，其与改造前的 8 台机组抽水能力相当。第二阶段是在 6 台机组改造后安全运行两个多月后(当年 8 月初)开工的，共安装了 7 号、8 号两台机组，同时进行了真空破坏阀改造，排水泵、通风机的安装，同年 10 月底，整个更新改造工程全部竣工，共完成投资总经费 1 603.44 万元，改造工程被评为优良等级。

一站是省内第一座改造的大型泵站，因为诸多因素，当时泵站的改造工作不十分彻底，1996 年改造完成后经过多年运行，部分设备已不能满足泵站的安全运用，同时随着科技的发展和对泵站自动化、现代化要求的不断提高，继续完善十分必要，因此一站陆续实施了监控系统的升级改造，对部分机电设备进行了更新。

3. 泵站更新改造的效果

一站更新改造后单机流量增加 2.2 m^3/s，提高 27.5%，另外机组可以根据不同运行水位组合，调节叶片角度使水泵在最优工况下运行。

由于原设计主机为开敞式散热，主机层温度高达 48 ℃，噪声达 96 dB，直接影响运行人员身心健康，加速设备老化。改造为封闭式强迫通风后，主机层最高温度为 41 ℃，噪声为 80 dB，达到了隔热、降低噪声的目的。

由于改造后一站整个抽水能力增加了 17.6 m^3/s，可增加灌溉面积 1.1 万 hm^2，以灌区每公顷旱改水田的平均增产值为 1 500 kg 计，可增产 1 650 万 kg，约合 1 650 万元，已超过改造投资额，其经济效益是显而易见的。机组采用机械全调节后，提高装置效率达 6.4%，节约年运行电量 129 万 kW·h，节约电费可达 38 万多元(按多年平均运行电量，每年开机 100 天折算)。一站改造后，自动化程度的提高为泵站管理向“规范化、科学化、制度化、现代化”迈进提供了有力的保障。

第二节　江都二站

1963 年 5 月 23 日，水电部以(63)水电水设字第 98 号文批准兴建二站，1963 年 7 月开工建设，1964 年 8 月竣工。该站位于一站东侧 260 m 处，站身结构和装配的机泵与一站相同，运行 33 年后，于 1997 年 11 月对二站进行更新改造，同年 12 月开工，1999 年 4 月竣工，2000 年 1 月进行电气自动化改造，当年汛前完成，2001 年 7 月 6 日通过省水利厅验收。二站更新改造总经费为 1 998.5 万元。该站改造前后的规模、主辅设备、供电方式与一站均相同。

2006 年 10 月至 12 月，因二站原控制室位于 7 号机组出水流道驼峰顶，泵站机组运行中产生的振动和噪声影响设备的稳定运行和值班人员的身心健康，因此对二站控制室进行移址改建，新控制室建在主厂房东侧，同时对自动化监控设备也进行移位、改造。

截至 2020 年底，二站累计平均每台机运行 13.4 万 h(更新改造前平均每台机运行 8.6 万 h)。向苏北地区抽送江水 251.2 亿 m^3，抽排里下河地区涝水 66.7 亿 m^3。

(一) 泵站设计

二站的设计建设是紧接一站建成发挥效益后进行的，其主体工程及主要设备的选型均和一站相同。由于有了一站的设计施工经验，因此二站设计施工中相关技术均较之前有了一定发展。

1. 主水泵、主电动机的选型

(1) 主水泵

二站建设时主水泵采用与一站相同的 PVP-160(64ZLB-50)型立式半调节轴流泵，出水管口径为 160 cm，系上海水泵厂特约试制产品，也是我国大型泵站上使用的第一代产品，基于当时国内的实际水平，该机组未经试制及使用考验，制造工艺粗糙，结构上亦存在较大的问题。1996 年二站更新改造后采用了与一站相同的 1.75ZLQ-6 型立式轴流泵，主水泵的技术参数、结构及特点等详见本章第一节一站主水泵参数表。

(2) 主电动机

二站主电动机更新改造前采用与一站相同的 TDL800-24/2150 型立式同步电动机，更新改造后采用与一站相同的 TL1000-24/2150 型立式同步电动机。二站主电动机的型号、结构及特点等，详见本章第一节一站主电动机参数表。

2. 土建工程

(1) 站型及站房

二站站房型式与一站一样，为堤身式结构(见图 8-2)。站身包括主站房、副站房、工作桥三部分。主站房底板分为两块，两底板之间设有伸缩缝。

主站房自上而下为主机层、通风层、检修层、水泵层。主机层自西向东依次为 1 号至 8 号主电动机，北墙中部设 5 台低压动力柜。主机层下面设强迫通风道，自西向东安装 16 台通风机。检修层电动机梁北侧铺设供水母管及润滑油母管。水泵层自西向东为 1 号至 8 号主水泵，西侧设润滑油回油箱及排油泵，中部设 2 台排水泵，3 号、4 号、6 号主水泵东墙的北侧各设供水泵 1 台，水泵层北侧下部为排水廊道。

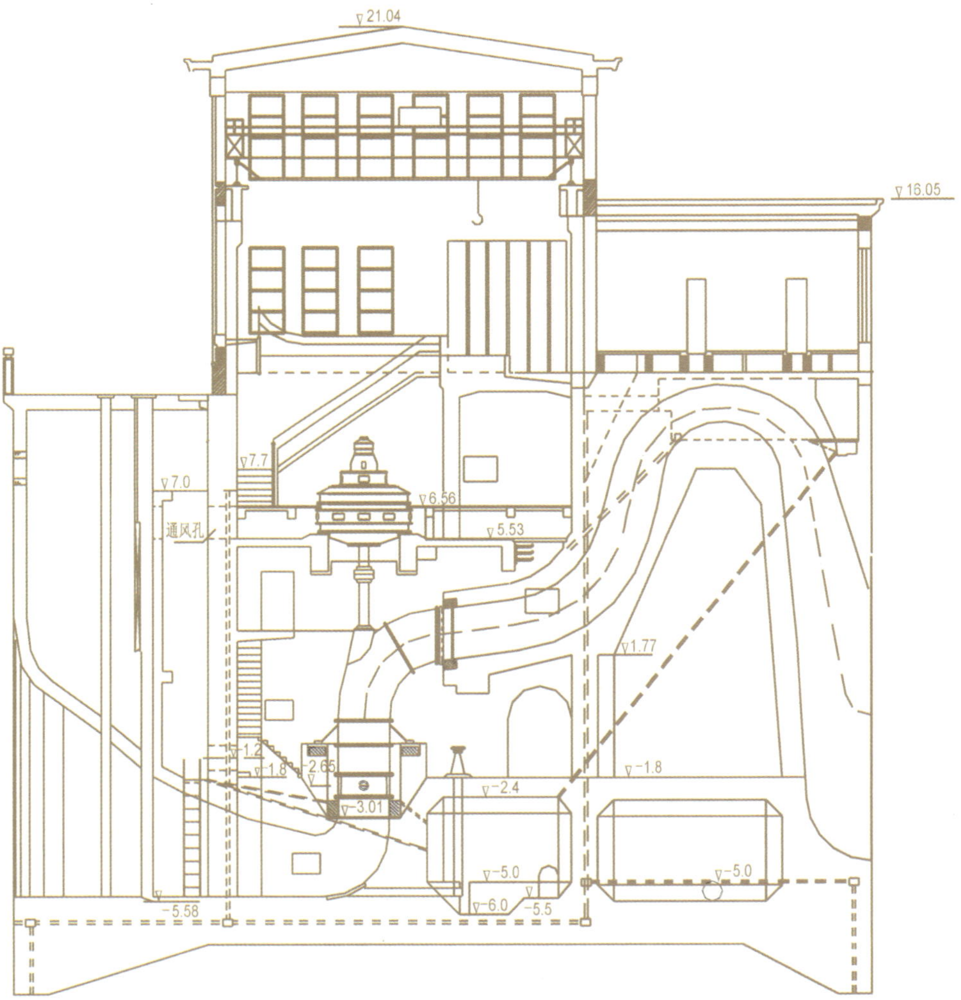

图 8-2 二站站身剖面图

副站房建在虹吸式出水流道的上面，自西向东依次为高压开关室、站变室、隔离变压器室、低压开关室、空压机房及小仓库，下面为真空廊道，安装 8 台真空破坏阀，并设有压缩空气母管。站房以东为东平房，设控制室、更衣室及办公室；站房西面建有修配间及仓库。改造后的泵站面貌一新，布置合理简洁。

(2) 进水流道

二站进水流道与一站相同，也是肘形进水流道，详见本章第一节“土建工程”部分。

(3) 出水流道

二站出水流道与一站基本相同，也是虹吸式断流，详见本章第一节“土建工程”部分。

二站出水流道仍采用一站的虹吸式。但二站设计虹吸管断面时，在驼峰前不扩散，缩小驼峰处断面，提高流速，增加挟气能力，然后逐步扩散，驼峰顶部断面高 1.6 m，宽 3 m。二站改造时，出水流道驼峰底部抬高至 9.0 m，驼峰顶部断面高 1.25 m。驼峰曲率半径 2.64 m，驼峰后出水管中心线下倾角 10°55′，出口断面高 8 m，宽 5 m，当流量为 10.2 m^3/s 时，驼峰顶流速为 2.79 m/s，出口断面流速为 0.255 m/s。

(4) 进水渠道

二站进水渠道与一站相同，进水前池为干砌块石护坦及灌砌块石护坦各 10 m，引水渠与前池之间设浆砌块石埂底坎。

2006 年实施的江都东西闸之间河道疏浚工程项目中，为改善进水河道水流偏向一边，形成回流区和泥沙淤积，影响进水流道流态现象，在二站下游引河距站身 147.5 m 处设倒 Y 形导流墩，墩顶高程 2.0 m，尾汊夹角为 60°(尾汊与进水方向一致)，单边长 14 m，底高程 −10.0 m；二站下游引河距站身 97 m 处增设导流坎，顶高程为 −2.5 m。

(5) 出水渠道

二站出水渠道和一站基本相同，其主要包括上游砼防渗铺盖 13 m，上游灌砌块石护坦 9.5 m，上游干砌块石护坦 12 m，块石防冲槽 4 m，外接黏土铺盖及上游滚水坝与出水干渠相连接。

3. 辅助设备

(1) 油系统

二站油系统的主要作用是用于主电动机轴承的润滑和散热。主电动机上、下油缸内装有 32 号透平油，作润滑和散热用。推力瓦和导向瓦在运转中产生的热量通过润滑油传给冷却器，通过冷却器中的冷却水带走。

(2) 供水系统

二站供水系统采用直接供水方式，提供包括技术供水、生活用水和消防用水。水泵层 3 号及 6 号间隔设两台供水泵，互为备用，供给机组的冷却用水、润滑用水、主泵内加水、排水泵加水等。供水母管设在检修层电动机大梁北侧，各支管接在母管上，结构简明，检修方便。主机冷却水包括上、下油缸冷却水及叶片角度调节机构冷却水，其冷却回水至主泵填料函，用于水导轴承润滑。在主泵出水管上设检修加水管，在检修结束后，通过加水使检修门两侧水压平衡，便于起吊闸门，同时可用来调节供水母管的水压。供水泵取水口在上游，进水部分设进水总阀、进水阀及滤网，出水部分设出水阀及逆止阀，便于检修。供水系统主要设备有：3 台 IS100-80-160A 型供水泵，配用 3 台 Y160M1-2 型异步电动机。

(3) 排水系统

排水系统主要是排站房内的各种工作回水、渗漏水、清扫水及检修时排主泵内积水。

2 台排水泵布置在水泵层 5 号间隔，互为备用。排水泵加水由供水母管引来，排水泵进水口设在排水廊道的积水坑内，并装有滤网，出水口在下游，出水部分装有闸阀及逆止阀。排水系统主要设备有：200WQ250-15-18.5、100WQ11171 型潜污泵各 1 台。

(4) 压缩空气系统

二站的压缩空气系统主要用于为虹吸式出水管顶部真空破坏阀开启提供动力，确保机组在停机后，利用压缩空气迅速打开真空破坏阀，可靠断流。该站采用 2 台空压机，2 台空压机型号均为 BLT-15A/8，互为备用，1 只贮气罐，以确保压缩空气母管的气压保持在 0.6～0.8 MPa。2 台空压机互为备用，自动投入运行，以确保贮气罐内的气压，贮气罐上装有 3 只电接点压力表和 1 只压力变送器，并装设动作可靠的安全阀。

(5) 通风系统

二站通风系统由通风机、通风机动力控制柜、低压开关室通风机动力电源及动力、控制电缆组成。水泵层自西向东安装 1 号至 8 号轴流通风机，型号为 03-11，配套 JO31-4 型电动机。主机层设计了强迫通风层，层内共安装 16 台通风机，型号为 T04，配套 Y90S-2 型电动机。每台主机配用 2 台通风机，自动化改造后实行微机自动控制。

4. 电气设备

(1) 一次电气部分

二站 6 kV 电源由专用变电所内的二站 6 kV 总开关经四拼 YJV22-10-3×240 高压电缆引入，站内 6 kV 电源进线总开关再由单母线经开关连接至各台主机及站用变压器。变电所还向站内提供 400V 备用电源，当全站停机时，站用电自动切换为专用变电所提供的 400V 备用电源。

(2) 二次电气部分

2000 年二站新增计算机监控系统、视频系统，2011 年 8 月进行了计算机监控系统升级改造，实现与江都水利枢纽集中监控系统联网，可实现互相数据传输，并具备与江苏水利网、南水北调东线工程调度系统联网功能，进一步提高自动化管理水平。

2012 年 9 月，二站保护装置进行了改造。新保护系统本身通过远动通信装置整合成一个整体，内部通信通过 PCS-9882 工业以太网交换机连接至远动通信装置，且 2 台交换机分组 A 网与 B 网，双网均分别连接至各台保护测控装置，双网并行，互为热备提高了保护系统的稳定性。

保护柜内电源改由直流屏直接供电，进柜后通过空开分别给各台保护测控装置提供装置电源以及控制电源，改变了原先各保护装置由对应高压柜供给电源的方式，提高了保护系统运行可靠性。

(3) 励磁装置

二站现采用的是 LZK-3G 微机励磁，该装置采用双机热备微机综合控制器，可任意设定为闭环可调的恒功率因数运行、恒电流运行、恒电压运行或恒触发角度运行，并可与上位机通信，实现远方控制、设置、管理，功能更为完善，运行更为可靠。

（二）泵站施工

1. 施工概况

二站是紧接一站建成发挥效益后施工兴建的，其主机泵选型及装机容量均同一站，设计仍采用堤身式站身结构，除局部布置及虹吸管断面略有变更外，其他基本相同。

该工程由省水利厅基本建设局编制设计文件，江都水利枢纽工程处负责施工，土建工程由省水利厅基建工程队以内包形式承建，机电安装由水电部水利水电机电安装局第三安装工程处按包工包料方式承包，土方部分由工程处自营，主要由泰州、姜堰（原泰县，下同）民工总队部完成。工程总投资 829.32 万元，完成土方 49.8 万 m^3、石方 3.24 万 m^3、混凝土 1.56 万 m^3，耗用钢材 316 t、水泥 5 569 t、木材 2 211 m^3、黄沙 2.34 万 t、石子 3.55 万 t、块石 5.33 万 t。

2. 土建工程

二站的土建工程与一站基本相同，其进出水渠道于 1963 年 12 月开始施工，1964 年 8 月完成。在二站施工中，经检查发现 3 号、7 号水泵的出水管驼峰顶下两侧出现裂缝。后经全面检查，发现一、二站大多数出水管驼峰顶下部位都有大小不等的裂缝，有窨水甚至滴水现象。经分析是由于砼内应力不等造成的，经对裂缝灌浆，养护后再用 1.5 个大气压进行高压灌浆，基本解决问题。

3. 设备安装

二站的机电设备安装方法和一站相同，1964 年 5 月至 8 月期间安装单位的相关人员借鉴他们对大型水电安装的技术，对一站的机组在安装和运行中发现而当时未获处理的问题进行了检修，在拆检中又发现和处理了一些问题，从而获得了更进一步的资料。一站实践的成功经验无疑对泵站的理论、科技进步和后来的发展起了推动作用，同时为二站的设备安装提供了更有力的保障，使得二站比一站建设提前近半年完成。

（三）泵站改造

二站主设备与一站一样，都是我国大型泵站上使用的第一代产品，到 1996 年更新改造时，已平均每台机运行 8.6 万 h，经过 33 年的运行，设备汽蚀、老化情况也与一站相似，已处于超龄服役运行状态，应进行更新改造。

1. 泵站改造方案的审定

根据一站改造的成功经验，同时为了确保二站在汛期能够投运，发挥整个枢纽工程的综合效益，二站更新改造工程也分两期进行，1997 年 12 月正式开工，1998 年 5 月底完成一期工程，汛期全站 8 台机组投入运行；汛后开始二期工程，1999 年 4 月底完成，确保全部设备当年汛期安全投入运行。

根据一站更新改造后的运行和现场测试成果，其水泵流量大、效率高、汽蚀性能好，二站仍选用江苏机电排灌研究所的模型泵段 F1 叶型，主水泵、主电动机的选型也与一站相同。

按照现代化工程管理的需要，二站实施了全面的电气自动化改造工程，安装了视频系统，实现了微机监控、微机保护和微机励磁，并与江苏水利网连接，可实现网上通信，为实现“无人值守、少人值班”的工程管理模式打下了良好的基础。

基于更新改造工程与新建工程的不同之处，水泵叶轮中心高程不变，仍为－2.05 m，电动机基础高程不变，该工程安装除了按“泵站技术规范”要求进行外，还应遵循以电动机基础中心和高程为基准的原则。

2. 泵站改造工程的实施

更新改造于1997年12月正式开工，主要改造项目有：8台主电动机、主水泵更新；高、低压电气改造；新增自动化监控系统、视频系统；供排水、气、油系统改造等。配套土建项目有：8台机组驼峰底加高35 cm至9.0 m；进出水流道改造；电气设备集中布置，开关室改造；主机层增设封闭通风道、通风机；站房伸缩缝、房顶防渗、整修等处理。整个工程分两期实施：1998年5月完成5号至8号主机组的安装、调试及相关土建工程和1号至8号出水流道驼峰抬高工作。1998年汛后至1999年4月完成1号至4号主机组的安装、调试及相关土建工程和全站辅助设备、电器设备的安装、调试工作，更新改造工程于1999年4月竣工。改造经费计1 998.5万元。2000年元月，进行了泵站自动化改造，并于当年汛前完成。2001年7月6日通过省水利厅的验收。

2000年改造完成后，二站经过多年运行检修，部分设备已不能满足泵站安全运用的要求，同时随着泵站自动化、现代化要求的不断提高，二站对监控系统陆续实施了升级改造，并对一些电气设备及辅机设备进行了更新。

3. 泵站改造的效果

二站1997年至1999年进行更新改造，单机流量增加了2.2 m^3/s，全站共增加流量17.6 m^3/s。按每个流量投资80万元建新泵站，可减少投资1 408万元，其经济效益是很可观的。

二站经本次更新改造和以后相继进行的一些设备的更新改造后，主要设备均更换为性能稳定的新产品、新设备，大大增加泵站运行的可靠性和高效性，同时进一步为大型泵站的改造积累了丰富的经验。在采用先进的微机保护、监控系统后大大增强了泵站的自动化与现代化水平，提高了泵站运行、管理的综合效益，推进了泵站管理向更高层次的发展。

第三节 江都三站

三站位于二站东侧250 m处，1966年12月开工，1969年10月建成。该站安装10台套ZL13.5-8型立式全调节可逆式轴流泵，配用1 600/600 kW立式可逆式电动机、发电机，总装机容量16 000 kW，设计流量135 m^3/s。可逆式机组正转抽水；在淮河有余水下泄时，可反转发电，在水头4 m的情况下，单机可发电300 kW，并入电网。由江都抽水站专用变电所用架空组合导线直接供电。

三站的主辅设备到2006年已使用了近40年，远远超过了国家规定的使用年限，由于设备严重老化，使用中暴露了不少问题，机组的效益已不能正常发挥。三站于2006年11月至

2009 年 11 月进行了更新改造。

截至 2020 年底，三站累计平均每台机抽水运行 7.9 万 h（更新改造前平均每台机运行 7.2 万 h），抽引江水北送 405.1 亿 m^3，抽排里下河涝水 104.0 亿 m^3，发电运行平均每台机 4.5 万 h，发电用水量 164.3 亿 m^3，发电 10 181.4 万 kW·h。

（一）泵站设计

计划兴建三站时，国家当时正处在电力应用紧张时期，为了利用淮河丰水年有余水下泄可以发电的有利条件，同时为了探讨试验一机两用，达到正转抽水、反转发电的目的，三站在设计时考虑兴建可逆式泵站。其站房的结构为堤后式，站身不直接挡水。与一、二站堤身式结构相比具有一些优点：工程投资比较少；出水流道局部损失较小；施工量加大，但作业面也大，工作安排、劳力调度比较灵活；副站房的空间大，利于设备安装检修等。

1. 主水泵、主电动机的选型

（1）主水泵

三站主水泵采用了上海水泵厂生产的 ZL13.5-8 型立式可逆液压全调节轴流泵，可以用于抽水，也可用于发电，叶片角度可在 $-12^\circ \sim 8^\circ$ 范围内调节，水泵与电动机直联。

主水泵包括固定和转动两部分，固定部分的主要部件有：上盖、上座、泵盖、异形管、泵座、叶轮外壳、导叶体、水导轴承、压环、底座等。转动部分的主要部件有：泵轴、操作油管、叶轮等。三站采用的水泵结构是在一站、二站的基础上改进的，水泵装在一个钢筋混凝土的圆筒形井内，井的一侧有出水管，水泵导叶体固定在水泵井下部。这种结构相对牢固，水泵不容易移位。同时水泵的部件均小于混凝土水泵井的内径，也小于电动机定子的内径，因此在不移动电动机定子的情况下，水泵部件均可在电动机定子内吊上吊下，利于安装和检修。

2006 年 11 月三站更新改造后主水泵采用了江苏中天水力设备有限公司生产的 ZLQ13.5-8 型立式全调节轴流泵（可逆式），改造前后主水泵的具体参数见表 8-6，水泵的结构型式与原来的水泵基本相同，不同的是：原水泵使用的油润滑金属导轴承改为水润滑弹性金属塑料导轴承。

表 8-6　三站主水泵参数表

项目	改造前	改造后
型号	ZL13.5-8	ZLQ13.5-8
流量（m^3/s）	13.5	13.5
扬程（m）	8.0	7.8
转速（r/min）	250/125	214.3/107.2
装置效率（%）	68	75.3
叶片调节方式	液压调节	液压调节
叶轮直径（m）	2.0	2.0
重量（t）	30	32.5

(2) 主电动机

三站的 10 台主电动机选用上海电机厂设计制造的可逆变速三相同步电机。其参数见表 8-7。

表 8-7 三站主电动机参数表

项目	改造前	改造后
型号	TL1600-48	TL1600-28/2600
单机容量(kW)	1 600/600	1 600/450
定子额定电压(kV)	6/6.3	6/3
定子额定电流(A)	186/68.8	180/108
转子励磁电压(V)	197.2/173	124/106
转子励磁电流(A)	168.5/148	177/151
功率因素	0.9 超前/0.8 滞后	0.9 超前/0.8 滞后
转速(r/min)	250/125	214.3/107.2
相数	3	3
极数	24/48	28/28
重量(t)	45	34

三站抽水时，电机作为同步电动机使用，转向为顺时针，电机取用电网的有功电能转变为抽水的机械能；发电时，主水泵作为水轮机使用，在上游水能的冲击下，水泵倒转（叶片角度已改变为 6°），转向为逆时针，发电机将轴上传来的机械能转变为电能。

同步电动机定子绕组和转子绕组中间有抽头，以实现变极调速。作电动机运行时，转速为 250 r/min，接线方式为双路星形，磁极数为 24 极；作发电机运转时，转速为 125 r/min，接线方式为单路星形，磁极数为 48 极。

2006 年三站更新改造后主电动机采用了上海电气集团上海电机厂有限公司生产的 TL1600-28/2600，1 600 kW 同步电动机（6 kV，50 Hz），该电动机为 28 极，转速为 214.3 r/min。三站原反向发电功能是由双速可变极同步电机，通过改变电机定转子绕组接线以改变转速和转向方式倒转发电。三站主要是以抽水为主，为保证电机抽水时效率，同时又保留发电状态下的发电功能和效率，改造时，主电机采用不变极电机，发电采用专门的变频发电机组，实现降速变频进行发电。变频发电机组由一台 4 000 kW、12 极、6 kV、50 Hz、500 r/min 发电机，一台 4 300 kW、6 极、3 kV、25 Hz、500 r/min 电动机组成，发电机与电动机同轴连接。发电时，水泵机组在 3 kV、25 Hz 状态下半速运行，推动变频发电机组电动机，再由变频发电机组发电机发出 6 kV、50 Hz 电力送入电网。从而既保证了发电效率，同时又保证在抽水时，水泵机组不因采用变极电机而使效率下降。并且，采用 10 台双速可变极同步电机和 10 台不变极电机加上变频发电机组相比较，其造价基本相同。

2. 土建工程

(1) 站型及站房

三站站房型式为堤后式结构,站身不直接挡水,稳定性较强,混凝土一次浇捣工作量小,施工简单。在施工中,可以安排站房先施工,中段出水管和虹吸挡土墙的施工可以在机房砌筑和主机安装时同时进行,施工安装速度快。

三站站身分为三段,即站房、出水管及出水虹吸挡土墙(见图 8-3)。为了尽可能减少墙后水压力,在主站房后高程 2.20 m 及 1.00 m 处放置了两道反滤层排水。主站房自上而下为主机层、电缆层、检修层、水泵层。水泵叶轮中心高程为−3.5 m。主站房底板分为两块,在第一块底板上自西向东安装了 1 号至 5 号机组,第二块底板上安装了 6 号至 10 号机组。站房顶用拱形屋面板,屋顶拱底高程为 17.30 m,用钢筋混凝土作拱架。站房主机层下,电缆层南部有通风道,10 台主机均向通风道内出风,东西两端各用 1 台通风机排风。2006 年泵站改造时,因高、低压电气设备全部移至主厂房东侧新建的控制楼,电缆层南部的通风道也向东接长 30.5 m,竖井风道也一并东移且保持了工程的原貌。

主机层西侧为检修平台,中段出水管搁置在回填土上,分别与主、副站房相接。副站房放在出水虹吸管驼峰上,副站房的北侧为公路桥,上、下游翼墙为重力式浆砌块石挡土墙,上、下游设有砼和浆砌块石护坦,与主、副站房底板相接。

图 8-3　三站站身剖面图

(2) 进水流道

三站进水流道是国内大型泵站首次采用的平面蜗壳式进水流道,它由进口段、吸水室及喇叭管等几部分组成。水流由前池进入流道进口段后,由吸水室将水流引向喇叭口四周,再通过喇叭管进入水泵叶轮室。进水流道的进水侧设有拦污栅和检修闸门。

三站在建成后试运行中发现水泵汽蚀严重,有间歇性的剧烈振动和撞击,甚至无法正常工作，尤其在低扬程大流量的时候更为明显。经模型试验，发现进水流道中叶轮进口处有间歇的涡带产生，进口部分主流偏在一边，引起水泵汽蚀振动。1970 年，在进水流道后部用块石砼填补，改为半肘形流道，消除了原来抽水时水泵间歇性强烈振动现象，但水泵汽蚀声响和振动仍较大。后来分别于 1980 年 1 月、1990 年 2 月又对 5 号和 2 号进水流道进行了改造，用块石砼填补流道后部两侧涡流区，并在流道后部中间设置钢筋砼中隔板。改造后，水泵的振动有所减小，但水泵汽蚀仍较严重，效率偏低。

2006 年 11 月改造时，为进一步改善主泵进水流道的性能，根据模型试验，对进水流道进行改造，将原半肘形流道改为完全肘形流道，并将原进水流道平直段的后部中间隔墩缩短了 2.98 m。

(3) 出水流道

三站的出水流道根据一站、二站的经验，仍采用虹吸式出水流道，由站身段、中段和驼峰段三部分组成。中段较一站、二站平缓并稍有扩散，使水泵扬程在电动机达到同步以前不至升高太快。虹吸驼峰高程为 9.0 m，在虹吸管顶部装有真空破坏阀断流，为发电需要出口设有拦污栅。

三站主泵出水流道中间段搁置于回填土上方，因回填土的沉陷和流失，出水流道中间段产生不均匀沉降，使上下伸缩缝错位，密封损坏，造成上伸缩缝漏气、下伸缩缝漏水。2006 年 11 月改造时，对出水流道中间段下方进行了底板压力灌浆处理及上下伸缩缝密封处理。

(4) 进水渠道

三站的进水渠道与一站、二站相同，同样包括引水渠、前池及进水池三部分，站房布置成侧向进水，即站前引水渠与主河道——新通扬运河成 90°正交。引水渠全长为 167.8 m(从喇叭口到站前池)，共分三段，第一段长 90 m，为喇叭形进水口，渠底高程为−4.5 m；第二段长 50 m，渠底由南向北倾斜，坡度为 1∶25，渠底南端高程为−4.5 m，北端高程为−7.5 m，与前池相连；第三段长 27.8 m，即前池，前池为 140 号混凝土护坦，进水渠底宽均为 60 m。

2006 年实施的江都东西闸之间河道疏浚工程项目中，为改善进水河道水流偏向一边，形成回流区和泥沙淤积，影响进水流道流态现象，在三站下游引河距站身 131.5 m 处设倒 Y 形导流墩，墩顶高程 2.0 m，尾汊夹角为 60°，尾汊与进水方向一致，单边长 16 m，底高程−10.0 m；三站下游引河距站身 84.5 m 处增设导流坎，顶高程为−2.5 m。

(5) 出水渠道

三站出水渠道从虹吸管出水流道起依次为出水池、出水渠。出水渠为喇叭形，与高水河成 90°正交，中间设有一导流墩，在发电运行时起导流作用。出水池靠近虹吸管为 140 号钢筋混凝土防渗板，长 15 m，宽 52.525 m，底部高程为−0.8 m；中间为 140 号混凝土护坦，长 22.44 m；护坦北侧为长 24 m 的混凝土底板，坡度 1∶30，北侧高程为 0 m，渠的两侧为干砌块石护坡，渠顶高程为 10.0 m。

3. 辅助设备

三站的辅机系统主要包括：润滑油系统、压力油系统、供水系统、排水系统、压缩空气系统、通风系统和抽真空系统等。

(1) 润滑油系统

润滑油系统主要用于主电动机轴承的润滑和散热，三站电动机润滑油采用68号透平油，推力瓦和导向瓦在运转中产生的热量通过润滑油传给冷却器，通过冷却器中的冷却水带走。

(2) 压力油系统

压力油系统是供主水泵调节叶片角度用。三站设有两套压油装置，采用68号透平油，工作压力3.6～4.0 MPa。每套装置由四台储能器、两台油泵(配5.5 kW电动机)、一台冷却泵(配0.55 kW电动机)及冷却器、安全阀、组合阀、过滤器、回油箱及自动控制系统等组成。控制系统具有压油装置油泵自动控制、主水泵叶片角度设定和自动控制功能。1号压油装置供1号至5号三水泵，2号压油装置供6号至10号主水泵，独立运行，两套压油装置可通过闸阀连通，互为备用。

(3) 供水系统

三站供水系统主要用于：主电动机上、下油缸冷却水；辅机设备冷却水；站内消防、清洁用水等；在主泵出水管设有检修加水管，在检修结束后，通过对水泵进水管加水使检修门两侧水压平衡，以起吊闸门。原供水系统主要采用间接供水方式：2台供水泵从下游取水，送至水塔，再经供水母管供主辅机冷却以及其他用水。2006年更新改造后，原上游公路桥上方的水塔拆除，冷却水的供水方式由间接供水改为直接供水。

三站在水泵层5号、6号机组北侧装有2台TBL-150/315-30/4离心式水泵(扬程32 m)作为供水泵，配Y200L-4异步电动机，功率30 kW，2台供水泵互为备用，由压力传感器控制运行。供水泵进水管路有两条，一条从下游河道取水，一条从排水廊道取水，两种取水方式不能同时使用，正常运用时供水泵从下游取水，只有当排涝运行、水草杂物堵塞住下游取水口的莲蓬头，取水可改取排水廊道的积水。出水管路也有两条，一条接于供水母管，作为供水系统的水源，水在进入供水母管前，先由全自动滤水器对水中的杂物等进行过滤，全自动滤水器的型号为DSL-Ⅲ-150，过滤精度4 mm，配套电机功率0.55 kW；另一条接到排水泵的出水管上，当排水泵发生故障不能运用时，供水泵进出水管路的阀门做适当调整，可作排水泵使用。

(4) 排水系统

三站排水系统主要用于：排除工作回水；排除渗漏水，包括站房及伸缩缝漏水、主副机组填料密封漏水、闸门漏水；检修时排除主水泵内积水及检修闸门的漏水等。上述排水集中到排水廊道内，用2台TBL-150/315-30/4型离心泵排水，Q=200 m^3/h，配套电机Y200L-4，功率30 kW，廊道积水直接由排水泵抽排至站房下游河道中，出水口设在工作桥下。2台排水泵由设在水泵层的浮子液位计(干簧管)自动控制开、停，互为备用。为确保排水廊道因水位过高而淹没水泵层，在水泵层还装有浮子式数码液位计作报警用。在供水泵发生故障时排水泵出水管路的阀门做适当调整可作供水使用。

(5) 压缩空气系统

三站压缩空气主要供给真空破坏阀和站内风动工具、吹扫用气等，压力为0.6～0.8 MPa，由2台SA08A型螺杆空气压缩机供气，压缩机的排气量为0.9 m^3/min，配套电机功率为

7.5 kW，2 台互为备用，出口配用 2 m^3 贮气罐，再经供气母管连接到各台机组的真空破坏阀。

（6）通风系统

三站主机通风装置采用风道集中排风，在站房主机层下，电缆层南部设有通风道，10 台主机均向通风道内出风。东西两端各用 1 台 DRT4-72-11-740 型离心通风机吸风，配用 Y315S-6 型 75 kW 异步电动机。

（7）抽真空系统

三站抽真空系统主要用于发电时抽真空，使本站出水池的水翻越虹吸管驼峰，推动水泵倒转发电；抽真空系统布置在副站房内，安装有 2SK-6A 型真空泵 2 台，其抽气速率 100 L/s，极限真空 3 300 Pa，配套电机功率 15 kW，沿副站房北墙敷设 1 条抽真空母管，母管与 2 台真空泵并联，母管通过支管与各台机组虹吸式出水管最高点接通，需抽真空时，将待开机组抽真空支管阀门打开，启动真空泵将管中空气抽出。每个虹吸式出水管上各装有 1 只真空表，用于在抽真空时和正常运行时观测虹吸管内的真空度。

4. 电气设备

（1）一次电气部分

三站电源是由江都专用变电所 2 号主变将 110 kV 降压为 6 kV，经 350 m 长的架空组合导线直接引入供电。架空组合导线每相由 4 根 LGJ-240 钢芯铝绞线组成，进入站房前先接于母线桥上，母线桥经穿墙套管进入站房，进入站房后接于 6 kV 高压开关室内的 6 kV 母线总隔离刀闸，6 kV 电源进入主机层用单母线接线方式：每相由 2 片 LMY100×10 硬铝排固定于 ZD-10 型支持绝缘子上，沿主机层北墙 *A*、*B*、*C* 三相垂直立放，外部加防护网。6 kV 高压开关室还装有电容器柜、避雷器柜、PT 柜、站变柜等。主机层有 10 台主电动机、高压开关柜等。

2006 年三站更新改造后 6 kV 电气主接线采用单母线制，6 kV 母线分为Ⅰ、Ⅱ、Ⅲ段，Ⅰ、Ⅱ段母线间装有进线断路器，Ⅱ、Ⅲ段装有母线隔离刀闸。江都站专用变电所 6 kV 电源经 6 拼 YJV22-3×240 电缆供至Ⅰ段母线，Ⅱ段母线装有两台站变、变频发电机组发电机及电压互感器，Ⅲ段母线装有 10 台主电机、变频发电机组电动机及电压互感器。抽水运行时，Ⅰ、Ⅱ、Ⅲ段进线断路器和母线隔离刀闸均处合闸状态。发电运行时，Ⅰ、Ⅱ、Ⅲ段进线断路器处合闸状态，母线隔离刀闸处于分闸状态，主水泵机组在反转半速下运行，Ⅲ段母线电压为 3 kV、25 Hz，10 台水泵机组发出的电能推动变频发电机组的电动机，再带动同轴连接的变频发电机组的发电机发出 6 kV、50 Hz 电力经Ⅰ、Ⅱ段母线由江都站专用变电所送入电网。此时Ⅲ段母线电压互感器提供发电时主电机和变频发电机组电动机测量仪表、励磁装置及保护装置的电压。

江都三站的站用电负荷包括主机的励磁电源和辅机、照明、干燥电源、检修场所用电等。站用电系统采用单母线分段制，由两台 SCB10-630/6/0.4 型站用变压器提供 0.4 kV 站用电源。非运行期间，由江都站专用变电所供给 0.4 kV 备用电源，当三站停运时站用变压器退出，备用电源自动投入。

（2）二次电气部分

三站二次电气部分主要包括强电和弱电两部分。强电部分包括控制回路、保护回路及继电保护；弱电部分主要是在中控室不用一对一的方式，而是通过弱电选线的方式对设备进行远方控制、测量（主机定子电流、励磁电流除外），弱电部分还包括中央音响信号，中央音响信号分两种：事故信号和故障信号，当设备发生事故时，蜂鸣器报警；当设备发生故障时，电铃报警，两种故障发生时，操纵台上都能以光字牌点亮的方式告知值班人员故障性质。

2006 年三站更新改造后增设了微机监控、微机保护、视频监视系统。微机监控可对站内 10 台主机，1 套变频电动/发电机组，2 台站用变压器和 6 kV、0.4 kV 配电装置，油、气、水系统，真空破坏阀等进行自动控制，实时监控。三站的自动控制系统分主控级、现场控制级，远控级留有接口。控制系统具有程序控制与现场控制两种形式，以现场控制优先，当采用微机监控控制时，值班人员只要经过授权就可以直接点击相应操作开关，打开控制画面，进入控制提示页面，进行相对应的操作。三站的微机保护采用南瑞公司 RCS-9000 系列和 RCS-985 系列保护装置对站内进线、电动机、电动/发电机组、站用变压器等实施保护。同时，三站保护装置为专门设计，适应在电动、发电状态下不同定值要求及切换功能。三站视频监视系统主要包括 2 台视频主机，18 台彩色定点摄像机和 5 台一体化彩色摄像机对全站的机电设备、上下游河道、东西大门外、中控室等处进行监视。

（3）励磁装置

三站建站时 10 台主机励磁采用电动/直流励磁机方式，1974 年更换为第一代可控硅励磁装置，1995 年 9 月三站将第一代励磁装置更换为 BKL-101C 型可控硅励磁装置。

2006 年三站更新改造时，励磁装置选用了 WKLF-102（含双套调节器）最新一代同步电动机励磁装置。该装置为专用型同步电动机励磁装置，可满足同步电动机常规异步启动，自动励磁调节等所有技术要求，适应电网频率为 50 Hz 和 25 Hz 两种工作模式，并可通过网络与远程 PC 机连接实现远程操作、调试，具有完备的事故记录功能等。

（二）泵站施工

1. 施工概况

1966 年 12 月开始兴建三站，上海水泵厂和上海电机厂设计了 ZL13.5-8 型立式可逆全调节轴流泵和电机，水泵叶轮直径 2 m，设计流量 13.5 m^3/s，配套电机 1 600 kW；作发电机用时，在 4 m 水头时可发电 300 kW，可并入电网，发电时采用改变线圈连接方式实现变极调速。

三站的土建工程由省水利厅基本建设工程总队施工，机电安装由水电部水利水电机电安装局第三安装工程处承包。工程总投资 1 086 万元，完成土方 52.0 万 m^3、石方 1.06 万 m^3、混凝土 1.46 万 m^3，耗用钢材 505 t、水泥 5 137 t、木材 2 042 m^3、黄沙 1.82 万 t、石子 3.38 万 t、块石 1.86 万 t。

2. 土建工程

三站采用堤后式（分段式）站房结构，站身不直接挡水，但出水管较长，并要解决好虹吸连接管与前后两段出水管的连接不错位问题。在总结防渗施工经验的基础上，水下站房施工采取立模和按层次浇筑，避免一次立模工作量大、技术难度高等工艺问题。

三站出水流道中段在回填土上，流道随土体一起产生了沉陷，伸缩缝错位，加上止水橡皮布置于靠近流道内壁，检修需在流道中进行，工作难度高。

三站站房为堤后式（分段式）结构，站身与虹吸式出水管分开布置，砼浇筑分层分为 5 次进行。第一次浇筑站身底板；第二次浇筑水泵层、出水挡土墙；第三次浇筑进水口导流板及其站墩；第四次浇筑电机层、工作桥、出水流道前段；第五次浇筑站房柱和梁、桥面板等。

3. 设备安装

三站的水泵机组安装方法与一、二站基本相同。在机组就位安装方案上吸取了一、二站的经验，组织行车提前到工，在电机层树立巴杆吊装预制屋架及行车大梁，留最后几只屋架不吊，将巴杆移至站房外，将行车吊装就位后，继续吊完屋架，进行屋面封顶，行车安装就位后利于下步的设备安装。

由于三站为液压全调节机构水泵，在机组安装中，增加了操作油管试压和安装，同时在水泵、电动机就位后，还要进行受油器安装，之后进行其他部件安装。

（三）泵站改造

三站经近 40 年运行，泵站装置效率由原设计的 68%降为 50%左右，泵站效益得不到充分发挥。同时该站设备老化严重，管理设施陈旧落后，已不能保证泵站安全运行，无法适应南水北调东线工程长时间大流量调水的需要。三站于 2006 年 11 月至 2009 年 11 月进行了更新改造，投资概算 5 993 万元。

1. 泵站改造方案的审定

三站从 1969 年建成投运到 2006 年已历时 38 年，平均每台机运行 11.49 万 h，由于三站机组具备抽水、发电两种功能，因此经过 38 年长期高强度运行，机械磨损均达到了机械强度疲劳极限及屈服极限值，水泵部分：受油器漏油严重，经常发生甩油事故；水泵汽蚀严重，造成叶片表面局部地方呈蜂窝状，且发生穿孔现象，叶轮外壳中心线上下约 30 cm 呈蜂窝状带，局部地方穿孔冒水；水导轴承常因进水造成停机抢修，主电动机绝缘老化严重，多台机发生过绝缘击穿事故。电气设备严重老化，辅机耗能大，泵站效率明显下降等，已严重制约了调水功能的发挥，因此，必须进行改造才能满足设计供水的保证率。

（1）水泵型式选择

江都泵站主要功能是抽取长江水沿运河北上，抽排里下河地区涝水入长江或北上。江都地处长江下游，抽水时受长江潮汐影响，泵站下游水位变化幅度一般在 2～3 m 左右；排涝时受里下河的水位及排水工况要求，泵站上、下游水位变化，上游一般在 2 m 左右，下游一般在 1.5 m 左右；南水北调东线工程实施后，年运行时间加长，上下游水位组合变化幅度将进一步增大。经多年水位资料分析，泵站最终确定为：最小扬程为 3.5 m，最大扬程为 8.5 m，平均扬程为 6.4 m，根据年扬程变化概率，设计扬程为 7.8 m。江都泵站水泵的选择，既要满足不同扬程的需要，又要提高运行效率，对水泵提出较高的要求：高效区宽及在高扬程下能安全可靠运行。根据目前我国已有水泵模型特性，选用混流泵比较理想。但改造泵站受原土建结构尺寸的影响，不能变动过大，经多次论证、综合考虑，最终仍选择经南水北调天津同台试验，适合江都泵站需要的轴流泵。

三站原水泵直径 2 m，250 r/min，*DN* 值较高，汽蚀严重，振动较大，运行工效较差，此次结合改造，转速降低为 214.3 r/min，*DN* 值改变为 428。

为提高抗汽蚀性能，叶片采用抗汽蚀性能强的不锈钢材料，转轮室采用在汽蚀带处堆焊不锈钢材料；为了提高加工精度，叶片与模型完全相似，采用五轴联动数控机床加工，加工误差要求不大于 0.5 mm 并采用三维坐标测试仪进行检验。

(2) 流道数模计算及进、出水改造

三站在更新改造前，为提高改造效果，掌握主水泵流道性能，委托扬州大学进行了三维流动 CFD 数值计算研究及模型试验，检验进、出水流道内的流速分布及水力损失；分析进、出水流态，对进、出水流道的水力性能作出评价；并在现状进、出水流道控制尺寸范围内探讨进一步优化流道的可能性，满足流道内无涡流及其他不良流态，流道出口断面的流速分布尽可能均匀，水流方向尽可能垂直于出口断面，流道尽可能回收水流的动能，水力损失尽可能小。

三站进水流道在建站时，受开挖深度的影响，采用不完全平面蜗壳结构型式，因进水流态不好，汽蚀严重，有间歇性强烈振动和噪声，后改为半肘形，效果不太明显。此次改造，根据三站进出水流道三维流动 CFD 数值计算研究及模型试验，优化确立了进水流道肘形流道方案，及肘形流道形状和尺寸，流道损失为 0.627。依此，对三站进水流道进行了改造，进水流道中隔墩在出口处缩短 2 m。

三站出水流道为虹吸式出水流道，由站身段、中间段和驼峰段三部分组成。中间段出水管搁置在主副厂房中间的回填土上，因回填土沉降，中间段下沉严重，同时造成中间段与站身段、驼峰段的连接错位，伸缩缝遭到破坏，U 形橡胶密封损坏，使上接口漏气，降低水泵机组效率，下接口漏水，带出管外泥土，造成新的沉降。此次改造，考虑各方面因素，对出水流道下方进行灌浆密实处理。对伸缩缝密封进行了凿除重新处理。

(3) 泵站引河流态模型试验及整流措施

江都站 4 座泵站布置于新通扬运河河北，由长 150 m 引河引至泵站下游，对泵站而言，无论是抽引长江水或抽排里下河地区涝水，均为侧向进水，进水前池总有大范围的回旋区存在，站前水流侧向流入进水流道现象明显，特别是边侧机组，水流偏倾尤为严重，电机功率偏大，振动加剧，水泵效率降低。另进水前池回流区内泥沙淤积严重，进一步恶化了流态。

为确保泵站安全、高效运行，并为各站引河流态改善工程设计提供依据，改造前，委托扬州大学进行了泵站进水引河整体模型试验研究。研究建立 1∶50 模型，采用了加导流坎、直立墙、直导流墩、丁坝、Y 形导流墩，以及不同长度、高度，不同组合共 16 种方案进行，在不同水位条件下进行了测试。根据改善效果、工程投资综合比较，最终选用引河口开始，设置倒 Y 形导流墩加导流坎方案。改造后，经三年运行检验，泵站前池水流明显改善，无大范围的回旋区，水泵进水口处水流平顺。

(4) 水泵轴承选用

水泵轴承是水泵关键部件之一，水泵轴承的寿命直接决定水泵的检修周期。根据江都站运行要求，水泵轴承的使用寿命至少应在 30 000 h 以上。三站水泵原采用油润滑巴氏合金导轴承，油润滑导轴承水导结构复杂，造价高，故障较多，安装检修工作量大，但管理维护得当，使用寿命较长，可达 30 000 h 以上。水润滑导轴承结构简单，造价低，安装检修方便。

水润滑弹性金属塑料导轴承(以下简称塑料轴承)在新安江水电站水轮发电机上成功运用,至2006年4月安全运行31 500 h以上,根据该塑料轴承试验资料表明,该型式轴承可在不大于0.10 mm砂粒条件下运行。经实地考察,综合考虑,三站水泵决定采用塑料轴承。

(5) 电机轴承的选用

原泵站电机轴承上下导瓦、推力瓦均采用巴氏合金轴承(以下简称金属瓦)。四站在1986年至1998年共发生推力瓦烧损事故达13次之多,且大部分发生在排涝的紧急情况下,给工程效益的正常发挥带来了严重的影响。弹性金属塑料瓦(以下简称塑料瓦)单位承载力比金属瓦大30%~50%,具有使用寿命长,无须研刮,安装检修时盘车力矩小等优点。1999年后四站主机推力瓦逐步改用塑料瓦代替金属瓦,成功消除推力瓦烧损事故。因此,三站主电机的推力瓦采用了塑料瓦。

(6) 发电形式选择

三站原机组具有反向发电功能,为双速可变极同步电机,通过改变电机定、转子绕组接线,使极数由24极变为48极,改变转速同时改变转向。但是电机效率比不变极电机效率下降约2%。如采用不变速直接发电方式,经试验在相同水头下,发电效率仅为原效率40%以下。三站主要是以抽水为主,在上游水量较丰时进行发电,为提高水泵机组效率,改造时,水泵机组主电机采用不变极普通电机,采用变频发电机组保留发电功能。既保证发电效率,同时又保证在抽水时水泵机组的效率。

(7) 励磁装置控制功能的改进

同步电机微机励磁装置运行调节方式通常为:恒电流、恒电压、恒功率因素。为满足三站变频发电机组发电机、电动机及10台水泵机组在不同工况下的需要,江都三站励磁装置励磁调节方式选择如表8-8所示。

表8-8 三站励磁调节方式

励磁调节方式	主电机	变频发电机	变频电动机
电动	恒功率因数 恒励磁电流		
发电	恒无功 恒励磁电流	恒机端电压 恒励磁电流	恒无功 恒励磁电流

主电机、变频发电机、变频电动机在发电状态下其励磁装置励磁调节方式有两种,但优先使用恒无功、恒机端电压方式,尤其是变频发电机组电动机必须采用恒机端电压方式。同时水泵机组在发电状态运行时取消强励功能,由变频发电机组进行强励。为了达到上述要求,专门开发两套控制软件,根据不同运行方式进行切换。

(8) 保护配置及保护定值的设定

根据设计规范,泵站主电气设备保护配置除按常规配置外,在发电时为防止电网甩负荷时引起过电压,在变频发电机组发电机、电动机、水泵机组增加过电压保护;为防止电网甩负荷时,因变频发电机组电动机励磁装置为恒机端电压运行调节方式,而发生水泵机组过速、

3 kV小电网频率增高，在变频发电机组电动机、水泵机组增加过周保护。

保护定值的计算，充分考虑在发电时：变频发电机组发电机在发生短路故障时，无变频发电机组电动机、水泵机组的反馈电流；变频发电机组电动机、水泵机组在发生短路故障时，无电网短路电流；在 3 kV、25 Hz 小电网条件下，对水泵机组启动电流值及短路故障时短路电流值计算的影响。

(9) 水泵叶片调节系统选用及改进

三站水泵原叶片角度调节采用液压调节机构，其关键部件受油器本体采用直配式滑套结构，故障率高。液压调节机构调节力大，该机构现已开发出多种型式，技术和可靠性上各有特色。三站改造时，经充分论证，水泵叶片角度调节仍采用液压调节系统，使用经优化改进后的受油器，受油器外形结构采用单一缸体，内部部件为组装形式，密封为浮动环与浮动环体的平面密封，电磁阀组及操作机构等采用了板式数字阀的安装方式，结构紧凑，受油器外部采用了外罩布置。

(10) 主水泵、主电机基础预埋件的处理

主水泵、主电机的基础预埋件，如重新设计制造，将原预埋件凿除，对砼基础损坏较大，同时增大了工作量，工期也将延长。此次三站改造时，对三站主水泵、主电机基础预埋件进行了专门的检查和论证，最终决定对三站改造后新的主水泵、主电机的基础预埋件均保持不变，新电机、水泵按原基础预埋件进行设计，这样，既节约了费用，也保证了质量，同时减少了工作量，缩短了工期。

(11) 解决进水流道混凝土浇筑技术问题

三站进水流道改造是将原半肘形流道改造成肘形流道，受流道空间尺寸影响，采用普通混凝土浇筑无法振捣。建设处先后多次召开了专家研讨会和主持试验论证工作，最后确定进水流道改造施工采用自流平混凝土浇筑方案，并对施工单位所报的施工方案进一步优化，解决了进水流道混凝土浇筑技术问题。经检查验收，混凝土强度、新老混凝土界面黏结强度、流道结构尺寸满足设计要求。流道混凝土表面线形流畅、光滑，无蜂窝、露筋、裂缝等缺陷，外观质量良好。流道改造采用自流平混凝土浇筑，为大型泵站流道改造提供了可借鉴的经验。

2. 泵站改造施工

三站更新改造工程是南水北调东线一期工程江都站改造工程的主要项目之一，工程于 2006 年 11 月开工，2009 年 11 月工程完工。三站更新 10 台套主机泵，单台容量为 1 600 kW，电压等级为 6 kV，并安装一套变频发电机组(变频电动机 1 台和发电机 1 台)，对站内的 6 kV、0.4 kV 配电装置以及油、气、水系统也进行了更新改造。增设了自动化控制与视频监视系统，除对三站设备进行监控，还可将相关信号上传调度控制管理系统。6 kV 电源由江都站变电所直供。

(1) 土建工程

三站土建工程于 2006 年 11 月 6 日开工，12 月 25 日开始进行出水流道底板灌浆工艺性试验；2007 年 1 月 19 日完成 1 号至 10 号出水流道灌浆，2 月 3 日完成工作桥施工；2008 年 5 月 30 日完成副厂房拆除重建工程，8 月 28 日完成上游公路桥拆除改建工程；12 月 13 日完

成下游翼墙加固工程;12 月 20 日完成混凝土结构修补、裂缝处理以及防碳化处理;12 月 27 日完成出水流道伸缩缝处理;2009 年 1 月 1 日完成进水流道改造。

(2) 新建控制室

三站控制室于 2007 年 4 月 17 日开工,5 月 18 日完成钻孔灌注桩施工及基础土方开挖,7 月 13 日完成地下通风井和地下通风机房施工,7 月 26 日完成控制室基础承台及基础梁施工,8 月 19 日完成控制室一层框架柱梁板施工,9 月 7 日完成二层柱梁板施工,11 月 20 日完成行车 T 形梁和三层框架梁板柱施工,12 月 16 日完成填充墙及二次结构施工;2008 年 1 月 20 日控制室通过主体结构分部工程验收。2010 年 7 月 20 日完成装饰工程。

(3) 机电安装

三站机电设备改造分三批进行。2006 年 11 月 8 日开始第一批主机组拆除;2007 年 5 月 19 日 7 号、8 号、10 号 3 台机组安装结束,5 月 22 日通过试运行验收。2007 年 11 月,第二批更新改造工作开始,2008 年 3 月完成 1 号、2 号、4 号、5 号 4 台机组安装,5 月完成高低压电气设备及辅机设备安装,5 月 24 日通过试运行验收。2008 年 7 月完成变频发电机安装调试,2009 年 3 月 11 日进行了发电试运行。2008 年 10 月第三批更新改造工作开始,2009 年 2 月完成 3 号、6 号、9 号最后 3 台机组安装,3 月 15 日通过试运行验收。2009 年 11 月 10 日,三站更新改造泵站机组通过试运行验收,2010 年 10 月 11 日,通过单位工程完工验收,2012 年 2 月 25 日通过合同项目验收。

3. 泵站改造的效果

开展江都站站下引河流态改善措施模型试验研究,在站下引河采用 Y 形导流墩加导流坎的组合方案,改善了抽水站在不同工况下的进水流态,应用效果良好。

对三站进水流道进行了三维流动 CFD 数值计算研究及模型试验,优化确定了肘形进水流道改造方案,改善了进水流态。

三站经综合技术改造后,运行状况明显改善,机组效率明显提高,经测试分析,装置效率在 75%以上,效率较改造前提高了 16.28%。

第四节 江都四站

四站位于三站东侧 260 m 处,1973 年 11 月开工,1977 年 12 月竣工。该站装有 7 台 ZL30-7 型立式全调节轴流泵,叶轮直径 3.1 m,设计扬程 7 m,单机设计流量 30 m^3/s,总抽水能力 210 m^3/s,每台水泵装配 3 000 kW 立式同步电动机,总装机容量 21 000 kW,由 110 kV专线单独供电。

四站主辅设备经 30 多年运行,设备故障率高,泵装置效率明显降低,泵站效益得不到充分发挥。同时该站设备老化严重,已不能保证泵站安全运行,也无法适应南水北调东线工程长时间大流量调水的需要,必须对机电设备进行更新改造,对建筑物进行加固处理。四站于

2008年9月至2010年6月进行了更新改造。

截至2020年底，四站累计平均每台机运行10.5万h(更新改造前平均每台机运行7.8万h)，向苏北地区抽送江水626.5亿m^3，抽排里下河地区涝水160.3亿m^3。

(一) 泵站设计

1973年初由江苏省水利工程总队、华东水利学院(现河海大学)、省农学院(现扬州大学)和管理处等单位抽调技术人员组成南水北调江苏段江都四站工程处设计组，负责编制初步设计和施工详图设计。1973年水电部批复同意四站的设计，抽水能力为150 m^3/s，后水电部批复"对江都四站及配套工程的审查意见"，同意四站抽水能力设计为150 m^3/s、装机5台，备用机组2台(抽水能力60 m^3/s)，总装机7台。1974年1月19日，省治淮指挥部批准施工图和施工预算。

1. 主水泵、主电动机的选型

(1) 主水泵

四站改造前选用的是上海水泵厂生产的立式可调轴流泵7台，水泵叶片角度为液压全调节，其调节范围在−6°到6°之间。

改造后四站采用的是江苏中天水力设备有限公司(原高邮市水泵厂有限责任公司)生产的ZLQ30-7.8型立式全调节轴流泵，改造前后主水泵的具体参数见表8-9。

表8-9　主水泵参数表

项目	改造前	改造后
型号	ZL30-7	ZLQ30-7.8
流量(m^3/s)	30	30
扬程(m)	7.0	7.8
转速(r/min)	150	150
装置效率(%)	87①	77
叶片调节方式	液压调节	液压调节
叶轮直径(m)	3.1	2.9
重量(t)	45	66

注：①四站原水泵效率：在《江都四站设计书》(上册，1976)水泵选型中，四站实型水泵的设计参数按相似比例换算求得，其中水泵效率为87%。

主水泵装在一个钢筋混凝土的圆筒形井内，井的一侧是出水管，水泵导叶体固定在水泵井下部。整台水泵固定部分自下向上分别为：底座、中间接管、进水锥管、叶轮室、导叶体、异形管、泵盖、进人孔、出水弯管、上盖等；转动部分主要有：叶轮、操作油管、泵轴等。

(2) 主电动机

改造前后，四站均使用的是上海电机厂(现为上海电气集团上海电机厂有限公司)生产的立式同步电动机，具体参数见表8-10。

表 8-10 主电动机参数表

项目	改造前	改造后
型号	TDL325/58-40	TL3400-40
单机容量(kW)	3 000	3 400
定子额定电压(kV)	6	6
定子额定电流(A)	340	379
转子励磁电压(V)	152	162
转子励磁电流(A)	265	229
功率因素	0.9 超前	0.9 超前
转速(r/min)	150	150
相数	3	3
极数	40	40
重量(t)	43.5	53.5

7 台主电动机为悬吊立式型,分为固定和转动两部分。固定部分主要是上机架、定子、下机架。上机架是辐射式结构,它固定在定子机座上,承受机组的全部轴向推力及水推力,上机架中间是上油缸和冷却器,并装有导向瓦和推力瓦;定子为整体结构,由外壳(机座)、铁芯、线圈等组成,每台电动机的北侧有通风道散热;下机架位于定子下部,与定子分开,中间是下油缸和下导瓦架及下导瓦、油冷却器等。电动机转动部分主要是电机转子,它由主轴、轮辐、磁轭、磁极等部分组成,电机主轴是中空的,供装操作油管用。

2. 土建工程

(1) 站型及站房

由于四站的上、下游水位落差大,最大达 10.2 m,而且站址地基为软土层,所以站身承受的侧向压力很大,站身稳定很重要。因此,四站采用抗侧压力强的堤后式站身型式。建筑物按 2 级设计。

四站站身采用主站房与虹吸出水流道分离的堤后式(见图 8-4)。主站房底板分成两块。主站房从上而下分为:主机层、检修层、进人孔层、水泵层。水泵叶轮中心高程−3.5 m,出水流道轴线与机组垂直轴线交汇于高程 0.616 m 点。在主站房安装了 1 号至 7 号机组,站房最西面第一层为值班室、资料室等,第二层为控制室与低压开关室;主机层北面为现场开关柜、励磁柜及保护柜等;主电动机安装在中间偏北方向。站房西北侧为高压开关室、三相电抗器室,室外东侧为 1 号、2 号站变,西侧为 3 号主变。整个泵站的布置结构合理。

(2) 进水流道

从一站、二站、三站的设计、施工及运行经验中,经比较一站、二站肘形进水流道比三站的平面蜗壳式进水流道要好,所以四站仍采用肘形进水流道(见图 8-4),四站进水流道的进水管高度与叶轮直径之比为 1.8(一站、二站为 2.6),流道长约为叶轮直径的 3.2 倍($L/D=3.2$),进水流道进口宽 7.0 m,高 5.22 m,进口流速 0.9 m/s,水泵前导叶最大流速 2.96 m/s。

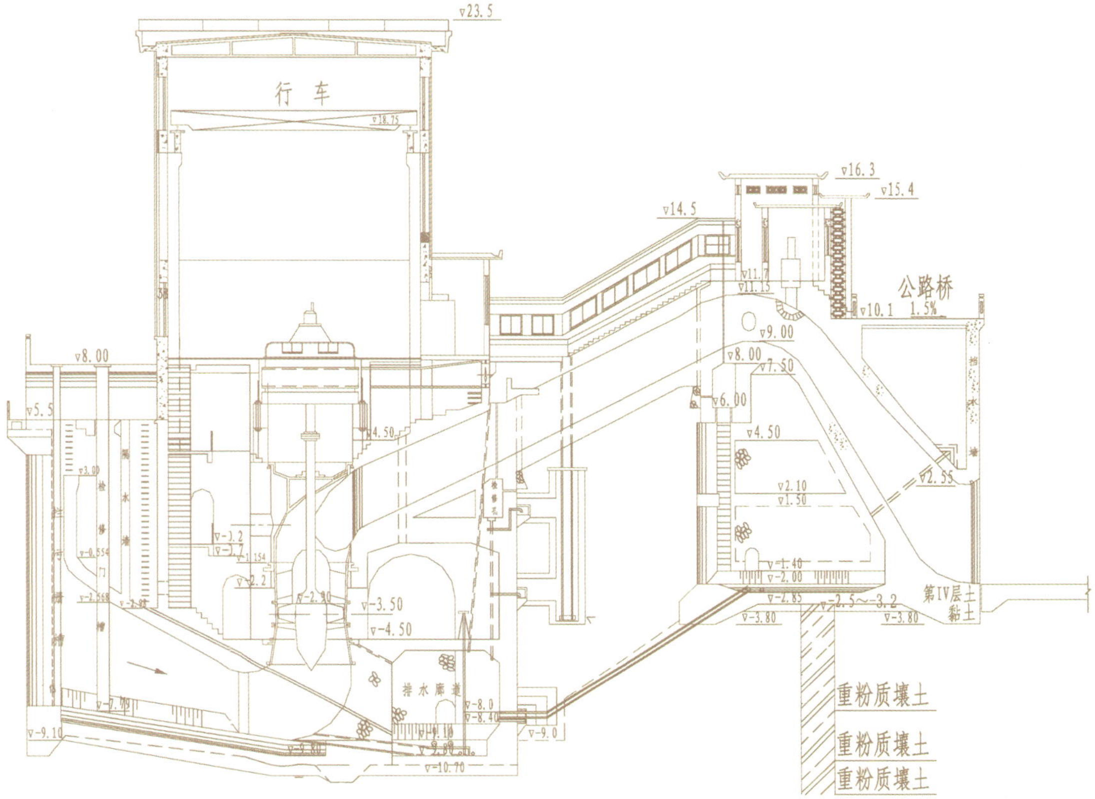

图 8-4　四站站身剖面图

在四站肘形进水流道进水侧装有拦污栅、检修闸门，后侧与叶轮室相连，进水流道底板最低处高程为−9.1 m(见图 8-4)。

(3) 出水流道

从工程的可靠性、造价、水位组合、施工条件、出水管效率和运行管理等角度综合考虑，四站仍选用了弯管——虹吸管出水流道。虹吸管驼峰的底部高程 9.0 m，直管过流直径 232.5 cm，采用真空破坏阀断流。虹吸管驼峰后出水管的底壁下倾角为 60°(出水管中心线的下倾角约为 52°)，驼峰顶的转弯中心角约为 80°，较一站、二站、三站为小。出水流道的直管段净宽 5.8 m，流道中间有 50 cm 厚的隔墙，流道两侧壁厚 50 cm，总宽 7.3 m；在其中间还留有 70 cm 的空间，用以布置进入出水流道止水缝的检修廊道竖井。

出水流道的直管段流速约为 2.2 m/s，在虹吸管驼峰顶，将出水管的高度稍微降低，减小过流断面，出水流速提高至 2.5 m/s，加强水流的挟气能力，便于虹吸尽快形成。过了驼峰后，出水流道逐渐扩散至出口处，流速降至 1 m/s。

(4) 进水渠道

四站的进水渠道主要包括引水渠、前池及进水池三部分。其中若考虑将进水池建成开敞式进水池，工程量将很大，同时考虑到进水条件要求较高的原因，四站将进水池和进水管合二为一成为肘形进水流道。

四站引水渠由南向北分为 3 段。第一段长 44.5 m，为喇叭形进水口，正对着进水河道——新通扬运河，成90°正交侧向进水，用于引水。进水时水流偏向一边，另一边形成大的回流区，影响进水流道的流态，而且泥沙淤积不对称。第二段长45.1 m，底宽53.425 m，渠底高程为−6.0 m，渠顶高程为5.5 m，渠坡坡度为1∶3。第三段长30 m，底宽53.425 m，渠底由南向北倾斜，坡度为1∶20，渠底南端高程为−6.0 m，与第二段相连，北端高程为−7.5 m，与前池相连。

四站的进水前池与引水渠连接处有一宽3 m的防冲槽，前池由南向北也分为3段。第一段池底为干砌块石的护坦，底宽56.425 m，长17 m，渠底高程为−7.5 m。第二段池底为灌砌块石护坦，底宽56.425 m，长12.5 m，渠底高程为−7.5 m。第三段为喇叭口渐缩形，翼墙与南北向夹15°角，池底为混凝土护坦，长12.5 m，渠底高程同样为−7.5 m，其后为一长4.975 m的反滤层与主站房进水流道直接相连。

2006年实施的江都东西闸之间河道疏浚工程项目中，为改善进水河道水流偏向一边，形成回流区和泥沙淤积，影响进水流道流态现象，在四站下游引河距站身148 m处设倒Y形导流墩，墩顶高程2.0 m，尾汊夹角为60°（尾汊与进水方向一致），单边长20 m，底高程−11.0 m；四站下游引河距站身92 m处增设导流坎，顶高程为−3.5 m。

（5）出水渠道

四站出水渠道从虹吸管出水流道向后依次分为出水池、出水渠。出水池为喇叭形出水，翼墙与南北向夹15°角，池底高程为−2.0 m，翼墙顶高程为10.0 m，出水池靠近虹吸管出水流道侧宽56.6 m，长20.0 m，池底铺有防渗铺盖。

出水池后依次为10.0 m长的灌砌块石护坦和15.0 m长的干砌块石护坦的出水渠，其后为5.0 m长的防冲槽。防冲槽后是一段长24.1 m的出水渠与江都枢纽4座站共同的出水干渠——高水河相连。这段出水渠宽64.4 m，渠底高程为0.0 m，渠的两边为干砌块石护坡，坡度是1∶3，渠顶高程为10.0 m。

3. 辅助设备

四站的辅机系统主要包括：润滑油系统、压力油系统、供水系统、排水系统、压缩空气系统、通风系统等。

（1）润滑油系统

润滑油系统可分为主电动机润滑油和主水泵润滑油两部分，主要起到为机组运行提供润滑散热作用，主要设备有：上油缸、下油缸、油冷却器、固定油盆、转动油盆等。

主电动机上、下油缸内的润滑油主要作用是用于轴承润滑，同时将运转中因摩擦产生的热量传递给润滑油经冷却器带走。推力瓦为弹性金属塑料瓦，导向瓦为巴氏合金瓦。

主水泵采用的是稀油润滑水导轴承，瓦面为巴氏合金，润滑油置于转动油盆及固定油盆内，油的循环和冷却是利用泵轴带动转动油盆旋转，盆内油产生动能，在泵轴和瓦面螺旋油槽共同作用下，通过水泵导轴承60°的螺旋油槽，先润滑轴和水导瓦，再上升到固定油盆，经回油管返回转动油盆，如此循环不停达到润滑和冷却水导瓦的目的。

（2）压力油系统

压力油系统是供主水泵调节叶片角度用。四站设有2套压油装置，每套装置由8台储能器、2台油泵（配7.5 kW电动机）、1台冷却泵（配0.55 kW电动机）及冷却器、安全阀、组合阀、过滤器、回油箱及自动控制系统等组成。控制系统具有压油装置油泵自动控制、主水泵叶片角度设定、自动控制以及数据上传和下传功能。1号压油装置供1号至4号主水泵，2号压油装置供5号至7号主水泵，独立运行，两套压油装置可通过闸阀连通，互为备用。

压力油经过母管分至各台主机组叶片角度调节受油器，受油器主要由漏油盆、配压阀、反馈机构、液压缸等部件组成，压力油通过配压阀的分配，送到液压缸内，经操作油管进油孔进入内腔或直接进入操作油管外腔，进行叶片角度的调节。

（3）供水系统

四站供水系统主要用于：主电动机上、下油缸冷却水；站内消防、清洁用水等；在主泵出水管设有检修加水管，在检修结束后，通过对水泵进水管加水使检修门两侧水压平衡，以起吊闸门。

四站供水系统可以采用直接供水方式，也可以采用间接供水方式，当采用间接供水方式时，2台供水泵从下游或排水廊道中取水送至水塔，再经供水母管供主机冷却以及其他用水。如采用直接供水方式，则2台供水泵从下游取水后直接送至供水母管或由备用供水泵直接供水至供水母管。2种供水方式可以相互转换。

为了减少排涝时水草对供水泵进口的堵塞，进一步提高供水可靠性，1998年在检修层的西北侧安装SLS200-315型备用供水泵1台，配用Y2-200L-4型电动机。该泵进水取自1号到4号主水泵出水流道下端，出口直接接至供水母管。

（4）排水系统

四站在水泵层3号、4号机处装有2台排水泵。排水系统主要用于：排除工作回水；排除渗漏水，包括站房及伸缩缝漏水、主副机组填料密封漏水、闸门漏水；检修时排除主水泵内积水及检修闸门的漏水等。上述排水集中到排水廊道内，用2台SLS150-125型离心泵排水，廊道积水直接由排水泵抽排至站房下游河道中。在水泵层5号机北侧还装有1台SLS100-125备用排水泵。1号、2号排水泵由设在水泵层的浮子液位计（干簧管）自动控制开、停，互为备用，3号排水泵由电气开关直接控制开停。为确保排水廊道不会因水位过高而淹没水泵层，在水泵层还装有浮子式数码液位计作报警用。

（5）压缩空气系统

四站压缩空气主要供给真空破坏阀、站内风动工具、设备吹扫以及门槽吹扫用气等，工作压力为0.6～0.8 MPa，由2台SA08A型螺杆空气压缩机供气，压缩机的排气量为0.9 m^3/min，配套电机功率7.5 kW，2台互为备用，出口配用2 m^3 贮气罐，再经供气母管连接到各台机组的真空破坏阀。

（6）通风系统

四站的通风系统包括主电动机的冷却通风和室内换气通风两部分。其中主电动机通风冷却方式为半管道式通风。每台主电动机热风排气管在电机北楼板下，穿过管道层和电缆廊道向北排出。风道底高程为7.05 m，其规格是0.7 m×3.0 m，每个出口布置2台TS35型功率5.5 kW的轴流式通风机，排风量35 600 m^3/h。

站房内换气通风主要依靠门窗自然交换空气。在四站站房的水泵层南墙高程－2.98 m左右配有通风孔用于水泵层换气，每个通风孔装有通风机1台。在站房检修层的南墙大约高程为 4.8 m 处装有 1 排通风窗。主机层的南墙，自上而下装有 3 排通风窗，北墙上部也有 1 排通风窗。

4. 电气设备

（1）一次电气部分

四站原总负荷 21 000 kW。建站初期，考虑向三站供电的 2 号主变（20 000 kVA）有较大裕度，而且三站、四站相距不远，可由三站设 1 条电缆专向四站 1 号机组供电，2 号至 7 号机组由 3 号主变供电。3 号主变型号为 SFZL1-20000/110，安装于四站西大门外北侧，由变电所 110 kV 架空专线供电。但这种供电方式不利于三站、四站的单独运行和检修，1979 年底，将 3 号主变更换为容量 31 500 kVA 的 SFZL1-31500/110 型主变压器，专供四站 7 台机组，原三站向四站送 6 kV 电源的电缆拆除。随着供电网络容量增大，四站主机 6 kV 油开关遮断容量不够，1982 年初在 6 kV 进线侧增设 FK-6.3-2×2000-6 型分裂式三相电抗器，用以限制短路电流，确保油开关能可靠地切断短路电流。四站 1 号至 4 号主机组接在电抗器的一个臂上，5 号至 7 号主机组和站变接在电抗器的另一个臂上。2003 年 7 月，对 3 号主变进行了更新。2007 年 4 月至 2009 年 10 月在变电所更新改造工程中，四站的 3 号主变移至新变电所变更为 2 号主变，四站新购一台 S10-31500/110 主变作为新的 3 号主变。

2008 年四站更新改造开始后，将原控制室拆除，新建 1 485 m^2 控制楼，建筑层数为 3 层，建筑物总高度为 19.2 m，上部结构型式为框架结构，基础采用预应力高强混凝土管桩基础。控制楼内集中布置有高、低压电气设备；站变电所 110 kV 开关采用全封闭式成套电气组合设备 GIS，GIS 共分 2 路间隔，分别为 110 kV 进线间隔和 110 kVPT 间隔，无断路器。

110 kV 输电线路的架空导线、杆塔也进行了全面更新。控制楼一层北侧西边为主变压器室，东边由北向南依次为站用变压器室、励磁变压器室、会议室和值班室；二层西边南侧为继保室，东边由北向南依次为低压室、高压室、励磁室和控制室；三层北侧西边为 110 kV GIS 室，其余为四站的办公室、活动室和资料室等。主厂房北侧布置有现地监控及辅机开关柜。四站 3 号主变安装于控制楼一层主变压器室，3 号主变的型号为 S10-31500/110，容量为 31 500 kVA，110 kV 电源由变电所经架空线转供。主变 6 kV 出线处增加了大容量限流开关和消弧消谐柜，取消了电抗器。高压开关柜为 KYN28A-12 手车式高压开关柜，断路器为 ABB VD4/Z12.12.32 型真空断路器。主变二次侧 6 kV 电源通过共箱母线送入高压开关室，经 6 kV 进线开关通过大容量限流开关与 6 kV 母线相连，6 kV 母线承担 7 台主机组、2 台站变的 6 kV 电源。2 台站变均为干式变压器，型号为 SCB9-D-800/6，容量 800 kVA，2 台站变并列运行。低压开关柜为 GCK 型抽屉式开关柜。

（2）二次电气部分

四站原二次电气部分主要包括强电和弱电两部分。强电部分包括控制回路、保护回路及继电保护；弱电部分主要是在中控室，不用一对一的方式，而是通过弱电选线的方式对设备进行远方控制、测量（主机定子电流、励磁电流除外），弱电部分还包括中央音响信号，中央音响信号分两种：事故信号和故障信号，当设备发生事故时，蜂鸣器报警；当设备发生故障时，电铃报警，两种故障发生时，操纵台上都能以光字牌点亮的方式告知值班人员故障性质。

1999 年为了进一步探索泵站控制、保护方面的新技术，结合水利部“948”项目，对泵站进行自动化改造的设计和施工，采用微机保护、微机励磁、微机直流装置及数字智能仪表，通过微机监控系统来实现对主设备控制、监测和保护。在微机监控系统改造中，取消了弱电二次部分。同时由于采用微机监控保护装置，大大地简化了强电二次控制和保护部分的接线。

四站建站初期使用的直流操作电源、事故照明电源由变电所提供，变电所、4 座泵站共用一套直流装置。1980 年四站增设了 1 套三相全波整流直流装置提供直流电源，变电所的直流电源作为备用。2000 年 11 月在四站自动化监控系统改造时拆除原有的直流装置，新增了一套型号为 GZDW-34/220 V、微机高频开关直流装置，配 90 Ah 蓄电池，变电所的直流电源仍作为备用。

2008 年四站更新改造后安装了新的计算机监控系统和视频系统，实现了微机监控、微机保护和微机励磁，微机监控系统可对泵站主机、辅助设备进行现场控制和远方自动控制，实时数据采集、分析计算、数据存储、制表打印、运行监测、越限及事故报警、模拟图显示等，与江都水利枢纽集中监控系统联网，可实行集中监控，并与江苏水利网联网，实现网上通信、信息共享，并具备与南水北调东线工程江苏调度系统联网功能，进一步提高了泵站自动化管理水平。

四站微机保护中主变差动保护为 9671C，主变高、低压侧后备保护为 9681C，非电量保护为 9661C，进线保护为 9681A，主机保护为 9643C，站变保护为 9621C。RCS9000 系列微机保护集保护、测控功能于一体，可减少大量二次接线，提高了系统可靠性，保护性能更为完善。

直流装置各站单独设置，四站新安装一套微机高频开关直流装置，型号为 KMD、220 V、电池容量为 65 Ah。同时取消了变电所的直流备用电源。

(3) 励磁装置

四站建站初采用了 KGLF11-300/170 型可控硅励磁装置。该装置控制部分由分立元件构成，使用近 20 年后，故障不断。1995 年底更新为北京核工业部电机运行技术开发公司生产的 BKL-101C 型励磁装置。1999 年四站自动化监控系统改造时，为适应自动化需要，7 台主电动机的励磁装置改造为 LZK-3 型同步电动机可控硅励磁装置。

2008 年四站更新改造后采用的是 LZK-3G 微机励磁装置，该装置采用双机热备微机综合控制器，可任意设定为闭环可调的恒功率因数运行、恒电流运行、恒电压运行或恒触发角度运行，并可与上位机通信，实现远方控制、设置、管理，功能更为完善，运行更为可靠。

(二) 泵站施工

1. 施工概况

根据大流量泵站建设的需要，为减少泵站机组配套台数，四站采用了上海水泵厂设计的 ZL30-7 型立式全调节轴流泵，单机流量 30 m^3/s，配套电机 3 000 kW，泵型是在一站 64ZLB-50 型水泵的基础上改进的，叶片角度在水泵运转情况下可以实时调节。

1973 年，水电部批准兴建四站。该站建筑物土建工程由江苏省水建总队第一工程队施工，机电设备由管理处安装，土方由姜堰治淮工程团负责。工程总投资 1 590 万元，完成土方 88.54 万 m^3、石方 2.46 万 m^3、混凝土 2.6 万 m^3，耗用钢材 1 068 t、水泥 10 013 t、木材 1 417 m^3、黄沙 2.22 万 t、石子 4.77 万 t、块石 1.93 万 t。1978 年 3 月验收移交，同年进行了主体抗震加固。

2. 土建工程

四站的土建工程总体和三站相似，但四站土建中的进水流道吸取了一站、二站、三站的经验教训，采用肘形进水流道；出水流道为防止发生类似三站回填土不均匀沉降问题，采用了简支结构，即将虹吸出水管简支在站身和出口挡土墙上，下部再填回填土。

在流道模板制作中，四站所有进水流道均采用钢丝网水泥模板浇筑混凝土，节约木材1/3到2/3，同时也提高了流道部位混凝土表面的强度。在四站施工中，首次使用了钢结构模板、脚手架等，节约了大量木材，而且钢模板、脚手架周转率高、使用方便、造价低廉，利于减少投资和提高施工管理水平。

3. 设备安装

随着一站、二站、三站的相继建成投运，管理处也逐步地培养出自己的机电安装队伍。四站主机泵和辅机的安装都由管理处自己安装完成。

在安装方法上，四站同一站、二站、三站基本相同。由于四站的主要设备均较前三个站大，施工与安装时工作量均比较大，因此四站的设备安装所需人力、物力和劳动强度相对较大。

（三）泵站改造

四站经30多年运行，设备故障率高，泵装置效率明显降低，泵站效益得不到充分发挥。由于设备老化严重，已不能保证泵站安全运行，更无法适应南水北调东线工程长时间调水的需要。南水北调东线一期江都站改造工程实施后，四站于2008年9月至2010年6月进行了更新改造，投资概算6 286万元。

1. 泵站改造方案的审定

四站从1977年建成投运到2008年已历时32年，平均每台机运行7.77万h，主机泵及辅机系统经过32年长期运行，机械磨损均达到了机械强度疲劳极限及屈服极限值，水泵部分：受油器漏油，水泵振动、汽蚀严重，叶轮外壳局部穿孔漏水，水导轴承经常因进水造成停机抢修。主电机部分：绝缘普遍老化，多台机造成绝缘击穿事故，因绝缘损坏严重，现场难以修复，更换过2台主电机定子，多台机的推力瓦发生烧损事故。电气设备、辅机系统均严重老化、故障频繁，危及泵站安全运行，泵站效率明显下降。南水北调东线工程实施后，泵站的年运行时间将明显增加，要使四站机组充分发挥调水功能，必须对其进行更新改造才能满足设计供水的保证率。

（1）泵站引河流态改善措施

四站与其他3座泵站工程一样，下游进水河道与新通扬运河正交，为改善进水流态，2006年在进水河道口站身下游侧距站进口边缘148.0 m处增建顶高程2.0 m的倒Y形导流墩；92.0 m处增建顶高程−3.5 m的导流坎。

（2）流道数模计算

与三站一样，更新改造前，委托扬州大学进行了三维流动CFD数值计算研究及模型试验，结果表明四站进水流道为肘形流道，结构设计合理。出水流道为虹吸式出水流道，结构与三站基本相同，分为3段，但不同的是，中间段搁置在站身段、驼峰段上，状态良好。流道水力损失为0.558 m。

（3）主水泵选用

与三站一样，根据年扬程变化概率及满足设计扬程和最大扬程需要，选用混流泵比较理想。考虑到选用混流泵原砼结构改变较大，破坏了土建结构的强度，最终仍选择了轴流泵。

四站原主水泵在吸入口装有前导叶，作为水泵底座承受水泵固定部分的荷载，安装时作为转动部分的临时支撑点，运行时当水流经肘管进入转轮前，使水流得到新的调整。在四站更新改造时，考虑影响效率，不再设置前导叶。

为提高抗汽蚀性能，叶片采用抗汽蚀性能强的不锈钢材料，转轮室采用在汽蚀带处镶焊不锈钢材料；为了提高加工精度，叶片与模型完全相似，采用五轴联动数控机床加工，加工误差不大于0.5 mm。

四站原水泵直径3.1 m，150 rpm，*DN* 值为465，*DN* 值较高，汽蚀严重，振动较大，运行工效较差。此次结合改造，水泵转速不变，直径降为2.9 m，*DN* 值改变为435。

（4）主电动机选用

原四站设计扬程为7 m，为适应南水北调东线工程调水的需要，扬程增加至7.8 m，电动机功率由3 000 kW相应提高到3 400 kW。

（5）水泵轴承选用

水泵轴承是水泵关键部件之一，水泵轴承的寿命直接决定水泵的安全运行和检修周期。2006年三站改造时，三站轴承选用水润滑弹性金属塑料瓦，在2008年四站改造时，三站轴承运用情况未有定论，考虑到四站为江都站主力泵站，经慎重考虑，四站主水泵改造时仍采用可靠性高、使用寿命长、已具有成熟使用经验的巴氏合金轴承，平面密封结构。

（6）电机轴承选用

四站原电机轴承上下导瓦、推力瓦均采用巴氏合金轴承。四站在1986年至1998年间，推力瓦多次烧损，给工程效益的正常发挥带来了不利影响。弹性金属塑料瓦具有单位承载力比金属瓦大30%～50%，使用寿命长，不需研刮，安装检修时盘车力矩小等优点。1999年后四站逐步改用弹性金属塑料推力瓦，成功消除了推力瓦烧损事故。因此，江都四站在2008年改造时仍选用弹性金属塑料推力瓦。

（7）水泵叶片调节系统选用及改进

四站水泵原叶片角度调节采用液压调节机构，其关键部件受油器本体采用分配阀、杠杆、操作机构组成的间配式结构，较三站原直配式结构要可靠得多。2008年四站改造时，叶片角度调节仍采用液压调节机构，在对已使用的多种受油器型式进行的综合研究基础上，对受油器又进行了改进，受油器具有以下的基本特点：①受油器本体外壳采用单一缸体；②金属密封采用浮动环密封结构；③采用分配阀、机械杠杆调节机构形式；④操作油管为单一管道；⑤受油器本体、分配阀、调节机构紧凑，外形美观；⑥叶片调节控制系统除具有原自动控制功能外，增加了电接点控制功能。

（8）主接线方案的确定

详见本章第五节“变电所改建”部分。

(9) FSR大容量高速开关选用

详见本章第五节“变电所改建”部分。

2. 泵站改造工程的实施

四站更新改造工程是南水北调东线一期江都站改造工程的主要项目之一，工程于2008年9月开工，2010年6月工程完工，四站更新7台套主机泵，单台容量为3 400 kW，电压等级为6 kV，设计流量30 m^3/s，更新一台型号为S10-31 500 kVA、110/6 kV的主变及配套GIS设备，对龙门吊及行车进行了更新及改造。对站内的6 kV、0.4 kV配电装置以及油、气、水系统也进行了更新改造。更新自动化控制与视频监视系统，除对四站设备进行控制，还可将有关信号上传调度控制管理系统。

土建工程2009年2月15日开始门槽改造，2010年4月28日完成。2010年6月20日完成混凝土结构修补、裂缝及碳化处理，翼墙防渗及裂缝处理等。

新建控制室2008年9月3日开工，10月21日基础承台及基础梁全部完成。10月20日通过由建设处组织，设计院、监理处与施工单位参加对桩位轴线、垫层标高、基础承台及基础梁浇筑前隐蔽工程验收。11月20日完成一层框架柱梁板；11月23日完成二层框架柱梁板；12月9日完成三层框架柱梁板；12月31日完成填充墙砌筑、二次结构及地下室、事故油池、挡土墙等辅助设施。2009年6月23日进行控制室分部工程验收。2010年10月20日完成装饰工程。

机电安装四站改造分两批进行，2008年9月开始第一批主机组及主要电气设备拆除，2009年4月28日完成1号至4号4台机组及高低压电气设备安装，4月30日通过试运行验收；2009年9月，第二批更新改造工作开始，2010年2月完成5号至7号3台机组的安装、辅机设备及视频系统的安装，2月25日通过试运行验收。机组联合试运行于2010年6月19日开始，6月23日四站更新改造泵站机组通过试运行验收，2010年11月11日通过单位工程完工验收，2012年2月25日通过合同项目验收。

3. 泵站改造的效果

四站立式轴流泵模型装置叶片角度0°，设计扬程7.8 m下效率达到78.36%，平均扬程6.4 m下效率达到77.24%，分别高于合同要求(77.0%、76.0%)1.36%、1.24%。2013年7月建设处委请江都水利工程管理处水文站对四站机组出流及效率采用ADCP测流仪进行了现场测试，经分析，在7.29 m扬程7台机平均流量下，效率高于模型装置效率0.2%，达78.2%。与改造前68%相比，约提高了10.2%。性能分析结论：四站立式轴流泵从模型装置验收试验到真机试运行和正式投入运行等不同阶段的测试结果均表明该站水泵装置在运行时的各项能量特性指标(流量、效率等)，机组运行的稳定性(振动、温升)等均满足工程的使用要求，达到了更新改造的预期效果。

四站经综合技术改造后，运行状况明显改善，机组效率明显提高，经测试分析，在未考虑拦污栅及附着物影响的情况下，装置效率在75%以上，效率较改造前提高了9.23%。

第五节　变电所

江都水利枢纽变电所(以下简称变电所)为江都抽水站的专用变电所,担负着4座大型电力抽水站的转供电及管理处生产区、办公区、生活区用电的供电任务。它始建于1961年,由江苏省电业局设计院设计,坐落在一站和二站之间。随着江都水利枢纽泵站工程的不断扩建,用电负荷不断增大,至1977年四站建成投运后,变电所总容量已达71 500 kVA。变电所有3台主变压器,其中1台31 500 kVA的主变压器装于四站,2台所用变压器(总容量1 430 kVA)及相应配套的电气设备。其中,110 kV和35 kV系统设备布置在室外,6 kV和低压交、直流系统以及控制、保护部分的设备均布置在室内。

2006年,南水北调东线一期工程江都站更新改造开始实施,其项目建议书要求,江都站变电所设计年运行时间为8 000 h,原变电所经46年的运行,所有设备的运行年限均已超过使用年限,设备陈旧,绝缘老化,维修困难,厂家的产品已经升级换代,配件无法购买,造成设备小修不断,大修年限不断缩短,事故频率逐年增高,如不进行彻底的改造将很难担负起枢纽泵站的供电重任。2006年4月江都站新变电所开始兴建,2009年10月完工。

2012年3月因江都区城市规划和发展的需要,引广线35 kV线路拆除,改由龙金线支线10 kV对变电所供电,1号所用变压器进行了更换。

(一) 供电方式

1. 35 kV环入方式供电

1961年兴建一站时,规划江都抽水站总负荷为28 800 kW,一站容量为6 400 kW,曾考虑过用110 kV专用线或110 kV扬泰支线供电,由于当时单机容量小(800 kW/台),故决定负荷先按一站、二站考虑,由扬州湾头电厂向抽水站架设35 kV专用线——引五线(扬州五里变电所改为湾头变电所后称为引湾线)供电,变电所主变压器为1台三线圈变压器,容量为15 000 kVA,三线圈电压为110/38.5/6.3 kV,由35 kV线圈受电,分别向一站、二站供电。由于负荷不大,当时采用环入方式供电,变电所35 kV母线设有1条去孔庄变电所的35 kV联络线——江孔线(1988年该35 kV线路改由新建的砖桥变电所供电,为与110 kV引砖线区别称为提砖线),使扬州湾头电厂输出的35 kV电网联成环形,以进一步提高供电可靠性(见图8-5)。

2. 110 kV扬泰支线供电

1966年12月三站开工兴建,装机容量增加16 000 kW,变电所于1967年扩建为110 kV变电所,增加2号主变压器,容量为20 000 kVA,线圈电压:110/6.3 kV。三站建成后,江都三个抽水站总负荷达28 800 kW,主变总容量增至35 000 kVA。由于当时扬州地区电力供应不足,谏壁—泰州220 kV过江线刚投入运行,110 kV扬泰联络线负荷很小,而且江都抽水站由扬泰支线供电,仅须架设支接110 kV线路4 km,这种供电方式便于江都抽水站发无功电，有利于提高扬州地区电压水平及改善电网潮流分布，减少线路损失，缺点是支接线一旦发生故障，停电范围扩大且保护困难，但它的基建工程量小，投资最省，运行经济性也较好，故决定变电所 110 kV 电源由扬泰支线引入（见图 8-6）。110 kV 供 1 号、2 号主变压器，35 kV 供 2 台所用变压器。

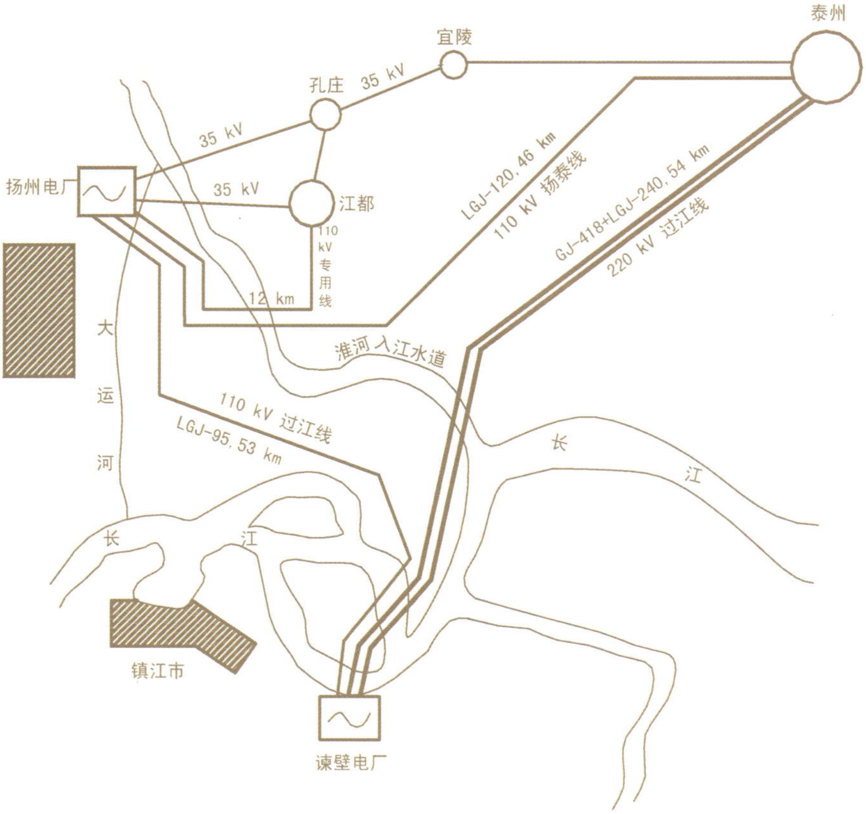

图 8-5 变电所供电地理结线示意图

3. 110 kV 专用江扬线供电

1977 年四站建成，又增加负荷 21 000 kW，4 个站的总负荷达到 49 800 kW，超过了 110 kV扬泰线经济输送容量，江都抽水站如继续采用扬泰线支接供电，将影响电网电力潮流的合理分布，并使联络线不能发挥其应有的作用。鉴于华东电力系统已通过 220 kV 向扬州 220 kV 变电所供电，故江都抽水站改用 110 kV 专用江扬线供电，增设了 3 号主变，容量为 20 000 kVA（四站 1 号机在 2 号主变三站 6 kV 侧受电），总容量增至 55 000 kVA。这阶段供电方式见图 8-6。1979 年将 3 号主变更换为 31 500 kVA 的新主变，换下来的 20 000 kVA 原 3 号主变用来替换 15 000 kVA 的原 1 号主变压器，主变总容量由 55 000 kVA 增至 71 500 kVA，扬州湾头电厂的 35 kV 专用线（引湾线）和 35 kV 联络线（江孔线）改为专对所用变压器供电。

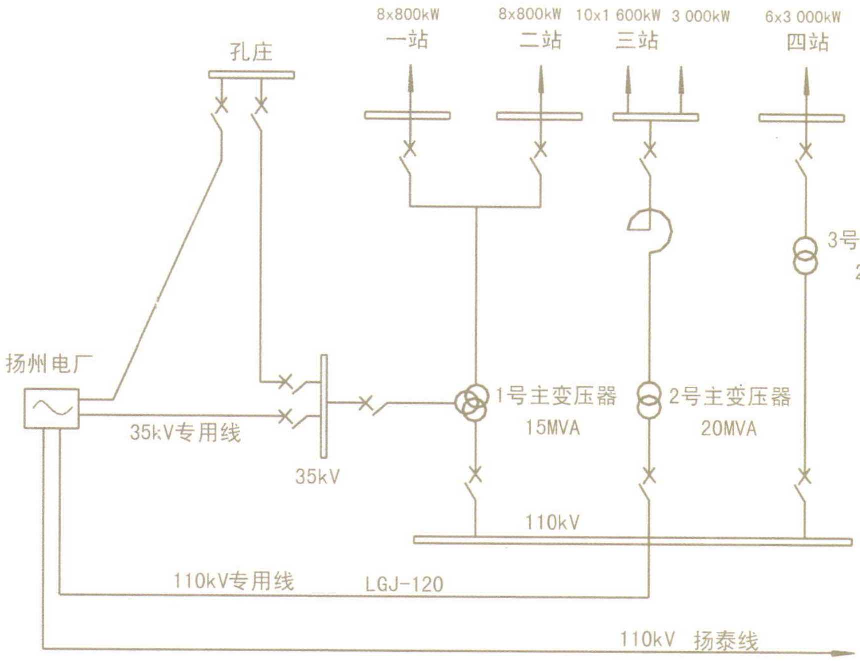

图 8-6 变电所专用江扬线供电方式

4. 110 kV 引砖线供电

1987 年，江都双沟 500 kV 变电所工程上马，砖桥 220 kV 变电所建成，华东电网容量扩大，变电所 110 kV 电源由原来的 110 kV 江扬专线供电改为砖桥变电所 110 kV 引砖线供电，线路距离大大减少，调度也更为方便，同时也有利于改善电网潮流分布，减少线损。由于线路容量的扩大，1988 年 8 月，变电所对部分一、二次设备进行了增容、改型和更换，1988 年 12 月改建结束，并投入运行。另外，由砖桥变电所新设 35 kV 提砖线（区别于 110 kV 的引砖线）取代原江孔线，与扬州电厂的 35 kV 引湾线互为备用（2006 年 12 月，35 kV 引湾线改由广陵变电所供电，改称引广线）。变电所改造前的供电方式：110 kV 电源由砖桥变电所 110 kV 专用线（引砖线）引入，通过 3 个间隔分别引向 1 号、2 号、3 号主变压器，供给 4 个抽水站 6 kV 电源；2 条互为备用的 35 kV 进线（引广线、提砖线）向 2 台所用变压器供电，用于抽水站及管理处生产区、办公区、生活区的动力和照明用电。

（二）变电所扩建改造

变电所兴建于 1961 年，随着泵站工程的不断扩建，变电所也进行了扩建和改造，后期随着设备的老化，新产品不断推出，变电所也进行了一些局部更新改造，主要有以下几个方面。

1. 主变压器

变电所的主变压器担负着为电力抽水站主电动机输送 6 kV 电源的任务。由于江都抽水站不断扩建，变电所电气设备随之作了相应的变化和调整，主变压器也进行了增换。

建一站、二站时，由于机组小，负荷不大，年利用率低，故装置了 1 台 15 000 kVA 110/38.5/6.3 kV 三圈变压器已满足要求。由扬州电厂架设的 35 kV 专用线经主变压器降为

6 kV，通过 2 台少油断路器(601、602)用架空组合导线分别向一站、二站供电。主变压器型号为 SFSL-15000/110，由 35 kV 线圈受电。

1966 年 12 月三站开工兴建后，江都抽水站总负荷达 28 800 kW，变电所随之改建为 110 kV变电所，由扬泰 110 kV 联络线支接 110 kV 电源供电，原有的三线圈 1 号主变压器改由 110 kV 线圈受电，向一站、二站供 6 kV 电源；另外，变电所新增 1 台 SF1-20000/110 的 2 号主变压器，通过 1 台少油断路器(603)用架空组合导线向三站送电。

1973 年 11 月四站开工兴建后，江都抽水站总负荷达 49 800 kW，为适应电力负荷的增加，变电所改由 110 kV 专用线供电，增设 1 台 SFZL1-20000/110 型作为 3 号主变压器，由于四站与变电所相距约 800 m，故将 3 号主变压器设置于四站厂房西侧，110 kV 断路器安装于变电所内，用 110 kV 架空线路送电至四站，主变降压后的出线穿墙进入四站，经 6 kV 侧断路器供站内 6 kV 母线，这种组式(线路—变压器组)供电(即高压供电)具有造价低、电能损耗小、对主机启动十分有利等特点。

由于向三站供电的 2 号主变压器容量有较大的裕度，三站与四站距离很近，如将四站的 1 号机组用电缆接到三站的 6 kV 母线上，四站主变容量只需 20 000 kVA 即可满足要求，所以四站建成后使用的 3 号主变压器选用容量为 20 000 kVA 的变压器。

随着江都抽水站年运行时间的加长，检修工作必须穿插在运行期间进行，因而当四站机组全部运行时，其 1 号主机由三站供电的方式给三站检修带来不便，并且在变压器检修、试验时调度也不灵活，故于 1979 年 11 月，将 20 000 kVA 的 3 号主变压器更换为 31 500 kVA 的新 3 号主变。

四站 3 号主变压器增容为 31 500 kVA 后，将更换下来的原 20 000 kVA 主变作为新 1 号主变，将原三线圈 SFZL-15000/110 型 1 号主变压器淘汰。1979 年新 1 号主变投运，原三站向四站送 6 kV 电源的电缆拆除。2003 年 7 月，更换损坏的 3 号主变。

2004 年 7 月，1 号主变(SFZL1-20000/110、1974 年 7 月生产)由于超期服役，为确保安全运行，对 1 号主变进行了扩容更新，淘汰原有的 1 号主变，更换为 S10-40000/110 型变压器。

2. 所用变压器

由于地区 35 kV 电网到江都抽水站为双电源，故在变电所内安装了 2 台所用变压器。平时，可供给站区各站日常照明、动力及检修用电；抽水站运行时，如站用电发生故障，还可提供可靠的备用电源。

变电所 1 号所用变压器在建站时为 SJ-150/35 型，由于容量偏小，1976 年更换为 SJL1-800/35 型。

变电所 2 号所用变压器于 1976 年安装使用，型号为 SJ-320/35，容量 320 kVA，与 1 号所用变压器互为备用。随着处区生产、生活用电负荷的增加，2 号所用变压器容量已不能满足用电需要。1995 年 2 月，2 号所用变压器更换为 S7-630 型，容量为 630 kVA，同年 3 月新 2 号所用变压器投入运行。

3. 断路器

变电所有电压等级不同的高压断路器 9 台，其中 110 kV 六氟化硫断路器 3 台，分别用于1号、2号、3号主变压器切换；35 kV油断路器3台，用于35 kV二回进线和1号所用变压器切换；6 kV真空断路器3台，分别向一站、二站、三站输出6 kV电源。

变电所初建时，1号主变为15 000 kVA三线圈变压器，其进线断路器采用沈阳高压开关厂1960年出厂的DW3-110型户外式多油断路器，额定电流为1 500A。

三站建成后，2号主变压器投运，其进线断路器仍采用沈阳高压开关厂改进型的DW3-110G型户外式多油断路器，额定电流1 500 A。

1977年四站建成后，采用线路—变压器组式供电，在变电所室外安装上海开关厂1974年5月出厂的SW4-110Ⅰ型少油断路器，再用110 kV架空线路送电至四站站房旁的3号主变压器，断路器额定电流1 000 A。

1988年，变电所110 kV电源改由砖桥220 kV变电所供电，由于容量扩大，变电所部分设备随之进行了增容、更换，1号、2号主变进线多油断路器也随之更换为SW2-110Ⅰ型少油断路器，额定电流1 500 A。

1993年底，3号主变进线断路器更换为SW2-110Ⅰ型少油断路器，采用液压操作机构，正常工作压力应保持在30 MPa，但经常因密封问题发生泄压故障，危及安全运行。

1998年底，变电所3台110 kV少油断路器全部更换为西安高压开关厂1998年12月出厂的LW25-126型六氟化硫断路器，其操作机构为全弹簧操作机构。六氟化硫断路器体积小，维护工作量小，大修周期长，运行安全性高。

4. 35 kV系统

1976年安装1号所用变压器时进线采用隔离开关加跌落式熔断器的方式。1986年，根据规范要求1号所变需要装设瓦斯保护，所以1号所用变压器进线侧拆除跌落式熔断器，安装少油断路器，断路器为上海华通开关厂1985年12月出厂的SW2-35型少油断路器。

变电所35 kV系统采用双电源进线，分别经2台多油断路器引入35 kV母线，向2号所用变压器供电，2路进线互为备用，35 kV引湾线还可经1台35 kV少油断路器单独对1号所用变压器供电，2台所用变压器互为备用，不并列运行。2台多油断路器均采用DW13-35型，1992年安装投运。

5. 6 kV系统

建站初期，变电所1号主变压器6 kV侧母排由穿墙套管进入6 kV开关室，然后分别经2台SN2-10型、1 000 A少油断路器通过6 kV架空组合导线供电给一站、二站。

1968年变电所增添了2号主变压器，扩建了6 kV开关室，2号主变6 kV侧则经过1台SN3-10型、2 000 A少油断路器向三站供电，由于电源容量增大，6 kV侧短路电流增加，故在2号主变与SN3-10断路器间串联了沈阳电抗器厂1970年9月出厂的2 000 A、阻抗为8%的NK-6型水泥电抗器以限制短路电流。由于供电系统的变化，电抗器曾一度拆除，1988年12月，已拆除的2号主变出线电抗器重新使用，电抗器移至三站6 kV断路器出线侧，并新建电抗器室，从电抗器室用6 kV架空组合导线引向三站。

6 kV开关室内的6 kV母线由2 000 A的隔离开关分段，分别由1号主变压器和2号主变压器供电，正常运行时分段隔离开关断开；当任何1台主变压器因故停用并从电路中断开后，操作分段隔离开关即可实现2台主变压器的相互备用作用。1980年3月，变电所供一站、二站 6 kV 出线断路器更新为 SN10-10C 型，1990 年 10 月，6 kV 三站出线断路器更新为 SN10-10Ⅲ型。

随着一站、二站的更新改造，变电所供一站、二站 6 kV 出线断路器容量已近极限值，加之整个 6 kV 系统开关柜为 20 世纪 60 年代初期的非标产品，结构布置不合理，经过近 40 年的运行，严重老化，绝缘阻值下降，1999 年 10 月对 6 kV 系统进行全面改造，开关柜及相应的手车式断路器全面更新，采用上海广电集团 1998 年 12 月生产的 KYN-10 型金属铠装移开式开关柜，3 台 6 kV 断路器采用北京开关厂 ZN12-10 型真空断路器。在一站、二站更新改造后，线路容量增加，加之 6 kV 架空组合导线运行日久，老化严重，因此在 1998 年，将通向一站、二站的 6 kV 架空组合导线更换为 6 kV 电缆。

6. 低压交流系统

变电所 2 台所用变压器在低压侧用电缆引入低压开关室低压柜母线，其进线柜装设容量为 1 500 A 和 1 000 A 的低压自动空气开关各一台，用于 400 V 母线电源的切换。从 400 V 母线引出的一站、二站、三站、四站 400 V 备用电源用电缆分送至各站，当各站的站用电停电或发生故障时，可以作为可靠的备用电源。另外处区生产、动力用电也分别由低压柜引出。随着抽水站检修任务的加大和生产、生活区用电设备的增添，低压系统大部分开关容量明显不足，非正常事故跳闸屡屡发生，2000 年 2 月对低压系统进行全面改造，更新了低压开关柜 11 台，其中 1 号、2 号所用变压器进线柜 2 台自动空气开关采用上海施耐德生产的塑壳空气断路器。其余低压出线开关均采用 ME-1000(1250)型万能式空气断路器。

7. 二次系统

(1) 直流电源

江都抽水站共用一套直流电源，直流蓄电池组装设于变电所内，为变电所和 4 个抽水站提供直流电源，使控制、保护、断路器分合闸、事故照明等重要电路在电网停电时仍能连续可靠地供电，以便及时处理和排除故障，尽快地恢复正常运行。变电所初建时装设的是 1 组 K 型蓄电池，但由于抽水站机组多，导致 K 型蓄电池负荷重；进而影响了其安全性能，K 型蓄电池还存在酸气对设备腐蚀严重的现象，故于 1979 年改用上海蓄电池厂生产的 GGF-300 型防酸隔爆型蓄电池。运行 11 年后，整体老化，技术性能明显降低，又于 1990 年 12 月整体更新为同型号的蓄电池组。使用至 2002 年，GGF-300 型铅酸蓄电池整体性能严重下降，部分电池极板脱落变形，需更新改造。2002 年，将整组 GGF-300 型铅酸蓄电池更新为 108 只 Dryfit A612、300AH“德国阳光”免维护阀控式铅酸蓄电池，高频充电模块，直流系统可对装置运行实施全面监测和控制，可进行系统设置、信息查询，也可通过远程监控对系统实施“遥测、遥控、遥信、遥调”四遥功能。

(2) 控制保护部分

变电所采用强电集中控制的控制方式，为了便于集中控制和事故处理，变电所设立专门的中央控制室，与室内外电流、电压互感器连接的测量仪表及直流 220 V 控制保护回路设备都安装在中控室内的强电控制屏及保护盘上，控制操作均在控制室进行。

（三）变电所改建

2007年4月至2009年10月，在南水北调东线一期江都站更新改造工程中，变电所进行了更新改造。

1. 更新改造方案的审定

变电所所址的选择：江都泵站担负着苏北地区工农业生产用水、里下河地区排涝等重任，原变电所位于一站、二站之间，由于江都泵站在苏北地区供水地位的重要性，因此在变电所改造期间，必须确保泵站在汛期可以正常运行。在原址重建变电所，从招投标、设备制造、拆除、土建施工、安装调试到投运，至少10个月以上，时间上不允许。根据南水北调《江都站改造工程可行性研究报告》的批复意见，同意江都站110 kV变电所进行易地重建。新变电所的位置选在二站与三站之间，具有以下优点：靠近负荷中心（距三站150 m，四站400 m）；施工期间原变电所可继续使用，泵站可以正常运行；新址没有场地问题；可以根据南水北调工程的要求进行设计等。

主接线方案的确定：初设时变电所主接线方案曾考虑4座泵站合建一座变电所，选用一台25 000 kVA、两台40 000 kVA主变，通过电缆供4座泵站6 kV电源。该方案优点是3台主变可互为备用，提高供电的可靠性和灵活性。但缺点是供电线路长，损耗大、安装困难、可靠性较差。尤其是四站供电容量大，距离长，按允许电流、温升、压降及短路热稳定测算，至少需10根3×240、长约500 m的电缆，且现有安装位置，10根3×240电缆难以跨越三站。根据实际状况综合比较，最终确定仍采用原两个变电所主接线方案，变电所安装2台主变，供一站、二站、三站6 kV主电源；四站设专用变电所，安装1台主变，采用架空线路由江都站变电所转供110 kV电源。

主电机电压等级的选择：江都4座泵站改造前主电机电压等级均为6 kV。如选用10 kV电压等级较6 kV优势明显，线路损耗低，电机重量可以降低，而提高绝缘等级的要求对费用无较大的增加。但此次江都站改造时，由于此前一站、二站已经改造，主机组电压均为6 kV，新变电所建成后距三站最近，且与一站、二站同为一个变电所，从供电灵活性及主变互为备用角度考虑，三站仍以采用6 kV为宜。四站容量大，但在此次改造过程中，必须保证汛期改造工程的正常运行，三站、四站机组大、台数多，难以在一个非汛期完成全部机组及电气设备改造，因此存在新老机组及新老电气设备的并用。由此三站、四站主机组电压等级也必须选择为6 kV。

FSR大容量高速开关选用：根据江都站所处电网容量、变电所主接线及运行方式，6 kV主接线开关选择方案有：①按短路电流直接选择开关，则一站、二站的6 kV开关需要全部更换，设备及改造费用太高；②仍设电抗器，有一定电能损耗，需建电抗器室，占用空间大；③采用FSR大容量高速开关，方法简便、技术先进，在电力系统已有大量成功应用，且体积较小，显著优点是总体投资较少，设备及安装费用可大大降低。经综合比较，此次江都站变电所选用FSR大容量高速开关方案。

直流电源供电方式的确定：直流电源供电方式由原来4座站和变电所统一通过变电所集中供电改为各自独立供电。

2. 更新改造工程的实施

2007 年 4 月江都站新变电所开工新建，2009 年 2 月 110 kV 供电线路由老变电所切换至新变电所，随即投入供电运行，2009 年 3 月、5 月 35 kV 引广线、提砖线 2 条供电线路分别切换至新变电所，2009 年 10 月工程全部完工。新变电所工程完成的主要工程量：土方挖填 6 996.0 m^3，混凝土 2 381.5 m^3，钢筋 338.82 t，建筑面积 2 930 m^2，投资概算 4 279.09 万元。

江都站新变电所按照户内变电所设计，建筑层数为 4 层。一层南侧设主变压器室，单独设置 2 间变压器室（分别布置 1 号、2 号主变压器），消防控制室、辅助用房、技术用房、工具间等；一层北侧为 35 kV、6 kV 配电室，低压开关室（含所用变压器）；地下一层设电缆夹层（高低压配电室下部），布置电缆桥架；二层设中央控制室、继电保护室（安装有监控装置、视频装置、保护装置、计量设备和直流装置）、办公用房；西三层设程控总机、办公用房等；东三层设 110 kV GIS 组合开关室。结构型式为框架结构。基础采用预应力混凝土管桩基础。变电所控制楼四周布置交通道路，在控制楼南侧，布置变压器检修平台。110 kV 终端塔布置在变电所控制楼南侧约 20 m 处。

变电所 110 kV 进线按双回路设计，一回专用线路从江都砖桥 220 kV 变电所（距离 6 km）引接，另一回在变电所预留接口。110 kV 主接线采用单母线不分段方案。通过 3 个间隔分别引向 1 号、2 号、3 号主变压器，容量分别为：40 000 kVA、25 000 kVA、31 500 kVA。1 号主变供一站、二站，2 号主变供三站，3 号主变供四站，其中 1 号、2 号主变可互为备用；110 kV 开关采用山东泰开高压开关有限公司生产的全封闭式成套电气组合设备 GIS，大大减少了绝缘距离，节省了占地面积，GIS 共分 5 路间隔，分别为引砖线进线间隔、1 号主变出线间隔、2 号主变出线间隔、四站出线间隔、PT 间隔。

原变电所的 1 号（S10-40000/110）和四站的 3 号（SZ10-25000/110）主变移至新变电所，并变更为 1 号、2 号主变继续使用，四站则新购一台 S10-31500/110 主变作为新的 3 号主变，淘汰原 2 号主变。

35 kV 备用电源回路有江都提砖线和扬州引广线 2 回，作为 2 台所用变压器的电源。对 1 号、2 号所变再一次进行了扩容更新，分别将原有的 1 号所用变压器（SJL1-800/35）、2 号所用变压器（S7-630/35）更新为两台 SCB10-1250/35、1 250 kVA 干式所用变压器，2 台所变互为备用。

3. 10 kV 改造

2012 年 3 月因江都区城市规划和发展需要，35 kV 引广线拆除，改为 10 kV 龙金线支线供电，更换 1 号所用变压器，型号为 SCB10-1250/10，高低压侧开关仍使用原开关，更换了高压侧电压、电流互感器及表计，拆除了联络间隔电气连接。

（四）主要设备

1. 主变压器

变电所的主变压器担负着为电力抽水站主电动机输送 6 kV 电源的任务。现有 3 台 110/6 kV 的主变，1 号主变压器容量为 40 000 kVA，低压侧出线接至Ⅰ段 6 kV 母线，对一站、二站供电；2 号主变压器容量为 25 000 kVA，低压侧出线接至Ⅱ段 6 kV 母线，对三站供电，1 号、2 号主变可互为备用；3 号主变压器容量为 31 500 kVA，安装于四站，通过 110 kV 专线在变电所受电。1 号、2 号、3 号主变的技术参数见表 8-11，表 8-12，表 8-13。

表 8-11　1 号主变压器技术参数表

项目	参数	项目	参数
型号	S10-40000/110	空载损耗（kW）	31.616
容量(kVA)	40 000	负载损耗（kW）	161.389
额定电压(kV)	110±8×1.25%/6.3	阻抗电压(%)	10.54
额定电流(A)	210/3 666	器身重(kg)	29 310
相数	3	油重(kg)	16 250
频率(Hz)	50	总重(kg)	61 200
冷却方式	ONAN	制造厂	陕西铜变实业股份有限公司
连接组别	YNd11		
空载电流(%)	0.2	生产日期	2004.6

表 8-12　2 号主变压器技术参数表

项目	参数	项目	参数
型号	SZ10-25000/110	空载损耗（kW）	22.4
容量(kVA)	25 000	负载损耗（kW）	111.3
额定电压(kV)	110±8×1.25%/6.3	阻抗电压(%)	10.1
额定电流(A)	131.2/2 291	器身重(kg)	22 470
相数	3	油重(kg)	14 690
频率(Hz)	50	总重(kg)	49 580
冷却方式	ONAN	制造厂	陕西铜变实业股份有限公司
连接组别	YNd11		
空载电流(%)	0.7	生产日期	2003.7

表 8-13　3 号主变压器技术参数表

项目	参数	项目	参数
型号	S10-31500/110	空载损耗（kW）	21.651
容量(kVA)	31 500	负载损耗（kW）	124.15
额定电压(kV)	110±2×2.5%/6.3	阻抗电压(%)	10.65
额定电流(A)	165.3/2 887	上节油箱重(kg)	3 630
相数	3	器身重(kg)	25 540
频率(Hz)	50	油重(kg)	12 210

续表

项目	参数	项目	参数
使用条件	户内	总重(kg)	51 500
冷却方式	ONAN	制造厂	南通晓星变压器有限公司
连接组别	YNd11		
空载电流(%)	0.11	生产日期	2007.12

注： ONAN 为内部油自然对流冷却方式，即通常所说的油浸自冷式。

2. 所用变压器

变电所所用变压器为 2 台，1 号所变由江都龙金线支线 10 kV 供电，2 号所变由江都提砖线 35 kV 供电，2 台所用变压器互为备用，在抽水站非运行期间，提供泵站的日常照明和动力用电；抽水站运行时，作为泵站的备用电源，如站用电发生故障，可提供可靠的电源；另办公区、生活区的日常用电也由变电所所变提供。

变电所 1 号所用变压器的型号为 SCB10-1250/10，高压侧电压为 10 kV，低压侧为 0.4 kV，容量为 1 250 kVA，技术参数见表 8-14。2 号所用变压器的型号为 SCB10-1250/35，高压侧电压为 35 kV，低压侧为 0.4 kV，容量为 1 250 kVA，技术参数见表 8-15。

表 8-14　1 号所用变压器技术参数表

项目	参数	项目	参数
型号	SCB10-1250/10	冷却方式	AN
容量(kVA)	1 250	总重(kg)	3 550
额定电压(V)	10 000±2×2.5%/400	制造厂	浙江三变科技股份有限公司
额定电流(A)	72.17/1 804.2		
连接组别	Dyn11	生产日期	2011.8
阻抗电压(%)	5.95		

表 8-15　2 号所用变压器技术参数表

项目	参数	项目	参数
型号	SCB10-1250/35	冷却方式	AN
容量(kVA)	1 250	总重(kg)	6 305
额定电压(V)	35 000±2×2.5%/400	制造厂	浙江三变科技股份有限公司
额定电流(A)	20.62/1 804.22		
连接组别	Dyn11	生产日期	2008.1
阻抗电压(%)	6.05		

注： AN 为自然空气冷却方式。

3. 断路器和高低压系统

变电所现有电压等级不同的高压断路器 14 台，其中 110 kV 六氟化硫断路器 4 台，分别用于 110 kV 引砖线进线，1 号、2 号主变压器，四站 3 号主变压器 110 kV 专线切换；35 kV 真空断路器 4 台，用于 10 kV、35 kV 进线和 1 号、2 号所用变压器切换；6 kV 真空断路器 6 台，分别用于 1 号、2 号主变压器低压侧出线，Ⅰ、Ⅱ段 6 kV 母线联络和向一站、二站、三站输出 6 kV 电源。

4. 110 kV GIS 和断路器

变电所采用的是山东泰开高压开关有限公司生产的 ZF10-126(L)/T3150-40 型气体绝缘金属封闭开关设备，简称 GIS，它将断路器、三工位开关、快速接地开关、电流互感器、电压互感器、避雷器、母线、进出线套管等元件组合封闭在接地的金属壳体内，充以一定压力的 SF6 气体作为绝缘介质所组成的成套开关设备。该设备具有结构简单、可靠性高、维护工作量小、机械寿命长、涡流损耗低、耐腐蚀、外形简洁美观、符合“无油化”要求等特点。

断路器(ZF10-126)为共箱罐式结构，三相共用一台 CT26 型弹簧操动机构，机械联动。断路器采用自能式灭弧原理，开断能力强，燃弧时间短，耐电寿命长，结构简单，性能可靠。其具体技术参数见表 8-16。

表 8-16　110 kV GIS 断路器技术参数表

项目	参数	项目	参数
型号	ZF10-126	合闸时间(ms)	75±10
额定电压(kV)	126	分闸时间(ms)	32±5
额定电流(A)	2 000	操动机构型号	CT26
额定短路开断电流(kA)	40	额定分合闸电压(V)	DC220
SF6 气体额定压力(MPa)	0.6	电机功率(W)	500
SF6 气体最低功能压力(MPa)	0.5	雷电冲击耐受电压(kV)	550

5. 10 kV、35 kV 系统

10 kV 电源回路为江都龙金线支线作为 1 号所用变压器的电源，35 kV 电源回路为江都提砖线作为 2 号所用变压器的电源，2 台所变互为备用。改造后 35 kV 系统设有 35 kV 进线间隔 2 回、所变间隔 2 回、电压互感器间隔 1 回、联络间隔 1 回，采用 KYN61-40.5 型开关柜，所有断路器均为 ABB 原装进口 VD4-40.5 型真空断路器。2012 年 3 月因江都区城市规划和发展需要，35 kV 引广线拆除，改为 10 kV 龙金线支线供电高低压侧开关仍使用原开关，更换了高压侧电压、电流互感器及表计，拆除了联络间隔电气连接。

6. 6 kV 系统

6 kV 系统采用 KYN28A-12 型开关柜，所有断路器均为 ABB 原装进口 VD4-12 型真空断路器。主变压器 6 kV 侧至 6 kV 开关柜采用共箱母线传送 6 kV 电能。改造后共装设有 6 kV 开关柜 11 台：1 号主变出线 611 开关柜、2 号主变出线 621 开关柜、Ⅰ段 6 kV 母线大容量开关柜、Ⅱ段 6 kV 母线大容量开关柜、一站 601 出线开关柜、二站 602 出线开关柜、三站603出线开关柜、610母线联络柜、6120母线隔离柜、Ⅰ段6105母线PT柜、Ⅱ段6205母线PT柜及三站出线电缆柜1台。三站采用YJV22-10-3×240六拼高压电缆取代原架空组合导线方式供6 kV电源，一站、二站改用YJV22-10-3×240四拼高压电缆分别供6 kV电源。

7. 低压交流系统

低压交流(400 V)系统采用MNS型开关柜，设有低压进线柜2台，400 V电源经进线断路器(断路器型号MT25H1)铜母线连接到各低压出线开关柜，一站、二站、三站办公楼合用1台出线柜(断路器型号NS400N)，三站、四站、处办公楼合用1台出线柜(断路器型号分别为MT08N1、MT10N1和MT08N1)，生活区、修配所合用1台出线柜(断路器型号分别为MT10N1和NS400N)，变电所的照明、动力柜等合用1台出线柜(断路器型号NS160N)，出线柜母线上还连接有用于改善功率因素的电容补偿主、辅柜各1台(断路器型号NS400H)。低压各进、出线断路器均为国内生产的施耐德产品。

8. 二次系统

(1) 直流电源

变电所直流电源由FX22010型高频模块充电装置以及“德国阳光”Dryfit A412进口阀控式密封铅酸蓄电池免维护电池组成，电压220 V、电池容量65 Ah，为变电所主设备提供控制、保护、信号电源。系统配备2块屏，1块智能控制充电屏、1块蓄电池屏。微机型直流电源系统具有如下功能：采用液晶触摸屏显示，具有“四遥”功能；直流系统采用2路三相四线380V交流电源供电，并能进行自动切换、自动调压；交流浮充电装置采用2套智能高频开关整流模块，N+1热备份，配3只高频开关，可带电插拔，任意一个部分出现故障均能自动退出，不影响整个系统工作。模块具有保护与告警功能，包括输入过压、欠压、缺相，输出过压、欠压、模块过热等；蓄电池均充和浮充过程能自动转换，并可通过键盘进行设置；蓄电池具有电压自动检测功能。通过RS-485串行通信口向自动化控制系统实时发送交直流电压、各回路电流，交流进线及直流出线开关状态，执行自动化控制系统发出的控制指令。

(2) 微机监控、视频和微机保护

变电所监控系统集控制、保护、测量、信号、管理等功能于一体，实现中控室内集中和分散控制，集中数据显示、分析、处理；通过计算机网络，可将工程设备的运行数据和状态实时真实地展示在各级管理人员面前。实现配电设备的自动监视，满足“无人值班、少人值守”的要求。同时监控系统与上级调度控制管理系统通过网络连接，实现数据、指令传送和图像浏览。功能更为齐全，技术更为成熟。视频监视系统通过设置视频监视设施，使运行管理人员能够对现场关键设备的运行状态进行直接的观察了解，作为对自动控制系统的补充，帮助运行人员进行综合判断。同时该系统能够与监控控制系统相连，实现信号传输。

变电所内设置了全枢纽的调度中心，实现全枢纽的统一调度并将信息向上级传输。江都水利枢纽调度控制管理系统连接变电所、一站、二站、三站、四站、江都西闸、江都东闸和芒稻闸，构成江都水利枢纽工程监控网，为江都水利枢纽工程各站点实施调度、控制、管理提供平台，支持与已建江苏省防汛调度计算机网络系统的互连，具备与南水北调东线工程调度运行管理网络系统的互连。

变电所采用继电保护装置。其中包含 110 kV 进线线路保护 RCS-942AU，发电时投入，抽水时退出；匹站 110 kV 出线线路保护 RCS-942AU；1 号至 3 号主变压器保护均采用差动保护 RCS-9671C、高压侧后备保护 RCS-9681C、低压侧后备保护 RCS-9681C 及主变压器瓦斯、压力释放等非电量保护等；35 kV、10 kV 线路，6 kV 出线保护采用 RCS-9611C；35 kV、10 kV 变压器保护采用 RCS-9621C。

第九章
泵站配套工程

江都水利枢纽的配套工程由江都西闸、江都东闸、江都送水闸、宜陵闸、宜陵北闸、芒稻闸、运盐闸、邵仙闸洞、土山坝涵洞、宜陵地下涵洞 10 座涵闸，五里窑船闸、宜陵船闸、芒稻船闸、江都船闸、邵仙套闸 5 座船闸和新通扬运河、高水河、三阳河 3 条河道组成。

江都水利枢纽利用 1958 年开挖的新通扬运河作为向里下河地区自流引长江水灌溉的输水河道。为了兼顾防洪、灌溉、排涝、航运，1963 年在新通扬运河河口以东 500 m 处建成了江都西闸，利用 1958 年建造的江都闸作为引江水或排里下河涝水的控制工程。1978 年，建成江都东闸、江都送水闸，拆除江都闸；1963 年 1 月至 1964 年 5 月，开挖和利用归江河道芒稻河、运盐河及 1953 年开挖修建的邵仙河的部分河段修筑成高水河，作为江都抽水站向北送水的输水干渠；在高水河与芒稻河、运盐河、邵仙河等交叉交汇处建造了配套控制工程，如 1964 年建造了高水河与芒稻河交叉控制工程——芒稻闸、芒稻船闸，1963—1966 年在高水河与运盐河、邵仙河的交汇处建造了运盐闸、邵仙闸洞，使北送的江水与邵伯湖分开，并用邵仙闸下部的涵洞引邵伯湖水入通扬运河；1998—1999 年，为解决高水河邵仙闸通航安全问题又修建了邵仙套闸；为了解决通扬运河引淮河高水和新通扬运河引江、排涝低水的矛盾，1963—1966 年建成了宜陵闸、五里窑船闸、宜陵船闸，1980 年建成了宜陵地下涵洞，从而完成了新通扬运河、通扬运河交叉控制工程；1975 年又建成新通扬运河与三阳河交叉控制工程宜陵北闸。

这些工程的建成，使江都水利枢纽具备了防洪、灌溉、排涝、航运等综合功能。配套工程建成年代和基本情况见表 9-1。

江都船闸、邵伯闸①、邵伯船闸②等老工程受江都水利枢纽建设的影响，于 1963—1965

---

① 邵伯闸虽不属于江都水利枢纽的配套工程，但属管理处管理，其维修养护工作一直由邵仙闸管理所负责，为查阅方便故在本章第一节最后做介绍。

② 邵伯船闸自建成后就交由交通运输部门管理，也不属于江都水利枢纽配套工程，故本书不做介绍。

年间进行了加固改造。

表 9-1　江都水利枢纽配套建筑物情况表

名称		闸顶高程(m)	闸底高程(m)	孔数	总净宽(m)	设计流量(m^3/s)	建设时序	备注
江都西闸		9.0	−5.0	9	90	505	1963.6—1964.5	2006.2—2008.12 除险加固后设计流量为 950 m^3/s。
江都东闸		6.0	−7.0	13	78	550	1977.11—1978.3	2005.7—2007.4 进行除险加固。
江都送水闸		10.0	2.0	3	18	300	1977.12—1978.10	
宜陵闸		6.0	−2.5	13	64	300	1963.3—1963.7	2011.5—2012.7 进行除险加固。
宜陵北闸		3.5	−5.0	7	42	300	1974.11—1975.9	2013.5—2015.7 进行除险加固。
芒稻闸		10.5	−1.0	7	70	830	1964.9—1965.7	
运盐闸		10.5	0.0	7	60	830	1963.10—1966.5	1999 年加固时改为 9 孔。
邵仙闸洞	闸	10.5	1.0	4	52	300	1963.5—1964.5	邵仙洞 1999 年加固时改为 5 孔。
	洞	0.5	−2.2	7	16.45	80		
土山坝涵洞		1.5	−1.5	3	9.0	80	1961.12—1962.11	2015.10 完成封堵。
宜陵地下涵洞		1.67～2.17	−1.0～−1.5	3	10.5	40	1977.12—1978.5 1978.10—1980.5	
五里窑船闸		6.0	−2.5		12.0	40～80	1963.6—1964.5	
宜陵船闸		6.0	−2.5		12.0	40～80	1964.7—1966.1	
芒稻船闸		10.5	−3.0		12.0		1964.10—1966.4	2016.12 完成扩容改造。
江都船闸		7.5	−2.5		10.0		1952.9—1953.7	1965.9—1966.5 进行加固,2013.6 完成封堵。
邵仙套闸		10.5			16.0	70	1998.11—1999.11	2016.7—2017.4 进行大修。

第一节　涵　闸

（一）江都西闸

江都西闸位于江都区境内的新通扬运河河口，西距芒稻河 500 m，东距一站中心线 242 m。该闸建设时间为 1963 年 6 月至 1964 年 5 月，1965 年 12 月管理处代管理，设计流量 505 m^3/s，由于该闸在江都水利枢纽中的重要作用，其被列为大型水闸，2 级建筑物。主要作用：抽水站抽引江水北送时，开闸引水提供水源；里下河地区需用水时，开启闸门自流引江水；抽水站抽排里下河涝水时，关闭闸门，隔断江水；三站发电时，江都东、西闸联合控制运用，配合发电；挡潮、控制下游水位；水情许可时，开闸通航。

随着南水北调东线一期工程的建成，江都西闸已成为南水北调东线工程的第一座水闸。

1. 规划设计

在江都水利枢纽规划上，新通扬运河负担排里下河涝水 400 m^3/s，由于江都抽水站抽排时需隔断通江的芒稻河，因此在新通扬运河上建江都西闸进行控制，江都西闸还是自流引江和抽引江水的供水口门。

江都西闸由省水利勘测设计院设计，水电部批准建设。原设计引江流量 505 m^3/s，而随着里下河地区需水量的不断增加，江都东闸在 1978 年建成时，设计流量达到 550 m^3/s，加上江都抽水站 400 m^3/s 的设计流量，由此，江都西闸总设计流量需达到 950 m^3/s，该流量也是南水北调东线工程江都站调水规划设计中该闸的引水标准。

江都西闸闸总长 103.05 m，总宽 106.27 m，共 9 孔，每孔净宽 10.0 m，南首一孔为通航孔。闸门为弧形钢闸门，设有胸墙。通航孔设有钢质活动胸墙，闸门启闭设备为卷扬式启闭机。

2. 工程施工

1963 年省江都水利枢纽工程处成立。江都西闸由于靠近工程处，因此未成立工务所，由工程处直接领导组织施工，民工由扬州专区泰兴、靖江两县成立总队部，在工地党委统一领导下进行施工，工程的建筑安装部分由省水利厅基本建设工程队承建。工程经营方式由江苏省水利厅基本建设工程队承包，土方部分由工程处自营。工程征用土地、房屋拆迁赔偿安置工作，统一由工程处及江都县共同组成的“江苏省江都水利枢纽工程拆迁赔偿安置委员会”负责办理。江都西闸位于新通扬运河老河槽内，实际征用土地 6.4 hm^2，占用土地 6.5 hm^2，无房屋拆迁。

江都西闸是江都抽水站引江灌溉及排涝作用的咽喉建筑物，建筑在新通扬运河的河槽上，为及时配合一、二站发挥作用，只能在 1963 年汛后开工，要求在 1964 年汛前完成。1963 年 6 月开工筑拦河坝头后一直留有过水口门，至 8 月初封堵拦河坝口配合一站排涝。从拦河坝筑成到闸门安装，直至1964年6月拆坝放水，总工期9个多月。江都西闸地基内极细沙层分布不均，施工中按设计要求，所有闸底板及岸翼墙底板部位极细沙全部清除，挖到壤土层，换填混凝土，再在上面浇筑底板。整个施工过程中，根据施工情况开展技术革新，在使用一站施工过程中创新的电动拉坡机带动铁架胶轮车加快施工进度的同时，又根据电动拉坡机脱钩来不及挂钩卡到变向滑轮里去的情况，加装了自动脱钩器，并进行电动拉坡机定额的测定。江都西闸翼墙内还土时，试用皮带输送机，为以后的施工积累了经验。江都西闸工程总物资约20万t，物料供应按当时规定，统配物资通过中央订货，直线下达，大宗砂石材料由省水利厅组织货源。江都西闸建设过程中，国家经济形势好转，物资供应正常。与江都西闸同时施工的还有二站，施工中需要大量的技术工人，当时的技术力量不能满足两个工程同时施工，因此采取以普代技，大量培养普工的办法。由民工总队选调人员，分别充实瓦工、水泥工、石工、木工基层分队小组。采用业余时间上技术课，现场进行技术练兵的方法，壮大了施工队伍的技术力量，在江都西闸建设中发挥了巨大的作用。

闸门金属构件由省水利厅基本建设工程队加工，铸钢支座、铰链先由镇江矿山机械厂浇铸，由于质量未全部过关，改由戚墅堰机车厂浇铸，在扬州水利机械厂及镇江造船厂两处分别进行加工。15 t启闭机为上海重型机械厂生产，45 t启闭机由郑州水工机械厂生产。闸门及启闭机安装由省水利厅基本建设工程队安装队承担。

江都西闸共完成土方110万m^3，其中闸塘开挖44万m^3，引河34万m^3，闸塘开挖结合打坝2万m^3，施工围堰7.5万m^3，围堰水下方3.6万m^3。混凝土和钢筋混凝土工程2.2万m^3。砌石2.03万m^3，其中浆砌5 687 m^3，干砌8 534 m^3，抛石6 078 m^3。工程造价620.71万元。

3. 工程加固

多年来，江都西闸由于长期处于超标准运行之中，历史最大引水量达1 478 m^3/s(1982年5月26日，其中自流引江水入里下河1 070 m^3/s，抽引江水北送408 m^3/s)，加之工程具有闸孔流量大、挡水落差大、地基条件差、调度工况多的特点，多年运行中出现不少问题和隐患，进行了多次加固处理。

(1) 消能防冲设施加固

自江都四站建成后，该闸自流引江水和抽水时，过闸流量远超过设计标准，加上闸上下游引河系粉质沙土，不冲流速小，造成了上下游引河河床严重冲刷。汛期日平均流量约1 000 m^3/s。1978年大旱，6月22日过闸最大流量达1 340 m^3/s，造成上下游河道冲刷较严重。上游距闸约400 m左右最深达高程−15.5 m，闸下游防冲槽因河床冲刷倒塌，一般冲深到高程−6.6 m，干砌块石海漫局部被冲刷破坏。1979年下半年至1980年汛前对闸下干砌块石护坦进行了修复，闸下干砌海漫整理修复平整，灌砌成间距1 m的井字形格子，灌砌面宽40 cm，以增加防冲能力；在防冲槽坍塌处作抛石处理并向外延伸2 m。并在上下游防冲槽外采用聚丙乙烯软体沉排防护，上下游防冲槽外河床护聚丙乙烯软体沉排24 150 m^2，其中下游软体沉排顺水流方向长50 m，宽110 m；上游护坦处软体沉排2块，其中近闸的一块顺水流方向长20 m，宽110 m，另一块顺水流方向长90 m，宽100 m；上游北岸护坡距上游翼墙末端80 m始，至210 m止，高程从0 m向下顺坡铺有3块软体沉排，宽70 m。1980年10

月省水利勘测设计院复核确定江都西闸的日平均流量应控制在 700 m^3/s 以内、瞬时流量不超过 1 000 m^3/s。软体沉排防护使用 7 年后检查，虽过闸流量超设计流量约 2 倍(1982 年 5 月 26 日，瞬时最大流量曾达 1 478 m^3/s)，排体稳定覆盖基本良好，闸上游排面淤积厚度 30～40 cm，闸下游亦停止冲刷。

1994 年 6 月，苏北旱情严重，江都抽水站抽引江水北送，新通扬运河自流引江，江都西闸按日平均流量 700 m^3/s 以内、瞬时流量不超过 1 000 m^3/s 控制。同年 8 月份旱情仍无缓解迹象，省水利厅决定江都西闸引水流量加大到日平均 800 m^3/s，瞬时流量不超过 1 000 m^3/s，并决定对江都西闸上游北岸易冲段进行抛石抢护。8 月 15 日下午开始抛石，9 月 2 日上午抛石工程全部完成。抛石范围从 0＋240 至 0＋450 断面，长 210 m，护脚段抛石宽度10 m，厚度为 1.0～1.5 m，护坡段宽度 15～25 m，厚度约为 0.5～0.6 m，共抛石 11 244.5 t。1999 年 11 月至 2000 年 4 月，将上游干砌块石护坡翻砌成浆砌块石护坡，其中左岸长 450 m，右岸长 630 m。并新建挡浪墙。

(2) 下游翼墙抗倾及截渗加固

该闸上下游第一节翼墙为钢筋砼扶壁式，基础坐落在重粉质壤土上，第二、三节翼墙均为浆砌块石重力式结构，基础坐落在粉沙土上，翼墙墙后填土均为粉沙土。1980 年发现下游左翼墙第二节在高程 3.5 m 处有一条水平裂缝，后发展成通缝，第二、三节翼墙出现不等沉陷、前倾变形。1991 年 7 月 27—29 日，三江营高潮水位高于 5.0 m，最高水位为 5.85 m，相应闸下抽排水位为 1.6 m 至 1.8 m，下游翼墙后最高水位 4.0 m。致使该闸长时间处于高水位差工况下运行，最高达 4.25 m，下游翼墙墙前后水位差最大达 2.4 m，从而导致下游左翼墙存在渗漏途径的第二节及第二、三节交接处发生渗漏、流沙现象。故在 1991 年至 1992 年对下游翼墙实施了加固处理，具体措施如下：①左下翼墙墙前(冒沙处)用土工布做了反滤导渗棱体；②左下翼墙后新钻三口减压井；③在左右岸墙侧用高压摆喷法各筑 45 m 长防渗刺墙一道；④在下游两侧顺河向用高压摆喷法各筑防渗墙一道；⑤在第二节翼墙前趾处灌水泥浆固基；⑥第二、三节翼墙水平裂缝以下墙体拆除重建；⑦第二节翼墙墙体埋设排水管及滤水器；⑧翼墙间伸缩缝及第三节翼墙垂直裂缝用水溶性聚氨酯堵漏处理；⑨下游翼墙末段 20 m 范围内砌石护坡翻建；⑩第二节翼墙后挖土减载，回填煤渣，表面做水泥护面等。

(3) 堤防加固

1997 年，根据省水利厅对江海堤防达标建设的要求，对江都西闸堤防工程存在的问题，依据有关防洪堤防设计标准，实施江都西闸堤防达标加固工程，工程由处设计室设计，经频率分析计算及受益范围分析，江都西闸上游堤顶高程经省水利厅批准，确定为 8.20 m。堤防加固范围：左岸 0＋030～0＋480 段，右岸 0＋030～0＋605 段；左岸护坡自高程 0.0 m 至坡顶 7.4 m，右岸护坡自高程 3.0 m 至 8.2 m，左岸建挡浪墙至 8.2 m，护坡采用 100 号翻砌灌浆，厚 30 cm，新建护坡下设碎石垫层 10 cm。

江都西闸上游堤防达标加固工程 1999 年 12 月开工，2000 年 4 月其主体工程基本完成，共完成土方 6 907 m^3，混凝土 382 m^3，浆砌块石 7 872 m^3，堤防加固总长 1 055 m，共使用经费 300.22 万元。

(4) 上游引河切滩整治工程

江都西闸上游引河为1958年开挖的新通扬运河河口段，它与芒稻河呈90°的交角，建闸时上游引河工程段以外河底宽40 m，河底高程－4 m。随着引水流量的增加，上游北岸冲刷严重，深泓偏北，最深处曾达高程－15.3 m，1979年初，江都西闸上游右岸距闸130 m至芒稻河口，高程1.0 m以上，以半径450 m切滩，切滩长度300 m；高程－0.5 m至9 m砌有干砌块石护坡，坡度1∶3。护坡向外滩地挖至高程1.0 m，退建后新通扬运河与芒稻河的交角为120°～125°，水流流态有了初步改善，但切滩退建后留下的滩地仍使主流偏北，北岸冲刷问题仍未解决，同时长江低潮位时引水断面过小，引水流量减小，流速加大，影响工程安全和效益的发挥。整治工程主要内容有：南岸滩地以边坡1∶3向下疏浚至－5.0 m；清除北岸阻水的老扒扒桥闸旧基；对北岸易冲刷的部位进行抛石防护。工程于2001年10月31日开工，2001年11月7日至2002年3月25日完成江都西闸上游引河南岸淤滩切除工程；2002年1月26日至2002年3月6日完成老扒扒桥闸旧基拆除及抛石护底工程；2002年1月16日至2002年3月18日完成江都西闸上游引河北岸抛石防护工程；2003年1月23日竣工验收。江都西闸上游切滩整治工程完成土方26万m^3，抛石护岸12 470 m^3，老扒扒桥抛石护底2 000 m^3，闸基清除3 200 m^3。工程总投资526.8万元。

(5) 江都西闸除险加固工程

根据水利部《关于南水北调东线第一期工程长江至骆马湖段(2003)年度工程江都站改造工程、淮安四站工程、淮安四站输水河道工程、淮阴三站工程初步设计的批复》(水总〔2005〕350号)，江都西闸按设计流量950 m^3/s进行除险加固，主要内容见表9-2，加固工程投资概算1 837.74万元。江都西闸除险加固工程于2006年2月28日开工，2006年10月3日完成工作桥排架抗震加固；11月21日完成公路桥工程；11月27日完成工作桥改造；12月2日完成工作便桥工程；12月30日完成启闭机房、桥头堡工程。2007年4月1日完成混凝土表面防护；4月20日完成门槽埋件制作与安装、启闭机设备制作与安装；4月29日完成翼墙加固工程；5月10日完成弧形闸门制作与安装。2008年4月20日完成下游消能防冲。2007年5月18日通过水下工程阶段验收，2008年12月9日通过试运行验收，2008年12月29日通过单位工程验收，2012年12月25日通过合同项目验收。

表9-2　江都西闸除险加固工程主要项目一览表

序号	项目名称	施工内容	备注
一	建筑物工程		
1	土方工程	翼墙后土方开挖，防冲槽水下挖方。	
2	拆除工程	拆除原钢闸门、启闭机、公路桥、南北两侧桥头堡。	
3	砌石工程		
(1)	浆砌石挡土墙	高程1.5～5.5 m采用浆砌石挡墙，顶部宽0.55 m、厚0.30 m的砼盖顶；中部为M10浆砌块石；底部为宽4.4 m、厚0.6 m的砼底板，基础埋深1.2 m。	

续表

序号	项目名称	施工内容	备注
(2)	浆砌块石护坡	高程5.5～9.0 m采用浆砌块石护坡，面层为0.3 m厚浆砌块石，下垫0.1 m碎石、0.05 m黄沙及土工布，底部为0.6 m×0.8 m砼齿坎，水平方向每20 m设一道0.4 m×0.6 m砼格埂。	
(3)	下游防冲槽水下抛石	距西闸下游底板边线103 m处，防冲槽面高程−7.0 m过渡到−8.0 m，底高程−10.5 m；防冲槽结构软体沉排抛石，沉排采用宽幅复合(加筋)增强土工布380 g/m^2，沉排上铺设平均厚度30 cm，抛石平均块石粒径不小于30 cm；局部护坡抛石压脚。	
4	砼工程		
(1)	公路桥重建	新建9 m宽公路桥，标准为公路2级。	
(2)	上游闸墩接高	从高程3.0 m接高到高程8.0 m。	
(3)	工作便桥加宽	在上游闸墩接高的基础上，便桥加宽2.5 m。	
(4)	排架加固	在两排架柱之间浇筑2 m高的钢筋砼墙体将排架和闸墩连成整体。	
(5)	工作桥改造	桥磨耗层、工作桥边缘、机墩凿除，现浇砼机墩、启闭机房排架柱及大梁。	
(6)	新建启闭机房及桥头堡	新建启闭机房638 m^2，桥头堡拆除重建403 m^2。对原办公楼进行维修改造。	
(7)	翼墙加固	墙后水泥桩搅拌加固，铺土工布一层，上铺种植土50 cm。	
(8)	砼表面碳化处理	胸墙、工作桥排架、工作桥大梁、便桥大梁、闸墩上游高程3.0 m、下游高程0.0 m以上用环氧厚浆防护。	
二	机电设备及安装工程		
1	电气设备及安装		
(1)	电气设备	更新电气设备：配置高压开关柜1台，高压负荷开关柜1台，干式变压器1台，低压开关柜3台，现场控制箱5台，柴油发电机组1套，防雷接地1套，各式灯具64套。	
(2)	电力电缆	更新电力电缆：布设电缆桥架130 m，各式电线电缆2 500 m。	含控制电缆。
(3)	控制电缆	更新控制电缆。	
2	公用设备及安装工程		
(1)	计算机监控系统	控制室微机工作台1套，监控计算机2台，闸门开度仪9台。上下游水位计各1台，PLC柜1台及相关的软件程序(操作系统、数据库软件等)。	

续表

序号	项目名称	施工内容	备注
(2)	计算机监视系统	视频主机1台，网络交换机1台，不间断电源1套，彩色摄像机16台。	
(3)	消防设备	增设消防设备。	
三	金属设备及安装工程		
1	闸门设备及安装	对门槽进行改造，安装轨道，更换钢闸门。	
2	启闭设备及安装	拆除旧启闭机，安装新启闭机。	
四	其他项目		
	增设检修门	增设检修门、电动葫芦及轨道。	

（二）江都东闸

江都东闸位于江都区境内，新通扬运河上，距江都西闸1.5 km，距四站中心线430 m，该工程与江都西闸一起构成江都抽水站抽、排的东、西控制口门。1958年新通扬运河开挖时，建造江都闸，设计引水流量290 m^3/s。后为提高引江能力，1977年11月开工兴建江都东闸，1978年3月工程竣工、验收。1979年冬江都闸拆除。江都东闸设计流量550 m^3/s，为4级建筑物。主要作用：当里下河地区需水时，开闸自流引江水；当江都抽水站开机排涝时，开闸排里下河涝水。

江都闸位于离芒稻河口约2 000 m的新通扬运河上，1958年12月开工兴建，1959年8月底竣工，1979年冬拓宽新通扬运河时拆除。设计流量引水290 m^3/s，排涝1 490 m^3/s。主要作用是自流引江，灌溉里下河及沿海垦区120万 hm^2 农田；江都抽水站开机排涝时，开闸引排里下河地区涝水。

江都闸经1958年水利会议通过列入计划并上报，它与泰州引江河引江闸为第一期引江济淮枢纽工程的重要组成部分，规划时以泰州引江河为主，通扬运河为辅，集中引取江水，以灌溉里下河腹地及滨海地区。

江都闸扩大初步设计由江苏省水利厅勘测设计院设计。江都闸闸总宽71.7 m，共10孔，每孔净宽6 m。分5块底板，设有胸墙、公路桥、工作桥、工作便桥，闸底板上下游布置有消力塘、海漫和防冲槽，闸身两侧布置有重力式浆砌块石岸墙、翼墙及干砌块石护坡，在两侧岸墙部位附设有水力发电设备，发电能力为88 kW。闸门采用钢架木面板结构平面直升门，设有平衡砣。

1958年12月初正式开挖江都闸闸塘，至1959年8月底闸门、启闭机安装工程基本完工。工程总投资257.64万元。闸身工程的主要工程数量：土方29万 m^3，浆砌块石7 218 m^3，干砌块石3 726 m^3，混凝土12 654 m^3，闸门钢材152 t。

1. 规划设计

江都东闸原规划是为解决里下河地区和滨海垦区的水源短缺问题，利用新通扬运河专线输水，高潮时自引江水，低潮而自流引江水困难时，关闸利用江都抽水站余力，抽江水经江都送水闸入新通扬运河补给里下河和垦区用水，或淮河有余水时，经江都送水闸入新通扬运河。原规划兴建江都送水闸，要保留江都闸。按照南水北调规划，引江水由 250 m^3/s 扩大到 550 m^3/s，需拆旧闸建新闸，因此拆除江都闸，建江都东闸。实际运用中，江都东闸与江都西闸一起为自流引江水的控制工程。

江都东闸闸总长 120 m，总宽 91.2 m，共 13 孔，其中南侧边孔 1995 年改造为通航孔。上扉门为钢筋混凝土平面直升门，下扉门原为钢筋混凝土平面直升门，1991 年改造为钢结构闸门，设有胸墙，通航孔为活动胸墙。闸底板共分 6 块，两侧岸墙各挑出半块，底板高程 −7.0 m，上下游设消能设施。公路桥布置在上游侧，工作便桥布置在下游侧，在便桥与公路桥中间为工作桥。左右采用空箱式岸墙。上游翼墙采用圆弧型式，其中第一、二节翼墙为圆弧连拱空箱结构，第三节为重力式结构。下游翼墙采用八字形斜坡式连拱挡土墙。

2. 工程施工

江都东闸由扬州地区水利局组成的江都四站配套工程处负责施工，建筑物工程由省水建总队一队负责，土方工程及建筑物工程所使用的杂工由姜堰、兴化治淮工程团配合组织。1977 年 11 月 1 日开始筑上下游拦河坝，至 11 月 13 日完成。12 月 7 日基本完成闸塘土方第一期开挖任务。12 月 9 日开始混凝土浇筑。至 1978 年 1 月下旬完成闸墩、岸墙及工作桥架的浇筑，至 3 月 4 日完成主要大型预制构件的预制、吊装。3 月 20 日前完成启闭机安装及试运转工作。3 月 25 日由省水利局、扬州地区水利局会同有关单位进行竣工验收，4 月 5 日拆坝放水。

江都东闸工程总投资 429.8 万元，其中回收 13.51 万元，工程造价 416.29 万元(不包括土方经费)。完成土方 60.17 万 m^3，浆砌块石 867 m^3，干砌块石 3 265 m^3，灌砌块石 3 196 m^3，混凝土及钢筋混凝土 17 086 m^3。耗用水泥 6 290 t，黄沙 20 267 t，钢筋 354 t，型钢 180.3 t，块石 14 374 t，碎石 31 804 t，木材 1 372 m^3。

3. 加固改造

(1) 下扉门更新改造

江都东闸下扉门因梁格和面板出现大量裂缝，影响安全运行。1990 年下扉门更新改造由处设计室设计，省水利厅批准，其中项目有更换 13 孔下扉门为钢闸门、工作桥加宽 0.8 m 及增设检修门库一座等，总经费 105.6 万元。工程于 1990 年 8 月 27 日开工，1991 年 12 月 31 日主体工程结束，1992 年 10 月 5 日验收。原设计开闸水位差 1.0 m，关闸水位差 0.5 m，实际操作中水位差超过 0.3 m，闸门就不能关闭。加固设计中改善滑动装置，用不锈钢作滑道，尼龙块作滑块。加固后的启门、闭门水位差分别由原来的 1.0 m、0.3 m 提高到 1.5 m、0.5 m。

(2) 东、西闸通航改造

多年来，由长江前往里下河腹地的船舶需经芒稻船闸向北绕道。江都水利枢纽位于新通扬运河的河口，其中江都西闸设有通航孔，而江都东闸未设通航孔，因此只需在江都东闸将一节制孔改造为通航孔即可实现通航，节省船舶通船费用。1995 年由处设计室设计，省水利厅批准，江都东、西闸进行通航改造。改造内容：将江都东闸南侧第 13 号孔改造为通航孔，更换上下扉门为平面钢闸门，上扉门顶高程 4.5 m，底高程 1.3 m，下扉门顶高程1.5 m，底高程－1.6 m，高程－1.6 m 以下设置浮式叠梁钢闸门 7 块及钢筋混凝土压重块一块，在水位流量允许的条件下实行通航，大流量引、排水时停航，并将浮式叠梁闸门吊出增大过流。改造工程于 1995 年 6 月开工，同年 11 月竣工。1996 年 1 月江都东、西闸开始正式通航。

（3）清污机工程

根据水利部《关于南水北调东线第一期工程长江至骆马湖段（2003）年度工程江都站改造工程、淮安四站工程、淮安四站输水河道工程、淮阴三站工程初步设计的批复》（水总〔2005〕350 号），清污机工程于 2006 年 12 月 31 日江苏水源公司以苏水源工〔2006〕150 号文明确清污机桥及清污设备由江都东闸除险加固工程建设处建设管理，建设处与江都东闸除险加固工程建设处签订委托合同。东闸下游清污机桥及清污机安装 2006 年 3 月 3 日开工，完工日期为 2007 年 6 月 1 日；12 台回转式清污设备制造（采购）2005 年 10 月 15 日开工，完工日期为 2007 年 4 月 27 日；电气设备采购与安装工程 2006 年 12 月 18 日开工，完工日期为 2007 年 5 月 20 日。2009 年 11 月 10 日通过试运行验收，2010 年 10 月 11 日通过江都东闸除险加固清污机工程单位工程验收。2012 年 2 月 25 日通过江都站合同项目验收。

（4）除险加固工程

工程于 2005 年 7 月 22 日正式开工，2006 年 8 月 1 日进行水下工程阶段验收，至 2007 年 4 月 20 日，批准项目基本实施完毕，主要工程项目全部完工。除险加固工程详见表 9-3。

表 9-3　江都东闸除险加固工程项目内容表

序号	工程项目	工程内容	备注
一	建筑物工程		
1	闸身抗震加固	在下扉门位置的底板上增设砼底槛，双号孔闸室增设两道 50 cm×80 cm 的 C25 砼撑梁。	
2	闸墩及排架加固	13 孔门槽老砼凿除、凿毛，打锚固孔，安放药卷锚固剂，制、安钢筋，浇筑砼。 原设计排架 6.0～9.3 m 每边 10 cm，钢筋全部剥离，再打锚筋孔浇筑砼。接高至高程 11.5 m。	排架加固经省厅同意变更为高程 6.0 m 以上混凝土全部凿除，浇筑 C25 砼至高程 11.5 m。
3	公路桥及工作桥拆除重建	拆除原公路桥，新建公路桥荷载标准为公路2 级，桥宽 9 m，单号孔简支 T 形梁预制安装，双号孔现浇 T 形梁板结构，固支于闸墩。 拆除原工作桥，新建工作桥为 Π 形结构，桥面总宽 5.1 m。	

续表

序号	工程项目	工程内容	备注
4	闸墩砼碳化处理	对闸墩及排架用高压水冲洗，表面清理、修补；闸墩环氧厚浆二度防护，排架环氧厚浆一度、喷真石漆一度和保护膜一遍，真石漆采用高压无气喷涂工艺涂装。	
5	增建工作桥上启闭机房并改建桥头堡	启闭机房、桥头堡为框架结构，面积 999 m^2（其中桥头堡 407 m^2），门窗采用塑钢结构。	
6	新建管理设施及配套工程	新建管理用房 1 600 m^2，防汛仓库等 300 m^2。	
二	机电设备及安装工程		
	电气设备更新改造	电气设备：对动力、照明系统进行全面更新改造，配置干式 250 kVA 变压器 1 台，高压柜 1 台，现场控制箱 7 台，低压开关柜 4 台，PLC 柜 1 台，布设电缆桥架和各式电缆，柴油发电机组一套，防雷接地安装等。 自动控制系统：工控机 1 套，视频主机 1 套，液晶电视机 2 台，打印机 1 台，水位计及显示仪各 2 套，闸位计 13 套。 视频监控系统：视频监控系统摄像机包括 13 台彩色定点摄像机，分别安装在 13 孔工作桥下面，以及 3 只球形一体化彩色摄像机，安装在北桥头堡三楼上下游、启闭机房内。	
三	金属结构设备及安装工程		
	闸门及启闭机更新改造	下扉钢闸门：新制钢闸门计 13 扇，更换闸门埋件；闸门及埋件喷锌防腐，每扇 17.4 t。 上扉钢闸门：由原 12 孔下扉钢闸门清洗、改造而成，每扇 8.84 t，13# 孔上扉门为新制作钢闸门，每扇 9.22 t。 启闭机：新制 13 套 QP-2×160 kN-9.5 m 固定式卷扬启闭机，上扉门用 2 台 2×100 kN 电动葫芦启闭。 拆除工程：包括原工作桥及启闭机、胸墙、下游便桥、检修门电动葫芦及轨道、上下扉门、通航孔下扉门底槛、桥墩头堡等项目拆除。	

续表

序号	工程项目	工程内容	备注
四	临时工程	施工导流、截流工程：新制44块浮箱叠梁检修门，在上下游吊放检修门，潜水堵漏。 其他临时工程：主要为施工单位进退场，施工供电、供水、照明、通信、临时办公及生活福利房屋，施工期环境保护设施等。	
五	其他		
1	其他项目	两侧岸墙盖板拆建。	
2	概算项目调整	装饰工程：启闭机房、桥头堡及防汛仓库外墙贴通体面砖，内墙刷乳胶漆，地面贴地砖。 整修工程：包括通航设施、道路恢复及翼墙环境整治等。	

(5) 清污机启吊便桥工程

2006年至2007年江都东闸下游新建了12台回转式清污机。2007年8月省水利厅以《关于江都东闸下游清污机启吊便桥工程初步设计和概算的批复》，同意在清污机外侧布置钢筋混凝土便桥一座。批复工程概算经费651.79万元。

启吊便桥及引桥总长173.2 m，桥面宽度根据启闭机布置要求定为4.0 m，为满足清污机启闭及通航要求，桥面高度定为6.65 m。全桥共分20跨，中间12跨，每跨长7.1 m；南北引桥各4跨，除南侧通航孔跨长18 m外，其余跨长均为10 m。桥面布置卷扬式启闭机12台套，配套电机功率7.5 kW，对应闸上清污机一栅一机。

清污机启吊便桥工程2007年11月开工，完工期为2008年8月。

(三) 芒稻闸

芒稻闸位于江都区境内的芒稻河河口上，上游80 m处为高水河。它既是江都水利枢纽工程组成部分，又是淮河入江工程之一。该闸1964年9月动工兴建，1965年7月竣工，1966年8月管理处代管。设计流量830 m^3/s，校核流量900 m^3/s，2级建筑物。主要作用：江都抽水站抽引江水北送时关闸隔断江水；江都抽水站抽排里下河涝水时，开闸将涝水全部或部分排入长江(视苏北北部水情)，当淮河发生洪水时，可下泄部分淮河洪水入长江。

1. 规划设计

江都水利枢纽工程规划中，为防止江都抽水站抽引江水北送时抽水外流入江，抽排里下河涝水时能及时退水入江，需在芒稻河上兴建芒稻控制工程，即芒稻闸和芒稻船闸，芒稻控制工程建成后，闸上水位抬高，改善了船舶航运条件。

芒稻闸工程扩大初步设计1963年由省水利勘测设计院设计，水电部批复同意列入1964年计划，省计划委员会代部审批，芒稻闸工程技术设计文件由省计划委员会、省水利厅于

1964 年 9 月 28 日批准下达。

芒稻闸闸总长 157 m，总宽 82.25 m，共 7 孔，每孔净宽 10 m。分 3 块钢筋混凝土平底板，钢筋混凝土闸墩，上部设有交通桥、工作桥、工作便桥。闸身两侧设有空箱扶壁式岸墙。上游翼墙为圆弧形，第一节为钢筋混凝土扶壁式，第二、三、四节为浆砌块石重力式翼墙；下游翼墙为八字形，第一节为钢筋混凝土扶壁式，第二节为浆砌块石重力式导流墙。

2. 工程施工

芒稻闸工程由省水利厅基本建设工程队施工。其中土方工程由泰兴、姜堰工程总队施工。1964 年 9 月 18 日开始筑拦河坝，1965 年 3 月 18 日主体工程浇筑完成，4 月 10 日至 5 月 13 日安装闸门，7 月 3 日拆坝放水，配合江都抽水站抽排里下河涝水，待排涝结束后，正式安装启闭机。芒稻闸水下土建工程全部完成时，施工单位会同工地建设银行、管理处等单位进行了检验，工程竣工时未办理正式验收。

芒稻闸工程造价 434.8 万元，完成土方 47.2 万 m^3，石方 14 393 m^3，混凝土及钢筋混凝土 16 715 m^3，水泥 3 956 t，钢材 137 t。

3. 工程加固

(1) 堤防加固

1997 年，根据省水利厅对江海堤防达标建设的要求，对芒稻闸下游堤防工程存在的问题，依据有关防洪堤防设计标准，实施芒稻闸下游堤防达标加固。工程由引江水利水电设计研究院设计，将芒稻闸下游 50 年一遇水位作为设计水位，经省水利厅批准，确定芒稻闸下游堤防堤顶高程为 8.2 m。堤防加固范围：芒稻闸下左岸 0＋500～0＋700 增做灌砌块石护坡，0＋060～0＋140 处坍塌的干砌块石护坡进行清理、回填后再建灌砌块石护坡，对其余原有干砌块石护坡进行全面翻砌、灌浆。对下游左堤堤防进行加宽加高至高程 7.2 m、顶宽5 m，并将堤防外侧洼地回填至高程 7.2 m，迎水面建浆砌块石挡土墙，长 800 m，并在其上部加做 1 m 高、0.2 m 厚挡浪板至高程 8.2 m。工程于 2003 年 12 月开工，2005 年 6 月主体工程全部完工，共完成土方 4.33 万 m^3，混凝土 2 725 m^3，钢材 15.5 t，浆砌块石 5 148 m^3，抛石 8 216 m^3，实际使用经费 997.33 万元(其中征地拆迁 400 万)。

(2) 沿运闸洞漏水处理工程

南水北调东线一期沿运闸洞漏水处理工程中安排对芒稻闸进行了漏水处理，包括拆除旧闸门、新钢闸门厂内分片制作、门槽埋件改造、闸门现场拼装和安装等施工内容。2012 年汛期主要进行闸门及埋件的制作，根据水情条件，2012 年 10 月进行检修门、安装平台拼装等现场施工准备，11 月全面进行闸门更新施工，12 月 20 日进行第一孔新闸门现场安装。到 2013 年 3 月底闸门更换全部完成，具备挡水条件。

(四) 江都送水闸

江都送水闸位于四站上游引河东侧，距四站中心线 400 m。该闸于 1977 年 12 月动工兴建，1978 年 10 月竣工，设计流量 300 m^3/s，为 2 级建筑物。主要作用：在冬春季长江低潮而江都东闸自流引江困难时，利用江都抽水站抽江水经江都送水闸或淮河有余水时开启江都送水闸入新通扬运河，向里下河补水，以改善水质，冲淤保港。

1. 规划设计

根据省治淮指挥部、省水利厅下达的规划数据，江都送水闸冬春送水经新通扬运河进入里下河 300 m^3/s，其中 100 m^3/s 由三阳河输水向北，200 m^3/s 由宜陵闸以东新通扬运河北岸各口门输入里下河。按兴化水位 1.1 m，泰州水位 1.2 m，宜陵水位 1.5 m，江都送水闸闸下1.7 m控制送水。闸的规模按闸上水位 6.00 m，闸下水位 1.70 m，向东送水 300 m^3/s。

江都送水闸扩大初步设计由扬州地区治淮指挥部设计室设计，工程还包括：上游引河北岸离翼墙 9 m 处设引水洞 1 座，在北岸堆土区后侧附设排水沟一条，沟底高程 4.0 m，底宽 1.0 m，两边坡度 1∶2，引水洞入排水沟处北侧做干砌块石护坡 20 m；在堆土区东侧设直径 1.0 m 退水涵洞 1 座和浆砌块石宽 2 m 的码头 7 座；从引江桥口沿高水河北堤到江都东闸南新建柏油外事公路 1 条，长 1.78 km，路面宽 5 m。

江都送水闸闸总长 103.04 m，闸总宽 21 m，共 3 孔，每孔净宽 6.0 m。一块钢筋混凝土平底板，闸门部位为 2.0 m 高的钢筋混凝土实用堰，上部设有交通桥、工作桥、工作便桥。下游设有消力池。翼墙上游采用圆弧型式，上游左侧六节、右侧四节、第一节翼墙采用浆砌块石空箱混凝土连拱型式，第二、三节为浆砌块石扶壁式，上左第三节翼墙结合引水涵洞洞首布置，第四节为重力式；下游翼墙设有三节翼墙，均为浆砌块石扶壁式。

2. 工程施工

江都送水闸由扬州地区水利工程队负责施工，土方工程和部分引河块石护坡工程由兴化治淮工程团施工，部分尾工和上下游削坝由姜堰治淮工程团配合进行。拆迁工作由江都县拆迁办公室负责。1977 年 12 月上旬开挖引河和闸塘，在此期间扬州地区治淮指挥部设计室完成扩大初步设计，主要项目除送水闸本身外，还有水闸上游左侧的引水涵洞和高水河北岸至引江桥的外事公路。1978 年 2 月地区工程队进场，5 月建筑物工程全面施工，1978 年 10 月底基本完工，具备放水条件。1979 年 1 月 6 日进行验收移交，1979 年 3 月底拆坝放水。根据工程验收会议和省水利局、地区水利局的有关审定增做上游引水洞出口护坡接长10 m，下游河坡从高程－5.0 m 至－1.0 m，1∶3 块石护坡接长 30 m，外事公路从江都送水闸北端向南 200 m 增宽 2 m。

该工程造价 299.41 万元。完成主要工程量：石方 913.3 m^3，混凝土和钢筋混凝土 765.9 m^3，耗用钢材 100 t、木材 258 m^3。

3. 工程加固

（1）下游翼墙前倾处理

1987 年 3 月汛前检查中，发现江都送水闸下游左、右第一节翼墙前倾，其中左侧前倾 3 cm，右侧前倾 3.7 cm。1997 年 8 月 4 日开始下游翼墙伸缩缝观测，并上报省水利厅下游翼墙加固方案。1999 年 4 月，由江苏省水利勘测设计研究院做“江都送水闸下游翼墙前倾处理可行性研究”。2001 年 3 月，省水利厅在防汛急办项目中安排“江都送水闸下游翼墙前倾处理”。2001 年 10 月由江苏省引江水利水电设计研究院（以下简称处设计院）做“江都送水闸下游翼墙前倾处理初步设计”。采用支撑的方式在下游第一节翼墙对应的第二、三扶垛设四道钢筋混凝土撑梁。同时将翼墙墙后填土表面局部挖除 20 cm，填 10 cm 厚砂石垫层夯实后，做 10 cm 厚混凝土护面，在公路挡土墙前及护坡前沿做排水沟，将墙后及高地雨水导向水闸下游，减少地表水向墙后渗透，以控制墙后水位。工程于2001年11月1日开工，12月28日竣工。工程总经费26万元。

(2) 闸门和启闭机更新、工作桥加固

2011年5月至11月，送水闸完成闸门和启闭机的更新、工作桥加固，工程总经费80万元。

（五）运盐闸

运盐闸位于江都区与邗江区交界的运盐河上，邵仙闸的西侧，北通邵伯湖，南接高水河，既是江都水利枢纽工程组成之一，也是淮河入江水道归江控制工程之一。该闸建设时间为1963年10月至1966年5月，1999年10月进行加固改造。设计流量830 m^3/s，为2级建筑物。工程主要作用：当江都抽水站抽引江水北送时，运盐闸关门挡水保证里运河水源，亦可打开运盐闸向邵伯湖补水300 m^3/s；当淮河发生洪水时，由运盐闸排泄830～900 m^3/s经芒稻闸入江。

1. 规划设计

运盐闸由省勘测设计院勘测设计，工程扩大初步设计1964年经水电部批准，技术文件由省计划委员会审核。1965年2月，经省计委、交通厅、水利厅共同会审批准，根据江都水利枢纽工程规划和淮河入江水道的规划，本工程起挡水、排洪、引水、通航等作用，排洪按淮河300年一遇洪水，泄流830 m^3/s设计，淮河1 000年一遇洪水，泄流900 m^3/s校核。

运盐闸闸总长132.05 m，总宽71.8 m，原为7孔，其中节制孔5孔，通航孔2孔，1999年运盐闸加固改造时，将2孔通航孔改为4孔节制孔，现为9孔。底板分3块，为适应闸门布置，底板向下凹成弧形门库。闸墩为钢筋砼结构，墩厚：通航孔1.4 m，节制孔1.1 m，改造后通航孔中间增设1 m厚的中墩。上部设工作桥、人行便桥，1987年在上游增设检修便桥桥面。运盐闸闸门上下扉型式，上扉：节制孔为钢筋混凝土平面直升闸门，通航孔为钢架钢筋混凝土面板平面直升闸门；下扉：节制孔为钢架钢筋混凝土面板下卧式弧形闸门，通航孔为下卧式弧形钢闸门。闸门启闭用一台移动卷扬式启闭机。1999年加固改造后闸门改为单扉平面直升钢闸门，增设混凝土胸墙，启闭机改为固定卷扬式平门启闭机。翼墙采用110号少筋砼半重力式结构，上游右岸为圆弧形，左岸为直线形，均分3块，下游左岸及右岸均为圆弧形，分为3块。

2. 工程施工

运盐闸位于运盐河的弯道上，其上游临近邵仙洞的进口，下游与邵仙闸下游引河汇合，为了使水流平顺和上下游引河开挖土方不至过多，闸中心线稍显弯曲，上下游均以翼墙、护坡与两岸及邵仙涵洞连接。

由于该闸设计考虑通航要求，就其闸位置地形而言，通航布置是比较困难的，一是闸址在弯道上，二是邵仙闸泄流对运盐闸有横向流速，根据水工模型试验决定靠近闸中间布置两个通航孔，使上述影响尽可能减少，两通航孔之间布置了三个节制孔，使来往船只错开。

运盐闸建筑物工程和机械安装由省水利厅基建队负责施工，土方工程和杂工由泰兴县总队负责。1965年9月14日开工，1966年5月17日通过验收，1966年5月25日拆坝放水，26日江都抽水站抽引江水向里运河送水，该闸发挥挡水作用。

该工程总造价225.98万元，共完成土方32.8万 m^3，石方8 369 m^3，砼及钢筋砼10 302 m^3，钢筋297 t，闸门钢材125 t，木材1 203 m^3。

3. 工程加固

运盐闸闸门原为上下扉门结构，上扉门为平面钢架砼面板直升门，通航孔下扉门为钢结构弧形，下卧式结构，节制孔为钢架砼面板弧形下卧式结构。上下扉门均采用联动装置，开启上扉门时，节杆启动上扉门上升，下扉门在自重作用下随之下降，进入门库内，完成开闸过程。启闭机原为上海重型机械厂产2×10 t绳鼓式，配行车一台。

由于高水河水位常年均在6.0 m以上，而邵伯湖控制水位在4.5 m，30多年来，运盐闸开闸次数不多，大部分时间处于关闭状态，已失去了原设计的通航功能，弧形门及支铰常年处于水下，由于支铰的限制，下扉门门底最高只能提到高程5.5 m，所以建闸以来，该闸各孔下扉门及支臂一直未能得到正常的维护，门体锈蚀，止水老化，闸门漏水严重，经省水利工程建设质量检测中心检测，门体锈蚀率均达到40%以上，最高达70%；另外，门库严重淤积，影响闸门的正常启闭；水上砼构件大面积碳化；7孔闸门配备1台门式启闭机，操作不便，且一旦门机发生故障，将导致所有闸门无法启闭。针对上述存在问题，省水利厅批准对运盐闸工程进行加固改造。加固项目有：①通航孔增设小隔墩。原2孔通航孔改为4小孔，中间加小隔墩，每小孔净宽6.0 m，小隔墩厚1.0 m，顺水流方向长度5.5 m，墩顶高程上游侧10.5 m，下游侧9.0 m，排架厚0.4 m，排架伸至工作桥大梁底。②取消上扉门，增设胸墙。墙顶高程9.0 m，墙底高程5.5 m，墙厚0.3 m，在胸墙底部和中部加设横梁。③下扉门更换。将原7孔桁架式弧形门更换成9孔实腹式钢结构平面直升门。④启闭机改造。取消现有门机，每孔配一台QPQ2×160 kN启闭机。⑤闸身环氧厚浆涂料防护。对闸身常水位以上所有砼构件采用H52-S2环氧厚浆封闭防护。⑥增设启闭机机墩。配合闸门启闭方式的改变，在工作桥上凿闸门滑轮孔，孔径60 cm×80 cm，机墩断面垂直于大梁方向为30 cm×30 cm，平行于大梁方向为25 cm×330 cm。⑦人行桥拓宽。原人行桥狭长，总宽仅为2.6 m，采用拓宽翼缘的方法将人行桥拓宽为3.0 m。⑧下游河道清淤。⑨ 增建启闭机房，结构型式为轻型彩钢板，总面积424 m^2。

邵仙闸洞、运盐闸除险加固改造工程总投资627万元，其中运盐闸501.5万元。经公开招标，省水建总公司中标，负责承建运盐闸加固工程。1999年10月开工，2000年12月竣工，2002年8月验收。

运盐闸原为移动式启闭机，1999年加固改造时，启闭机更新为绳鼓式平面门启闭机（QPQ-2×160 kN），计9台套；同时，将原桁架式弧形门更新为9孔实腹式钢结构平面直升门。2007年结合工程管理单位达标创建，在维修项目中安排对闸门进行了局部防腐处理，对顶止水、闸门吊耳及吊耳座等进行了更新改造。2010年运盐闸启闭机房改造。2011年运盐闸电气设备改造。

2013年根据南水北调东线一期沿运闸洞漏水处理工程涉及江都水利枢纽工程的三座水闸对运盐闸进行了加固改造，其工作内容是：对9台启闭机进行大修，对活动门槽、闸门吊耳及检修门轨道等金属件喷锌防腐。

（六）邵仙闸洞

邵仙闸洞位于江都抽水站北约 7.7 km 的高水河中段，为高低水分流的立体交叉控制工程。下部为东西方向的地下涵洞，洞上接运盐河，上通邵伯湖，洞下通邵仙河，与通扬运河衔接。上部为南北方向的节制闸，南接高水河上段，与江都抽水站上游引河相通，北接高水河下段，在邵伯镇与里运河衔接。

邵仙闸洞 1963 年 5 月开工，1964 年 5 月竣工，1965 年 12 月由管理处代管。邵仙闸主要作用有：①当江都抽水站抽水北送时，开闸放水 300 m^3/s；②遇桃汛可排水300 m^3/s，通过芒稻闸入江；③平水时通航。邵仙洞主要作用有：①送淮水 80 m^3/s（现为 50 m^3/s）至通扬运河；②江都地面临时集中暴雨，洞上水位抬高至 4.5 m，遇邵伯湖 3.5 m 低水位，开洞门退涝水入湖。邵仙闸洞均按 2 级建筑物标准设计。1999 年 10 月进行除险加固。

1. 规划设计

历史上通扬运河的水源一度从运盐河引邵伯湖水在仙女庙镇附近入通扬运河，后规划入江水道排洪与灌溉分开，1952 年建邵伯闸，开邵仙河引水。邵仙闸洞规划的主旨是代替邵伯节制闸，由邵仙洞从运盐河引邵伯湖水，下游利用邵仙河下段补给通扬运河。

邵仙闸在洪水时控制里运河水位，送水时开闸输水。一般情况开闸结合通航。当抽引江水北送开闸放水时，通过最大流量为 300 m^3/s，桃汛可排淮水 300 m^3/s，过闸流速均不大于 1.0 m/s，以便利通航。邵仙洞按洞上（邵伯湖）水位 4.3 m，洞下（通扬运河仙女庙）水位 3.8 m，通过流量 80 m^3/s 设计，结合为江都地区临时集中暴雨，洞下水位抬高至 4.5 m 时遇邵伯湖低水位 3.5 m 开洞退涝水入湖。

邵仙闸洞由江苏省水利厅基本建设处设计，水电部批复委托江苏省人民委员会审批，经省人委 1963 年 3 月批准。

邵仙闸闸总长 110.6 m，总宽 59.83 m，共 4 孔，每孔净宽 13.0 m。底板共分 2 块。钢筋混凝土闸墩，上设人行便桥、工作桥、工作便桥。上游翼墙共分四节，第一、二节为扶壁式钢筋砼结构，第三、四节为浆砌块石重力式结构。下游翼墙共分三节，第一、二节为扶壁式钢筋砼结构，第三节为浆砌块石重力式结构。

邵仙洞总长 91.875 m，1999 年改造时接长后为 138.875 m，总宽为 20.6 m，原为 7 孔，1999 年改造时封堵两侧边孔，现为 5 孔。分为四节，上下洞首底板高程为 0.0 m，中段 2 块底板高程为－2.0 m，以 1∶5 变坡衔接，上下游均无消力池，上下洞首均直接与护坦相衔接。上洞首设有工作桥，下洞首设有工作便桥。上、下游翼墙均为圆弧形，上游第一、二节为钢筋混凝土扶壁式，第三节为浆砌块石重力式结构，1999 年加固时原上游翼墙全部埋入土中；下游第一节为钢筋混凝土扶壁式，第二节为浆砌块石重力式结构。

2. 工程施工

邵仙闸洞建设单位为省江都水利枢纽工程处，施工单位为省水利厅基本建设工程队，民力为邗江、泰兴两个民工总队。邵仙闸洞 1963 年 5 月 12 日正式开工，1964 年 5 月 14 日竣工放水。邵仙闸洞位于邵仙河与运盐河之间的隔堤上，南北向均为狭长地带，宽度一般为 40 m左右，唯闸身处宽 140 m，除邵仙闸洞外，同时施工的还包括：引河、堤防及谈庄、肖口两座涵洞，其中邵仙闸洞完成主要工程量：钢筋砼 14 111 m^3，石方 8 610 m^3，土方 44.4 万 m^3，钢筋 536 t，闸门钢材 120 t，木材 1 138 m^3；技工 47 955 工日，普工 46 703 工日。

3. 工程加固

随着四站的建成和一、二站机组的更新改造工程的竣工，邵仙闸过闸流量由设计的 300 m^3/s 增加到 508 m^3/s，过闸落差增加到 0.11 m，过闸流速由原来的 0.65 m/s 增加到 1.28 m/s。船只过闸时，方向难以控制，经常发生撞击闸墩、闸门事故，沉船事故时有发生。由于船只碰撞，闸墩、牛腿多处破损露筋，闸门支臂扭曲变形，危及建筑物安全，急需修复。同时工程建成已 30 多年，工程及配套设施严重老化，水位变化区砼严重剥蚀，水上部分砼碳化严重，闸门止水漏水，启闭机电机老化，不能适应对工程的控制运用要求。

鉴于上述原因，1998 年经省水利厅批准对工程进行了加固。邵仙闸洞、运盐闸除险加固工程总投资 627 万元，其中邵仙闸 125.85 万元。1999 年 10 月开工，2000 年 12 月竣工，2002 年 8 月验收。加固项目有：①机电大修，更换启闭机电机，每台功率 11 kW；②工作桥、工作便桥、人行桥大梁及排架砼表面采取环氧厚浆防护；③闸墩、牛腿砼修补，对受船舶撞击严重、发生破损露筋或水位变化区（高程 5.5 m 以上）、闸墩表面砼剥蚀严重部位，清除表层砼 0.05 m，湿喷补偿收缩水泥砂浆；④闸门支臂修复，止水橡皮更换；⑤邵仙洞内干洞检查、清淤；⑥根据抗震验算，对工作桥、人行桥、检修便桥增设抗震挡块；⑦增设轻型钢彩钢板启闭机房 270 m^2；⑧人行桥由原来的净宽 2.2 m 拓宽为 2.6 m，并增建高架引桥；⑨邵仙洞封闭边孔，由原来的 7 孔改为 5 孔，设计过水流量 50 m^3/s。1999 年 11 月邵仙套闸建成后，邵仙闸取消了通航功能，彻底解决了邵仙闸段向北送水与通航之间的矛盾。

（七）邵伯闸

1. 规划设计

邵伯闸位于江都区邵伯镇西侧，原为京杭运河与邵仙引河的衔接工程，该闸于 1952 年 10 月动工兴建，1953 年 5 月竣工，1953 年 6 月验收。设计流量 150 m^3/s。主要作用：原为送水到通扬运河的渠首，为邵仙引河东岸、江都通北高地提供灌溉水源，并为通扬运河提供灌溉水源和通航用水。江都水利枢纽兴建后，邵伯闸功能发生了变化，下游调向里下河，通过南塘河接盐邵河，并将引水流量调整为 50 m^3/s。

邵伯闸闸总长 96.5 m，总宽 13.0 m，共 2 孔，每孔净宽 5.0 m。单块底板，厚 1.5 m，顺水流方向长 15.0 m，宽 13.0 m，中间以 1.2 m 宽闸墩分隔，边墩宽 0.9 m。工程两侧边墩外设钢筋砼空箱式岸墙，岸墙顶高程 8.5 m。上下游翼墙为浆砌块石重力式结构，上游翼墙顶高程 8.5 m，翼墙顶设高 1.0 m 挡浪墙，下游翼墙顶高程 6.0 m。上游左岸护坡 10 m，右岸护坡至裹头末端，下游护坡长 22 m。

2. 工程施工

邵伯闸由苏北治淮指挥部邵伯闸工务所负责施工，共完成土方 64 414 m^3，石方 4 282 m^3，砼及钢筋砼 2 792 m^3，闸门钢材 15.2 t，完成工程经费 64.49 万元。

江都水利枢纽利用了原邵仙河北段、运盐河南段和芒稻河北段作为输送江水的河道。由于规划的调整和水系发生变化，影响到沿河的邵伯船闸、邵伯闸、江都船闸以及邵伯一线船闸等工程，这些工程在江都水利枢纽建设项目中安排了加固改造。其中，邵伯闸先后进行二次局部改造，2012 年至 2013 年又进行了较全面的加固改建。

3. 工程加固

邵伯闸按入江水道六闸（邵伯水文测站）水位 7.5 m，最高不超过 8.0 m 设计，考虑到闸上最高水位 8.0 m，闸顶高程为 8.5 m，但工程竣工后由于入江水道尚未完成，1954 年 8 月 25 日排洪时，入江水道的六闸水位 8.77 m，邵伯闸闸上水位达到 9.0 m 以上（闸下相应水位 4.4 m 左右），超过了设计标准，因此，在闸上水位接近 8.0 m 时，即在上游打御洪草坝一道以策安全。为减少防洪负担和发挥工程作用，1955 年汛前，对该闸进行了加固，加固标准按闸上水位 9.0 m，相应闸下水位 3.0 m，最大水位差 6.0 m 设计。对闸门、胸墙酌以加强；上游护坦加厚 0.3 m，兼作闸身阻滑板；并在闸顶及上游翼墙处加做 1.0 m 高的挡浪墙，又加长下游护坡 3.0 m。

随着江都水利枢纽的兴建，邵伯闸功能也发生了变化，下游调向里下河，同时，调整了引水流量。调向后工程设计最大水位差由原来的 6.0 m（闸上水位 9.0 m，闸下 3.0 m）增大到 8.0 m（闸上水位 9.0 m，闸下 1.0 m），为保证工程安全，1964 年 6 月，省水利厅以《关于在邵伯节制闸下加做滚水堰的函》批复在邵伯闸闸下加做一滚水堰，以抬高闸下水位，保证建筑物的稳定。同时，明确在该闸下游调向后，主要任务是补给里下河一部分抗旱用水，根据下游河道和地区情况，流量不宜过大，滚水堰设计消能标准为 50 m^3/s。该闸自投运以来，引水流量一直控制在 50 m^3/s 以内。

2010 年 8 月，在南水北调东线一期工程沿运闸洞漏水处理工程中安排对该闸进行加固改建，按 50 m^3/s 设计流量改造闸孔，增设工作桥排架，更新工作桥、闸门及埋件、启闭机，电气设备更新改造，增加启闭机房和桥头堡，砼防碳化处理，闸室处淤泥清除等。概算总投资 318 万元。工程于 2012 年 7 月开工，至 2013 年 6 月底主体工程基本完成。

（八）宜陵闸

宜陵闸位于江都区宜陵镇东北 1.5 km 的新通扬运河上。该闸于 1963 年 3 月动工兴建，1963 年 7 月建成。设计流量 300 m^3/s，校核流量 350 m^3/s，3 级建筑物。该工程主要作用是：自流引江向里下河地区提供灌溉用水；解决新通扬运河上下游高低地之间引排矛盾、新通扬运河与宜樊公路的交通矛盾，并与五里窑、宜陵两船闸配合，解决新通扬运河与通扬运河的航运矛盾。

1. 规划设计

宜陵闸工程扩大初步设计书于 1963 年 1 月经水电部批准。其具体规划如下：

（1）在里下河引江水灌溉季节，能及时开闸引水入里下河，改变过去在农忙季节动员大批劳力突击拆坝放水及耽误引江时间的现象；

（2）雷雨季节及时关闸，阻挡通扬运河以南高地雨水进入里下河低地，以减轻里下河涝灾，改变过去因动员劳力打坝不及时，而加重里下河受涝的局面，并在江都抽水站抽排里下河涝水时开闸，将里下河涝水引至江都抽水站；

（3）冬季里下河不引不排季节，为了保持通扬运河航运畅通与用水，可长期关闭闸门，配合新通扬运河与通扬运河水位，恢复通扬运河的历史状况；

(4) 闸顶建公路桥，恢复宜樊公路的交通。

宜陵闸共13孔，其中节制孔12孔，通航孔1孔，闸总长79 m，闸总宽75.23 m。闸底板节制孔为钢筋砼平底板(Ⅱ形结构)，分缝在闸孔中间，底板面高程为－2.5 m。通航孔布置在右岸，底板的两边由相邻的节制孔底板与岸墙底板延伸而组成，中间又另布置一块5.0 m宽的小底板，底板高程－2.5 m。公路桥、工作桥、工作便桥均为钢筋混凝土简支梁结构，岸墙采用重力式块石混凝土结构，上下游翼墙均为浆砌块石重力式结构。节制孔设有胸墙，闸门为钢架木面板结构。

为确保宜陵闸工程安全，开启闸门时，宜陵闸要先开中间6～7号孔，当开启高度为0.05 m时依次顺序向两边开启，每台高度依次相差0.05 m，关闭闸门时，应先闭两边1号、13号孔，然后依次每台高度相差0.05 m向中间关闭；宜陵闸开启通航孔闸门时，应将下扉门开足与上扉门相平衡，然后两门同时开启，以防拉坏防漏止水设备。

2. 工程施工

宜陵闸由省水建公司一处施工，1963年2月开始组织施工队伍，3月1日正式开挖闸塘土方，第一期先开挖中间闸身部位土方，使这一部分的混凝土得以提前浇筑，其余各部位土方仍继续施工，至5月15日全部完成。

第一块闸底板(4号)3月26日开始立模，3月30日浇筑混凝土，至4月11日全部底板及岸墙底板浇筑完成。岸墙及闸墩4月6日开始浇筑，至5月20日连同胸墙、公路桥、工作桥、工作便桥等中上部混凝土均相继完成。两岸重力式翼墙底板及上下游消力池混凝土先后于4月中、下旬开始，结合闸身部位上升进度穿插进行，至5月上旬全部浇筑完成。4月中旬开始砌筑上、下游护堤及防冲槽，至5月底基本结束；4月下旬开始砌筑浆砌块石重力式翼墙及两岸块石护坡工程，至6月初基本结束。

通航孔闸门2扇，节制孔闸门12扇，6月上旬陆续制作完成运到工地，6月16日开始吊装，节制孔闸门于6月22日前吊装完成，通航孔闸门至7月6日吊装完毕。全部水下工程于6月完成，7月1日至2日进行初步验收，7月16日上、下游拦河坝水上土方拆除完毕，当日下午开坝放水，发挥效益。

宜陵闸总投资182.46万元。主要工程量：混凝土及钢筋混凝土5 621 m^3，干、浆砌块石3 353 m^3，土方12.7万 m^3，钢筋101 t。

3. 工程加固

宜陵闸除险加固工程经省水利厅批复，工程总投资1 123.83万元。工程于2011年5月15日开工，2012年7月完工。工程主要建设内容：拆建公路桥及支架、拆建工作桥及排架；拆建工作便桥、工作门槽改造；加固岸墙；拆建路堤墙、闸墩及胸墙防碳化处理；更换闸门及启闭机；更新改造电气设备；增设自动监控、视频监视系统；增设启闭机房并拆建改造桥头堡等。

实际完成工程量：土方(挖、填)2 629 m^3，混凝土867 m^3，防碳化处理3 751 m^2，钢筋134 t，钢结构230 t，启闭机14台，变压器等电气设备1台套，自动化系统1台套，桥头堡、启闭机房592 m^2。

（九）宜陵北闸

宜陵北闸（以下简称宜北闸）位于江都区丁伙镇新三阳河河口，在老三阳河西侧。该闸1974年11月开工兴建，1975年9月竣工、验收。设计流量300 m^3/s，校核流量500 m^3/s。3级建筑物。该闸主要作用是防止新通扬运河高水侵入三阳河两岸大片低田，保证三阳河引江水北调灌溉和冲淤。

1. 规划设计

三阳河两岸地面南高北低，三阳河河口地面高程达6.0 m，北至樊川盐邵河降低至3.0 m以下，沿盐邵河西至邵伯，两岸低达2.0 m以下，尤其是绿阳湖、荇丝湖、艾菱湖圩区地面最低达1.5 m。樊川年平均水位约1.4 m，最高洪水位3.2 m，比新通扬运河设计高水位4.5 m低得多。因此，既要保证三阳河低地不受淹没或不加重涝渍灾害，又要保证新通扬运河现有引江能力不至削弱，发挥引、排、冲淤的效益，在三阳河上需建宜北闸。按规划宜北闸在灌溉期间引水能力300 m^3/s，在冬春长江枯潮期引江水100 m^3/s，送至射阳河、新洋港冲淤保港；江都抽水站排涝时，宜北闸开闸排水。

宜北闸由省治淮指挥部1974年批准实施。宜北闸闸总长87.5 m，总宽48.6 m，共7孔，每孔净宽6 m。闸门为钢筋混凝土钢丝网水泥波形面板平面直升门，设有胸墙。反拱底板，设有交通桥、工作桥、工作便桥。上下游均为四节翼墙，第一、二节翼墙为空箱式，第三节为扶壁式，第四节为重力式。

2. 工程施工

宜北闸由省水利建设公司一处施工。1974年11月16日开挖闸塘，12月30日开始浇筑混凝土至1975年6月初混凝土建筑物和闸门安装结束。

1975年6月5日进行水下工程验收，6月12日拆坝放水，7月份到9月份安装启闭机，9月25日竣工验收，并交付管理单位使用。

宜北闸工程总投资145万元，完成主要工程量：混凝土3 880 m^3，钢材84.8 t，石方4 744 m^3，土方12.7万 m^3（其中闸塘土方10 731 m^3，还土317.3 m^3）。

3. 工程加固

2013年3月，江苏省发展改革委以《江苏省发展改革委关于宜陵北闸加固改造工程初步设计的批复》同意宜北闸进行加固改造，批复投资2 089万元，计划工期14个月。江苏省水利厅以《关于转发〈江苏省发展改革委关于宜陵北闸加固改造工程初步设计的批复〉的通知》进行批转。

主要建设内容为：加固底板及闸墩；增设撑梁、拦污栅搁置牛腿、起吊排架；拆建工作门槽、胸墙、公路桥、工作桥、排架及桥头堡；新建启闭机房及管理用房；工作便桥、上下游护坡整修；混凝土防碳化处理；增设10 kV环网柜、自动控制及视频监视系统；更换10 kV架空线路终端杆及杆上设备、变压器、现地控制箱、电缆；增设浮箱叠梁检修闸门；更换钢丝网水泥波形门、门槽埋件、活动门档、启闭机；改建拦污栅等。

工程于2013年5月开工，2015年7月完工。

（十）宜陵地下涵洞

宜陵地下涵洞位于江都区境内宜陵船闸东侧，宜陵镇以西的新通扬运河河底，是通扬运河穿过新通扬运河的交叉建筑物。该工程 1977 年 12 月兴建，1980 年 5 月竣工、验收。设计流量为 40 m^3/s，校核流量 50 m^3/s，为 3 级建筑物。主要作用是：恢复通扬运河引邵伯湖水的能力，满足新通扬运河以南直至泰州南官河 450 km^2 的农田灌溉用水，改善群众生活用水和航运条件，解决新通扬运河自流引江与通扬运河向南送水及航运的矛盾。

1. 规划设计

在通扬运河与新通扬运河交叉处，分别建了宜陵船闸和五里窑船闸，只能解决通航问题，却不能解决通扬运河送水的问题。1974 年曾利用宜陵船闸和五里窑船闸送水又通航，由于闸首流速过急，几次发生伤船、撞船、翻船事故。为了彻底解决新通扬运河开挖后带来的送水矛盾，必须兴建穿新通扬运河的宜陵地下涵洞，让两河彻底分家，恢复各自功能。

宜陵地下涵洞 1976 年 1 月由扬州地区治淮指挥部编制设计。分两期施工，经省水利局批准第一期工程先建两个洞首部分，列入 1978 年计划施工。第二期工程做六节洞身和上下游引河，列入 1980 年计划施工。

宜陵地下涵洞采用连拱框架式钢筋砼结构，反拱底板，正拱顶。洞身总宽 13 m，分 3 孔，每孔净宽 3.5 m，水平全长 142 m，共分 6 节，洞轴线与新通扬运河正交。洞首采用反拱底板，涵洞式断面，北洞首门槛顶高程－1.0 m，底板长 8 m，胸墙高程 2.17 m。南洞首门槛顶高程为－1.5 m，底板长 10 m，胸墙高程 1.67 m。洞首两侧岸墙采用横梁式支撑结构；洞身采用连拱框架式钢筋砼结构断面。消力池两侧采用扭曲面翼墙，洞北消力池长度 12 m，洞南消力池长度 15 m，扭曲面断面型式由重力式截面过渡到护坡型式。扭曲面采用浆砌块石。

涵洞为单向控制，闸门设在北洞首，闸门为钢筋砼梁格钢丝网水泥波形面板；采用 10 t 手摇、电动螺杆启闭机驱动。启闭机工作桥桥面宽 2.5 m，高程 10.1 m，工作便桥桥面宽 1.20 m，高程 5.5 m。

2. 工程施工

宜陵地下涵洞工程建筑物部分均由扬州地区水利基建工程队负责承建土方工程和杂工，第一、二期工程分别由宝应和泰兴县动员民力配合，并成立了地下涵洞工程处，统一领导分工负责。

第一期工程于 1977 年 12 月 10 日破土动工，至 1978 年 5 月 20 日上、下洞首工程全部完成。完成土方 12.5 万 m^3，混凝土 800 m^3，砌石工程 2 669 m^3。

第二期工程与新通扬运河西段拓浚工程同时施工。1978 年 10 月开挖闸塘水上土方至 1980 年 2 月完成洞身和新通扬运河护底工程。完成混凝土 4 424 m^3，土方 46.9 万 m^3（其中引河土方 40.8 万 m^3）。5 月 28 日由省水利厅组织验收交接。

宜陵地下涵洞工程总造价为 221.18 万元，其中：第一期工程预算造价 70 万元，第二期工程预算造价 151.18 万元（包括引河土方和桥 35.58 万元）。

第二期工程施工中，由于洞塘挖得深，地下水位高，在反拱底板部位发现有不少泉眼，渗水量大，为确保施工安全和工程质量，采取了导流措施：在渗水比较严重的底板部位及泉眼处布置石子导水沟，其上覆盖油毡，导水沟与埋设在齿坎中的导管连通；将渗水导入龙沟，排入基塘，并在导水沟位置埋设灌浆管 2～4 根。斜坡段底板中间增设齿坎一道，增加底板的抗滑稳定性。故施工过程中底板始终处于稳定状态，未发现有位移情况。

6 节洞身完成后，由地区指挥部会同管理处及宜陵船闸管理所对隐蔽工程进行了检查。然后还土并对导水沟灌浆处理。灌浆后各灌浆孔均未发现冒水情况，效果良好。但在 5 号板底开始灌浆时，由于 5 号洞身尚未浇筑，底板刚度小，混凝土尚未达到设计强度，灌浆压力大(约 11 m)，灌浆过程中发现东、中孔离底板下边 6～7 m 处出现横向裂缝，当即停止灌浆，裂缝亦停止发展，在洞身全部完成后又重新灌浆，并将裂缝进行修补。

第二节　船　闸

(一) 五里窑船闸

五里窑船闸位于江都区宜陵镇西北五里窑附近，在新通扬运河与通扬运河交叉口以西约 450 m 处的通扬运河上，与宜陵船闸相望。该船闸 1963 年 6 月开工，1964 年 5 月建成，1965 年 4 月交付管理处使用。按通航 800 t 船队设计，为 3 级建筑物。其主要作用：解决通扬运河江都段灌溉、排涝和通航问题；新通扬运河以南通扬运河缺水时负责向通南送水，1980 年宜陵地下涵洞竣工后，不再担任此项任务。

1. 规划设计

1958 年开挖新通扬运河后，在宜陵镇西侧切断了通扬运河。新通扬运河是里下河排涝和引用长江水灌溉的河道，水位较低，通扬运河则为引用邵伯湖水灌溉沿河地区的河道，水位较高。两河相交处，以打坝拆坝维持各自水位，同时也切断了通扬运河的航运。为解决新通扬运河与通扬运河交叉的矛盾，江都水利枢纽规划在新通扬运河上建宜陵闸，在新通扬运河北侧的通扬运河上建五里窑船闸，南侧建宜陵船闸。1963 年由省水利厅批准建设五里窑船闸，以控制通扬运河通航水位和解决通北部分高地的灌溉水源。五里窑船闸扩大初步设计由省水利厅基本建设工程队编制，1963 年 3 月经省人民委员会批准。

五里窑船闸按一次通航 150 马力[①]拖轮 1 只及 10 只 80 t 木船组成的船队设计；在邵仙洞向通扬运河以南送水 80 m^3/s 时，将上下游闸门打开，利用上闸首弧形门控制泄量，此时船闸断航，1980 年宜陵地下涵洞建成后，不再担负向通南地区送水的任务，但仍然担负通扬运河沿线地区排涝水 40～80 m^3/s 的任务。

五里窑船闸闸总长 162.2 m，其中上闸首长 13.7 m，闸室长 135 m，下闸首长 13.5 m；上

① 1 马力≈735 W

下闸首净宽为 10 m，闸室净宽为 12 m；上闸首为钢筋砼底板及两个闸墩，闸首两侧为空箱墙，采用钢结构弧形闸门滚水堰消能结构，下卧式弧形钢闸门，使用两台手摇电动两用 15 t 卷扬式启闭机；下闸首为钢筋混凝土底板，空箱闸室和短廊道输水结构，采用钢结构人字式闸门，使用两台 4 t 推杆式启闭机；下闸首两侧设有输水廊道，输水阀门采用钢筋混凝土结构，使用两台 8 t 螺杆式启闭机。闸室底板为透水式，锚杆式钢筋砼闸室墙。上下闸首四周和两侧闸室墙基础均打有木板桩；上游导航段为浆砌块石翼墙和护坦，下游导航段为钢筋混凝土翼墙和浆砌、干砌块石护坦。

2. 工程施工

五里窑船闸工程由省水利厅基本建设工程队施工，1963 年 6 月 25 日开工，施工期间为维持通扬运河航运，在距新通扬运河与通扬运河交叉处以西 800 m，开挖了一条导流河，五里窑施工至 1964 年 4 月下旬共完成了船闸土建及上下游闸门、下游启闭机和阀门启闭机的安装。1964 年 4 月 23 日通过初步验收，并于 1964 年 5 月 10 日开坝放水。

上游弧形闸门在未安装启闭机前，采用两台 10 t 摇车临时开启，启闭一次需 3 h，因此当时仅满足灌溉和排水的需要，未通航。1964 年 8 月 2×15 t 启闭机到工地，9 月底安装完毕；同年 12 月中旬电气设备安装完成，经过试车，闸门启闭灵活，符合设计要求，1965 年 4 月正式投入运行。由于上游弧形闸门长期放在水中，日夜放水 20 多天，河底经流水冲刷，部分泥沙和石子向下游移动，在下游阀门附近产生淤积，致使闸门和阀门侧止水橡皮撕坏，经潜水工下水清除干净，并将损坏的防漏橡皮完全修好，于 1965 年 6 月 5 日交付管理单位代管使用。

五里窑船闸总投资 203.24 万元。完成土方 27.1 万 m^3，砼及钢筋砼工程 5 587 m^3，石方 2 280 m^3，钢筋 214 t，木材 1 086 m^3。

3. 大修改建

1968 年第一次大修，在下闸首人字门侧止水铁板上加焊一 50 mm×50 mm×550 mm 钢板以解决 P 形侧止水橡皮与闸首岸墙止水板之间间隙较大漏水严重的问题；上闸首南侧紧靠爬梯处施工后发生的一条裂缝，大修时发现裂缝又有发展，随即对其进行了修补；施工中下闸首底板发生的裂缝大修时亦发现有所发展，经压力水试验后用 100 号砂浆封闭填实。

1979 年大修期间，发现下闸首底板原裂缝继续冒水窨潮，随即将裂缝凿开清洗，用 100 号水泥砂浆填实封堵，至放水时未见窨潮；对闸门进行了喷砂、喷锌和油漆等防腐处理。

1996 年大修，11 月 1 日开工，12 月 20 日竣工，12 月 21 日正式复航。土建项目有：闸室清淤；伸缩缝及底板裂缝的检查与修补；闸室铁爬梯改造；启闭机房翻新改建。闸门维修项目有：更换人字闸门底枢；更换人字门斜接柱止水木；将人字门防撞护木改为钢结构；喷人字门除锈油漆；更换上下游闸门侧、底止水；将上游弧形闸门木质止水门槽改为钢结构；更换输水阀门的侧止水。启闭机改造项目：将人字门推杆式启闭机四级变速改为立式摆线针轮减速机，取消了蜗轮蜗杆、圆锥齿轮、圆柱齿轮变速装置，仅保留了最后的齿轮齿杆一级传动。大修核准经费 37.4 万元。

（二）宜陵船闸

宜陵船闸位于江都区宜陵镇以西三里窑附近，新通扬运河与通扬运河交汇口以东约

500 m处的通扬运河上，与五里窑船闸相望于新通扬运河两岸。该船闸 1964 年 7 月正式开工，1965 年 12 月通过水下工程竣工检验，1966 年 1 月拆坝放水，8 月 22 日办理管理处交接代管手续。按通航 800 t 船队设计，为 3 级建筑物。其主要作用为：解决新通扬运河自流引江与通扬运河灌溉、排水和航运上的矛盾；江都抽水站抽排里下河涝水时，宜陵船闸可控制 40～80 m^3/s 涝水入新通扬运河；通扬运河西段单独排涝时，开启五里窑船闸，关闭宜陵船闸以阻水南行；冬春季不引江水时敞开宜陵、五里窑两船闸，恢复由通扬运河送邵伯湖来水 20～30 m^3/s，1980 年宜陵地下涵洞竣工后，两闸敞开送邵伯湖水的功能不再使用。

1. 规划设计

1958 年新通扬运河开挖以后，在宜陵以低水位穿过通扬运河，切断了东段通扬运河引用水源，为解决新通扬运河与通扬运河交叉的矛盾，江都水利枢纽规划在新通扬运河上建宜陵闸，在新通扬运河北侧的通扬运河上建五里窑船闸，南侧建宜陵船闸。

宜陵船闸属于江都水利枢纽工程 1964 年单项工程之一，扩大初步设计经水电部通知省计划委员会审批，并经省交通厅、电管局、邮电局、水利厅等有关单位会审，后由省水利厅、省计委批准下达。

宜陵船闸按一次通航 150 马力拖轮 1 只及 10 只 80 t 木船组成的船队设计。

宜陵船闸闸室总长 164.0 m，其中上闸首长 14.0 m，下闸首长 15.0 m，闸室宽 12 m，上下闸首净宽 10 m。闸首和闸室均为钢筋砼结构，上闸首采用下卧式弧形钢闸门，配备两台 15 t 卷扬式启闭机；下闸首采用平板横拉钢闸门，配备一台 10 t 卷扬式启闭机；下闸首为空箱闸室和短廊道输水结构，两侧输水阀门为钢筋混凝土平面直升，用 8 t 螺杆启闭机升降。闸室锚杆式钢筋混凝土挡土墙上部设挡浪板并作栏杆，闸室底部为透水式结构，用钢筋混凝土纵横梁分隔成方格，内填块石下铺滤层。上下闸首四周和两面闸室墙基础均打有木板桩；为了控制闸室墙后的地下水位，在闸室挡土墙墙后，高程 2.0～1.5 m 处设置排水暗沟一道直通下游。遇反向水位时，下游出水口的阀门能自动关闭挡水。上游导航段为浆砌块石翼墙和护坦，下游导航段为钢筋混凝土翼墙和浆砌、干砌块石护坦。

2. 工程施工

宜陵船闸工程施工由省水利厅基本建设工程队负责，土方工程由姜堰民工总队实施，1964 年 7 月 21 日正式开工。1965 年 3 月底混凝土和石方工程基本完成。

宜陵船闸上闸首为弧形闸门，下闸首为横拉式闸门，闸门钢结构由省水利厅基建队安装队加工，闸门铸钢件由南京晨光机械厂铸造，扬州水利机械厂加工。由于铸钢件问题，闸门安装工程延至 1965 年 11 月底才安装结束。

1965 年 12 月 16 日，省水利厅指派江都水利枢纽工程处及管理处进行主验，邀请五里窑船闸管理所、江都水利局、江都拆迁办公室、建行江都办事处、姜堰民工总队及省水利厅基本建设工程队组成水下工程验收组，通过水下工程竣工验收后，于 1966 年 1 月 23 日拆坝放水。

宜陵船闸工程总投资 204.77 万元。主要工程量有：引河及坝土方 14.4 万 m^3（不包括导流河），闸塘挖填土方 15.1 万 m^3，混凝土及钢筋混凝土工程 5 672 m^3，石方 1 790 m^3（其中浆砌 483 m^3，灌砌 593 m^3，干砌 714 m^3）。主要耗材：水泥 1 402 t，块石 3 823 t，黄沙 5 980 t，碎石 10 281 t，钢筋 286 t，闸门阀门钢材 73 t，木材 1 235.3 m^3。

3. 大修改建

1968 年大修时，在上游弧形闸门主梁腹板增开了 $\phi 160$ 的圆孔，以排除积水；将闸室护木拆除，改为铸铁挂钩和铁链；增建了检修门通道；下闸首增设龙门吊架。

1978 年大修时，校正复位了下游横拉门侧滚轮、滚轮座、阀门顶止水压板；对闸首与闸室转角处砼进行角钢防护。

2012 年 11 月下游横拉门进行了大修，大修主要内容为：更换主、侧滚轮，校正主、侧滚轮钢板；门库清淤；拆除、重新制作安装拦污栅；安装止水设施、防撞木、碰头木；闸室爬梯拆除、重新制作安装。工程费用 30 万元。

（三）芒稻船闸

芒稻船闸位于江都区仙女镇西的芒稻河上，芒稻闸西侧 120 m，与芒稻闸一起构成芒稻河与高水河交汇的控制工程，是沟通芒稻河通江航运的建筑物。该船闸 1964 年 10 月开工兴建，1966 年 4 月竣工，同年 10 月交由交通运输部门接管运用。按通航 800 t 木船队设计，为 2 级建筑物，4 级航道。

1. 规划设计

芒稻船闸由省水利勘测设计院设计，扩大初步设计经水电部交由省计划委审核，曾邀请省交通厅、省电业管理局、省邮电局会审后批准。

芒稻船闸规划按江都抽水站抽引江水 300 m^3/s，上游最高校核水位 9 m，以下游 1 000 年一遇高潮位确定闸顶高程；按上游邵伯湖可能出现最低水位 3 m，下游最低潮水位 0 m，最小通航水深 3 m 确定上下闸首底板高程。通航标准为 800 t 船队。

芒稻船闸闸室长 135 m，宽 12 m，上下闸首净宽 10 m。上下游导航墙为钢筋混凝土扶壁式挡土墙，后接两段浆砌块石挡土墙。上下游闸首均为空箱闸墙的连底式结构。闸室墙采用 L 形连底式钢筋混凝土结构。上下闸首工作门为钢结构横拉门，启闭机为上海重型机器厂制造的 2×2.5 t 固定卷扬式启闭机，输水阀门采用平面直升式钢闸门，启闭机为镇江矿山机械厂制造的 8 t 螺杆式启闭机。输水系统采用平面环形短廊道断面 2×2.5 m^2，进口处 3×2.5 m^2，出口 2～2×2.5 m^2，消能室外顶面栅格的孔口出水面积为 7.5×4 m^2。

上下游引航道的直线段各长 280 m，以 $R>400$ m 的转弯半径再衔接上下游通入芒稻河，引航道底宽 25 m，边坡坡度 1∶3，至闸首附近逐渐缩为 10 m 与闸门口门相接，引航道导墙为不对称式，直线进闸，曲线出闸。公路桥跨越下闸首，保持通航净空 6 m，桥面净宽 7 m，并加 1.5 m 人行道，设计标准汽-13，拖-60。

2. 工程施工

芒稻船闸由省水利厅基本建设工程队施工，1964 年 10 月 25 日正式开工，12 月 24 日开始浇筑闸身底板混凝土，到 1965 年 5 月 28 日闸身混凝土工程基本完成，同时开挖上下游引河。公路桥于 1966 年 1 月 10 日正式通车。1965 年 10 月 27 日开始安装闸门，12 月 11 日基本装好。1966 年 3 月 21 日进行水下工程检验，接着拆除上下游坝，于 4 月 5 日放水，5 月中旬试航。

芒稻船闸工程造价 395.35 万元。主要工程量为：土方 63.5 万 m^3，块石 7 294 m^3，混凝土 15 507 m^3。主要消耗材料：水泥 3 981.6 t，木材 1 209 m^3，钢筋 581 t，黄沙 17 062 t，块石 13 586 t，钢材 150 t。

3. 工程扩容改造

随着芒稻河航道货运量的不断增长，芒稻船闸原设计通过量已不能满足通航需求，存在诸多安全隐患。2014 年 11 月，芒稻船闸扩容改造工程启动，按照 3 级船闸标准建设，设计最大船型为 1 000 t 级船舶，船闸基本尺度为 180 m×23 m×4 m（闸室长×口门宽×门槛最小水深）。船闸承受双向水头作用，最大正向设计水头为 8.50 m，最大反向设计水头 −1.31 m。闸室灌泄水采用闸墙长廊道侧支孔全分散输水型式，上、下闸首工作闸门采用横拉门型式，闸门启闭机采用齿轮齿条式机械传动。2017 年 12 月通过竣工验收，投资约 2.3 亿元。工程竣工后，船闸运行平稳，引航道通畅，大幅提升整体通航效能，有效突破内河通往长江和沿海的水运瓶颈，同时保障了南水北调输水安全。

（四）邵仙套闸

邵仙套闸位于江都区仙女镇以北，距芒稻闸 7.7 km，邵仙闸洞与运盐闸之间的隔堤上。该闸始建于 1998 年 11 月，1999 年 11 月主体工程竣工，并通过竣工初步验收投入试运行。在后续配套、完善工程竣工后于 2002 年 8 月正式验收。该套闸为 5 级航道标准，2 级建筑物。工程建成后，解决了因邵仙闸过闸流速过大船只撞闸造成翻船、沉船的问题。同时，当江都抽水站向北送水 400 m^3/s 时，套闸可分流 70 m^3/s，此时，可开通闸过船；当江都抽水站向北送水 500 m^3/s 或 560 m^3/s 时，套闸过流分别为 90 m^3/s 及 101 m^3/s，此时，套闸以船闸方式运行。工程布置详见图 9-1。

1. 规划设计

邵仙闸洞建成后为了照顾航运，上部邵仙闸闸门不得不常年开闸过船，并且常因江水北送流速过大船只撞闸造成翻船、沉船事故；江都抽水站排涝时，由于邵仙闸不能控制造成里运河水大量流失，同时遇淮河排洪时，由于高水河水位不能降低到排涝低水位，也限制了运盐闸的排洪，因此不能充分发挥江都水利枢纽排涝、排洪的最大效益。1998 年 10 月省水利厅批复邵仙套闸初步设计。套闸主体工程结束后，省水利厅 2001 年批准后续配套、完善工程。

邵仙套闸闸总长 190 m，其中上下闸首长均为 15 m，U 形结构闸室长 160 m，分 8 节，每节长 20 m；闸室、上下闸首宽均为 16 m，邵仙洞涵洞延伸段从上闸首底板下立交穿过；上下游副导航墙采用高桩承台、扶壁式直立墙，下游主导航墙采用防渗地下连续墙基础，扶壁式直立墙；上闸首上游、下闸首下游引航道内均设 0.5 m 深消力池。上下游工作门均为平面升卧式钢闸门，采用 2×400 kN 卷扬式启闭机。采用微机自动监控系统监控闸门启闭，监测上下游水位，视频监视上下游和闸室船只情况及升卧式闸门搁门器运行情况。

2. 工程施工

邵仙套闸工程由省水建总公司承建，河海大学监理公司担任工程监理。1998 年 10 月 5 日施工单位进场，进行施工前期土方开挖，11 月 5 日主体工程招投标，11 月 20 日开工，11 月

27 日开始闸室 45 cm 地连墙的施工，至 1999 年 3 月 7 日完成所有地连墙、灌柱桩的施工；1998 年 12 月 8 日开始浇筑混凝土，至 1999 年 6 月 29 日完成闸室、上下闸首、上下游主副导航墙、引航道工程的施工，6 月 1 日至 28 日闸门、启闭机安装；7 月 10 日通过省水利厅组织的水下工程验收，1999 年 11 月 28 日主体工程竣工，并通过省水利厅主持的竣工初步验收。12 月 28 日邵仙套闸试通航成功。

邵仙套闸工程总投资 5 630 万元，主要工程量为：土方工程 55.0 万 m^3，砼及钢筋砼工程 2.43 万 m^3，砌石工程 8 424 m^3，钢结构 121 t，钢筋及零星金属结构 1 963 t，基础工程 505 m^3。

后续配套、完善工程于 2001 年 11 月 20 日开工，其中土建工程（上下游靠船墩接长、增设部分助航设施、上下游停泊区增设系船柱及人行便桥、增建下闸首人行交通桥等）由高淳水建公司中标承建，闸门启闭系统更新改造及趸船由省水利机械总厂中标承建。2002 年 6 月竣工。2002 年 8 月 13 日邵仙套闸工程正式竣工验收。

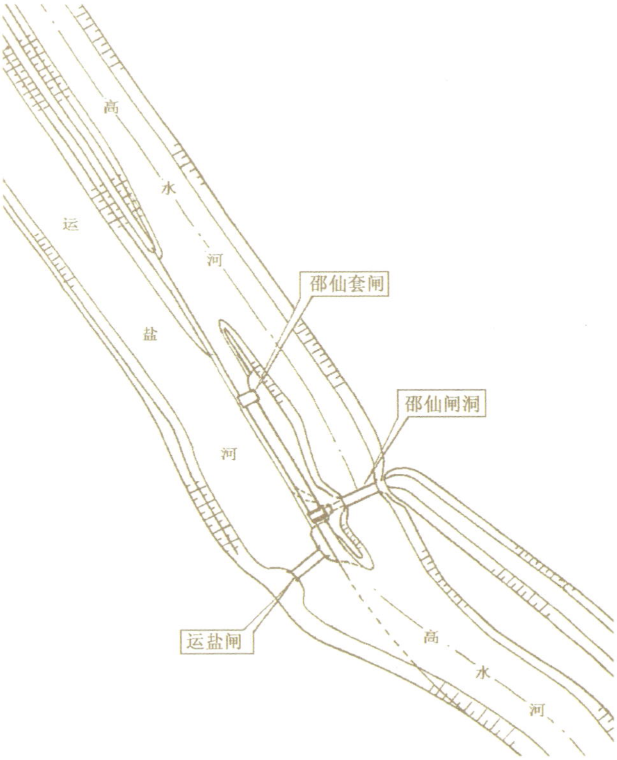

图 9-1　邵仙控制工程平面布置图

3. 工程大修

2016 年 3 月，江苏省水利厅以《江苏省水利厅关于邵仙套闸大修工程可行性研究报告的批复》（苏水计〔2016〕14 号）文同意邵仙套闸大修工程可行性研究报告，核定邵仙套闸大修工程估算总投资 1 185 万元。2016 年 6 月，江苏省水利厅以《江苏省水利厅关于邵仙套闸大修工程初步设计的批复》同意对邵仙套闸进行大修改造，批复概算为 1 096 万元。

大修改造的主要内容有：闸门加固、启闭机更换；靠船墩、闸室防撞设施改造；砼裂缝、碳化修补；监控、视频等自动化系统改造；新建南北远调站、道路等管理设施。

邵仙套闸大修工程主要工程量为：航道清淤 18 000 m^3，混凝土 848.27 m^3，灌注桩 273 m^3，钢筋制安 78.35 t，混凝土防碳化 950.0 m^2，房屋 185 m^2。启闭机更新 2 台套，防撞钢板35.44 t，闸门加固钢结构 5.0 t，闸门喷锌防腐 1 080.0 m^2。监控、视频等自动化改造 1 项。

本工程计划工期为 8 个月。实际工程于 2016 年 7 月 7 日开工，2017 年 4 月 26 日全部完成。

第三节　河　道

（一）高水河

高水河位于江都区境内西部，为江都水利枢纽工程实现江水北调，抬高水位（设计水位 8.5 m）而开凿，南起江都抽水站，北到江都区邵伯镇与里运河衔接处，全长 15.26 km。

高水河的开凿，确保了苏北沿运河地区农田的灌溉，便利内河与长江的航运。当汛期淮水入江流量达 1 万 m^3/s 以上时，又可经运盐闸利用高水河泄洪 830～900 m^3/s 入江。

高水河工程于 1963 年 1 月开始兴建，由兴化、姜堰、泰兴 3 县分段施工。南段从江都抽水站至老江家桥，平地开河结合筑堤；老江家桥至人字河头，利用原芒稻河北段，加高东堤，新筑西堤。中段从人字河头至邵仙闸洞，利用原运盐河，将邵仙引河西岸堆土区作东堤，邗江区泰安乡高地作西堤。北段从邵仙闸洞至紫竹庵，利用原邵仙引河东堤加高培厚，西堤南部为邵仙引河堆土区，北部为里运河老东堤；从紫竹庵至里运河，平地开河结合筑堤，于邵伯大船闸（1959 年建）与邵伯小船闸（1936 年建）之间接上里运河，邵伯小船闸、邵伯闸调向接盐邵河与里下河沟通，并在邵伯闸下游建滚水坝，以提高邵伯闸下游水位，维持上下游水位差在设计范围内。1964 年 5 月高水河工程全部完成，两岸低地筑堤总长 28.97 km，其中：东堤长 15.26 km，西堤长 13.71 km。堤顶高程 10.5 m，顶宽 8.0 m，迎水坡坡度 1∶3，背水坡在高程 5 m 处设青坎宽 5～8 m，坡度 1∶3；迎河面建成块石护坡 25.57 km，迎湖面建成块石护坡 3.59 km。块石护砌高程从 5.5 m 至 8.7 m。

江都 4 座抽水站同时开机向北送水时，水位达 8.3 m，江都区仙女镇段东堤窨潮、渗漏，堤脚下临深塘，危及堤身安全。1978 年 5 月，江都组织 1 000 人，对引江桥至土山洞（长 2 km）的东堤进行加固，在背水坡高程 8 m 处，加做宽 10 m 的戗台，坡度 1∶3，台下青坎 2 m，并设有 1 m 宽排水沟。同时对西堤的育才中学及古运河（横河）段进行加固，于背水坡高程8 m 处加筑宽 10 m 戗台。冬季，组织江都 15 个乡（镇）民工 5 200 余人，切除里运河老西堤，加做黑鱼塘大堤，筑米市街南坝，拆除 1936 年所建的邵伯船闸，并将鸡毛帚（地名）切角，扩大邵伯镇南段河床断面，1979 年 5 月竣工。

1963 年至 1979 年，高水河共完成土方 346 万 m^3，石方 14.5 万 m^3，国家投资 1 240 万元。

高水河上还建有配套建筑物，东堤自南向北有：玉带洞、土山洞、肖家口洞、谈庄洞以解决东岸局部高地的引排水问题；高水河上的邵仙闸洞，邵仙闸控制和调节高水河与里运河水位；邵仙洞沟通邵伯湖与邵仙引河南段，将淮河余水由邵伯湖输入通扬运河。

2000 年 12 月至 2001 年 6 月高水河江都临城段堤防实施垂直铺膜、高压定喷、块石护坡重建及接长接高、抛石护脚等措施进行加固。但是，邵仙闸以北 3.5 km 河道浅狭，仍不适应输水要求，堤防上堤脚陡立的有 3 处、5 840 m；窨潮渗漏的有 6 处、180 m；堤后深塘的有 4 处、810 m。

2011 年至 2013 年，在南水北调东线一期工程中安排实施高水河整治工程，对原邵伯轮船码头至江都临城段 13.1 km 河道进行整治。主要整治内容为：邵伯闸以北河道疏浚 3.3 km；堤防加固 6 km，堤防护砌整修 24.33 km，对 15 km 堤防上的狗獾洞进行处理，建筑物加固（拆建）12 座，堤顶道路修建 12 km 等。

（二）新通扬运河

新通扬运河是引江水补给苏北里下河地区、渠北地区和沿海垦区用水的主要输水河道，也是里下河地区排涝的主要河道。西起芒稻河，东至海安县海安镇，全长 90 km，为与原有的通扬运河①区分，定名为新通扬运河。

1952 年编制苏北灌溉总渠规划时，将通扬运河定为南干渠作灌溉之用。因通扬运河沿岸的宜陵、泰州、塘湾、姜堰等城镇拆迁多、地势高、任务艰巨，1958 年秋，省、地研究决定在通扬运河以北另开一条新河——新通扬运河，并以泰州赵公桥为河道中心，在图上定出河线，向东经姜堰至海安，向西经宜陵折向芒稻河，新河线地势低，村庄少，经济可行。新通扬运河整个工程自 1958 年开始，至 1980 年竣工，先后分四期施工。

1. 第一期工程

1958 年 11 月 15 日，新通扬运河全线开工。由江都、姜堰、海安等县民工 10.5 万人施工，1959 年 5 月因夏收中途停工。江都闸于 8 月份完成。1960 年春复工，参加施工的有扬州、盐城、南通三个地区的 11 个县民工 12.5 万人，翌年 5 月竣工，完成土方 1 100 万 m^3。至此，江都至泰州段基本开通，河底高程 −2.5 m，底宽 20 m；姜堰白米至海安 19.7 km 基本成河，河底宽 10 m，河底高程 −1.0 m。

---

① 通扬运河历史上称“古盐河”“运盐河”“上官河”“上官运盐河”等，汉吴王刘濞建都广陵（今扬州），为运输海盐，发展盐业生产，在西汉文景年间（前 179—前 141）开挖，从扬州的茱萸湾（今湾头）至海陵（今泰州）。到北宋时期已延伸至南通，通往运盐场。1909 年（清宣统元年）通州大达商轮公司疏浚南通到扬州的运河时，命名为“通扬运河”。

新通扬运河与通扬运河呈剪刀形交叉，交叉点在江都区宜陵镇西侧，交叉点之西，新通扬运河在通扬运河南侧；交叉点之东，新通扬运河在通扬运河北侧。开挖新通扬运河时，切断宜陵镇西的通扬运河段，对通航、灌溉造成一定影响。1964—1978 年先后建成五里窑船闸、宜陵船闸和宜陵地下涵洞。恢复了通扬运河的航运交通和沿线农田灌溉。

通扬运河的起点原在扬州的湾头，高水河形成后，以江都的褚山坝（土山坝）为起点，向东经宜陵、泰州、姜堰、海安、如皋至南通木耳桥，全长 177 km，流域面积 670 km^2。目前标准为：排水 70 m^3/s，河底高程 0.6～−1.5 m，底宽 8～16 m，河坡坡度 1∶2～1∶2.5。一般通航水位 2.5 m 左右。

2. 第二期工程

1963年一站通过新通扬运河排涝0.995亿m^3;1964年6、7月份干旱,自流引江,8月份里下河多雨,内涝威胁严重,又抽排涝水1.643亿m^3。10月份以后,自流引江,补给里下河及海口冲淤保港用水,全年共自流引江6.306亿m^3。两年实践证明,新通扬运河断面标准不足,加之沙性土质,两岸雨淋沟塌方严重,自流引江时,上游被冲,下游淤淀;抽排涝水时,不能充分发挥一、二站抽排120 m^3/s的作用。于是,省报请水电部按抽排150 m^3/s整治新通扬运河(江都至泰州段)。经水电部批准,于1964年12月25日,在江都工地召开新通扬运河整治工程施工会议,姜堰常备民工负责打坝,东坝于1965年1月7日合龙,西坝于1月12日合龙,春节前做好施工前的一切准备。1965年2月10日,江都西闸至江都闸河道疏浚,宜陵闸至庄家桥沙土削坡和主要段块石护坡等工程全面开工,动员姜堰、兴化民工1.3万人,4月10日验收合格,完成土方88万m^3,石方1.1万m^3。4月15日14时拆东坝,17时拆西坝,遂投入自流引江,向里下河腹部地区送水灌溉农田,发挥预期作用。

3. 第三期工程

1967年7月兴建三站后,1968年11月,新通扬运河按抽排250 m^3/s进行第三期整治工程,拓宽从江都宜陵至姜堰白米的河道,长55.03 km,由扬州、盐城两专区施工,动员姜堰、兴化、江都、宝应、高邮、大丰等区县民工14.7万人施工,翌年1月竣工,完成土方2 051万m^3。至此,扬州境内新通扬运河全线贯通。

4. 第四期工程

1977年四站建成,抽排能力提高到450 m^3/s。为充分发挥江都抽水站的作用,1978年建成江都东桥、江都东闸和江都送水闸。1980年汛前完成宜陵地下涵洞和砖桥镇的新向阳桥。1979年11月21日,又按江都西闸外灌溉期枯潮水位2.19 m、三阳河口水位1.89 m、自流引江550 m^3/s的标准,拓宽了新通扬运河江都东闸至宜陵三阳河河口段,长10.6 km。由当时的扬州地区9个县14万民工施工,提前26天,于1980年2月竣工,完成土方743万m^3。同时拆除向阳桥,并采用控制爆破技术拆除江都闸,汛前完成宜陵地下涵洞。

新通扬运河姜堰白米至海安段19.7 km,南通地区亦于1978年11月18日至12月12日动员海安县民工7.3万人进行拓浚,完成土方382万m^3。

5. 河口疏浚工程

新通扬运河与芒稻河以90°相交,引水时主流偏至北侧造成冲刷,1978年冬,江都西闸上游右岸距闸130 m至芒稻河口,以半径450 m切滩,长300 m,高程0 m至9 m砌有干砌块石护坡,坡比1∶3。但高程2 m向下的滩地未能挖除。2001年10月新通扬运河河口进行河道疏浚整治,切除南岸滩地。2002年3月竣工,完成土方26万m^3。

6. 江都东西闸之间河道疏浚工程

根据水利部《关于南水北调东线第一期工程长江至骆马湖段(2003)年度工程江都站改造工程、淮安四站工程、淮安四站输水河道工程、淮阴三站工程初步设计的批复》(水总〔2005〕350号),在江都站改造工程中,安排对东西闸之间及抽水站下游引河进行疏浚,对河坡进行护砌,并在四座抽水站引河口增设整流设施。

(1) 东西闸之间河道疏浚至高程-8.0 m,河底宽度50~80 m。一站至四站四条引河疏浚恢复至原设计断面，引河底高程分别为－3.5 m、－5.0 m、－4.5 m、－6.0 m。排泥场布置在河道南岸，疏浚总土方量 55 万 m^3。

(2) 河坡防护：从东闸翼墙处开始至与西闸设计分界线处止。河坡高程 5.5～3.0 m 范围内采用 M10 浆砌块石挡土墙，墙顶设宽0.55 m、厚 0.30 m 的混凝土盖顶；挡土墙基础为宽 2.8 m、厚 0.5 m 的 C20 混凝土底板，底板齿坎埋深 1.0 m。高程 3.0～0.5 m 河坡采用浆砌块石护坡，面层为 30 cm 厚浆砌块石、下垫 10 cm 厚碎石、5 cm 厚黄沙及 350 g/m^2 土工布垫层，底部为 0.6 m×0.8 m 混凝土齿坎。护坡顺水流方向每 20 m 设一道 0.4 m×0.6 m 混凝土格埂。高程 0.5～－8.0 m 水下河坡采用模袋混凝土护坡型式，充填 C20 混凝土的厚度为 15 cm。河底坡脚处设 2 m 宽水平模袋混凝土护脚。

(3) 江都一站、二站站下引河高程 5.5～3.0 m 原有砌石挡土墙保持不变，挡墙混凝土压顶拆除重建。高程 3.0～0.5 m 河坡为浆砌块石护坡。高程 0.5 m 以下坡面仍保持原护坡型式不变。三、四站站下引河坡在高程 5.5～3.0 m 新建浆砌块石挡土墙，高程 3.0～0.5 m之间原混凝土护坡拆除后新建浆砌块石护坡。

(4) 站下引河整流措施：在站下引河进口距站身下游侧(一站 141 m、二站 147.5 m、三站 131.5 m、四站 148 m)处设倒 Y 形(尾汉与泵站进水方向一致)导流墩，墩顶高程均为 2.0 m，三条边等长，尾汉夹角均为 60°。倒 Y 形导流墩单边长度，一站、二站均为 14 m、三站为 16 m、四站为 20 m。导流墩由 40 cm×40 cm 预制钢筋混凝土板桩组成。一站至四站桩底高程分别为－9.5 m、－10.0 m、－10.0 m、－11.0 m。墩顶现浇 40 cm×60 cm 钢筋混凝土帽梁。在站前距站身下游侧(一站 90.5 m、二站 97 m、三站 84.5 m、四站 92 m)处设一道导流坎，导流坎为预制钢筋混凝土倒 T 形结构，每节长度为 2 m，厚度 0.4 m。一站至三站坎顶高程为－2.5 m，坎底宽分别为 1.0 m、1.6 m、1.4 m；四站坎顶高程－3.5 m，坎底宽为 1.6 m。倒 T 形梁导流坎通过水下安装成型，抛石压脚护底。

江都东西闸之间河道疏浚由江苏省水利勘测设计研究院有限公司设计，施工由江苏省水利建设工程有限公司完成，工程于 2005 年 12 月 22 日开工，2006 年 1 月 13 日开始疏浚，5 月底河道疏浚基本完成；3 月 12 日完成导流坎、导流墩方桩预制施工；5 月 8 日完成▽0.5～1.5 m 护坡施工；5 月 13 日完成导流墩方桩沉桩、导流坎安装及帽梁；5 月 25 日完成模袋混凝土护坡施工；9 月 26 日完成全部挡土墙浆砌块石墙身施工。2007 年 1 月 30 日完成导流墩两侧桩抛石和导流坎软体沉排施工；3 月完成全部挡土墙栏杆施工。2008 年 4 月底完成人行道、路灯施工。2008 年 6 月 12 日通过单位工程验收。

(三) 三阳河

按南水北调东线工程规划，三阳河应具备输水 300 m^3/s 的能力，其中 200 m^3/s 经潼河供给宝应站，100 m^3/s 经大三王河供给里下河地区用水。

1973 年 6 月，扬州地区治淮指挥部编制了《苏北引江灌溉续建工程江都枢纽新通扬运河西段疏浚及三阳河整治工程初步设计》。三阳河由宜陵至潼河，全长 68 km。具体线路：樊川以南的老三阳河小而弯曲，且有丁沟、樊川两大镇，因此，南起老三阳河口，北至樊川镇西，裁弯取直，接上高邮市境内的老三阳河，樊川以北至高邮官垛荡的老三阳河比较顺直，则利用老河。

1973—1981 年有计划地整治三阳河南段，从宜陵至三垛长 37.34 km。三垛以北的整治工程因限于经费而暂停，有待继续整治。

2002 年 12 月至 2005 年 6 月根据水利部《关于南水北调东线一期工程三阳河、潼河、宝应站工程初步设计的批复》，通过扩挖、新开三阳河、潼河将长江水输送至宝应站下，其中三阳河从三垛镇至六安河利用老河道扩挖长 17.1 km，六安河以北段至潼河长 12.86 km 及潼河长 14.26 km 为新开河道，至此三阳河一期整治工程全部完工。

1. 第一期工程

该工程初步设计经省治淮指挥部批准后，于 1973 年 11 月 14 日开始施工。自宜陵至丁沟乡乔河长 11 km，河底高程－5.5 m，底宽 50 m。南部黏土段青坎 5 m，河坡坡度 1∶3；北部沙土段青坎 10 m，河坡坡度 1∶4；软土段河坡坡度 1∶4，在高程－1.0 m 处加 5 m 宽平台，青坎 20～40 m。由兴化、江都、高邮、宝应、姜堰、泰兴、仪征、六合 8 县 10 万民工施工，完成土方 970 万 m^3，1974 年 4 月 5 日竣工放水。同时，铺设护坡的截水涵管 1.48 km，筑宜樊公路改线1.5 km，拆建电灌站 10 座，配套建筑物 25 座。国家投资 1 136 万元。

2. 第二期工程

1974 年，扬州地区治淮指挥部根据省治淮指挥部《江苏省南水北调向北送水工程规划报告》和《里下河地区水利规划》，编报《江苏省南水北调江都枢纽配套——新通扬运河西段、三阳河南段工程修改初步设计书》，提出新通扬运河宜陵以西段按引排流量由 250 m^3/s 增加至 550 m^3/s 开挖，三阳河按引江 300 m^3/s 开挖，并按冬春自流引江 100 m^3/s 校核，设计水位为三阳河河口 1.84 m、三垛 1.13 m；排涝时，三垛最低水位 1.2 m。为防止沙土河床坍坡，原杞柳护坡改为浆砌块石矮墙护坡。经省批准后，于 1974 年 12 月开工，开挖三阳河河口段及新三阳河喇叭口段，喇叭口段长 1 045 m，河底高程－5.5 m，底宽 50 m，河坡坡度 1∶3，青坎：东岸 10 m，西岸预留船闸引河 140～190 m，由兴化、高邮、宝应、姜堰 4 县 2.04 万民工施工，1975 年 4 月完工。并在河口建宜陵北闸，以控制高潮引江时的樊川水位。同时在三阳河东岸盐邵河上建樊川船闸、樊川节制闸，保持盐城、邵伯航运交通。

3. 第三期工程

1975 年 11 月 2 日，继续开挖三阳河乔河至樊川段，长 9.1 km，河道标准与乔河以南相同。由兴化、宝应、高邮、江都、泰兴、靖江、邗江、姜堰、仪征 9 县 10 万人施工，完成土方 752 万 m^3，护坡 18.53 km，拆迁电灌站 13 座，于 1976 年 5 月 15 日竣工。7 月，建成癞东套闸。10 月，建成丁泰套闸。

4. 第四期工程

1976 年 11 月 6 日开始施工，从樊川到三垛，长 15.6 km，因经费不足，本段按引排 150 m^3/s规模施工，河底高程－4 m，底宽 35 m，河坡坡度 1∶4，青坎宽度一般为 10 m，个别软土段为 15～30 m。由兴化、高邮、宝应、江都、邗江、靖江、泰兴 7 县 6 万多人施工，完成土方 576 万 m^3，于 1977 年 1 月 22 日竣工。1977 年 5 月完成丁樊公路桥和横沟套闸。11 月完成丁西套闸和癞西套闸。高邮境内配套建筑物有单闸 3 座、公路桥 4 座及大、小拖拉机桥各 1 座，从 1977 年 3 月开工，至 1978 年 5 月竣工。

1979 年三阳河工程因国民经济调整停建。

5. 三垛镇裁弯

1981 年冬，鉴于三垛镇以南的三阳河在里下河地区排涝中发挥了显著作用，而三垛镇附近老三阳河弯曲浅窄，阻水严重，北澄子河以北的内涝很难南排，因此，提出三垛镇拆迁及新老三阳河接通工程项目。经省水利厅批准，1982 年开始拆迁。其范围为：南自北澄子河边，北至老三阳河边，宽 100 m，长 600～640 m。拆迁瓦房 1 332 间，草房 90 间，圩口闸 8 座，35 m桁架桥 1 座，排水洞 19 座，三垛至司徒公路改线 1 段，以及镇上公共设施连同土地征用费等，国家共投资 100 万余元，1986 年完成。1986 年 11 月开始新老三阳河接通工程，平地开河 460 m，疏浚老河 340 m，完成河底高程 −2 m，底宽 15 m，排水流量可达 34 m^3/s。

三阳河整治工程至此暂告一段落。宜陵至三垛全长 37.34 km，共完成土方 2 725.7 万 m^3，石方 8.37 万 m^3，混凝土 4.51 万 m^3，桥涵建筑物 49 座，投资 4 229 万元。

6. 南水北调东线三阳河潼河工程

三阳河潼河工程是南水北调东线工程的水源工程之一，是保证向北方调水、逐步解决北方地区缺水形势的东线第一期工程中的项目。该工程的主要任务是通过三阳河、潼河将长江水输送至宝应站下，由宝应站抽水 100 m^3/s 入里运河，与江都站（抽水 400 m^3/s）共同实现南水北调第一期工程抽江 500 m^3/s 规模的目标。

三阳河潼河工程于 2002 年 12 月 27 日正式开工建设，2005 年 6 月河道全线通水。三阳河潼河工程主要建设内容有：河道工程、跨河桥梁工程、沿线影响工程、水土保持及环境保护工程、移民安置补偿。

三阳河潼河河道工程总长 44.21 km，三阳河长 29.95 km，潼河长 14.26 km。河道断面、河底高程及宽度分别为三阳河：一期工程设计河底宽 30 m，底高程 −3.5 m，二期工程河底宽 50 m，底高程 −5.5 m，本工程设计河底宽为 30～50 m，河底高程 −5.5～−3.5 m；潼河：设计河底高程 −5.0～−3.5 m，底宽 30～40 m。河道边坡坡度 1∶4～1∶3。

三阳河潼河工程拆迁（新建）跨河公路桥及生产桥计 21 座。重建、改建沿线影响工程各类小型建筑物共 241 项，包括节制闸 2 座，套闸 1 座，圩口闸 29 座，灌排泵站 31 座，涵洞 13 座，干渠渠首 1 座，支渠渠首 21 座，退水洞 2 座，地涵 1 座，小节制闸 29 座，交通桥 14 座，渡槽 1 座，圩内小型农水建筑物 76 座，二横河延伸段桥梁 4 座，二横河延伸段排洞 14 座，二横河延伸段泵站 1 座，运西排涝河排洞 1 座。水文设施包括新建宝应站水文、水质站，新建杜巷水位站和三垛水位、水质站；改造邵伯巡测队：邵伯站生产办公用房改造，樊川站自记水位台改造，高邮站办公区改造，水情分中心改造。

国家共批复三阳河潼河工程概算投资 78 814 万元，实际投资完成 75 045.94 万元。其中建筑安装工程投资 29 593.46 万元，设备投资 894.20 万元，待摊投资 44 558.28 万元（含移民支出 39 473.22 万元）。

三阳河潼河工程累计完成土方 1 848.52 万 m^3，混凝土 9.87 万 m^3，块石 5.02 万 m^3。其中河道工程累计完成土方 1 553.93 万 m^3，混凝土 3.6 万 m^3，块石 1.4 万 m^3；跨河桥梁工程累计完成土方 34.8 万 m^3，混凝土 2.9 万 m^3，块石 2.4 万 m^3；沿线影响工程累计完成土方 259.79 万 m^3，混凝土 3.37 万 m^3，块石 1.22 万 m^3。

第十章
淮河归江控制工程

淮河下游入江水道是排泄淮河洪水的主要河道，起点位于洪泽湖出口的三河闸，经三河、金沟改道段、高邮湖、邵伯湖、归江河道至扬州境内的夹江，在三江营入长江。淮河入江水道归江控制工程主要指廖家沟上的万福闸、太平河下游石羊沟上的太平闸、金湾河下游董家沟上的金湾闸及运盐河上的运盐闸、芒稻闸。历史上这些归江河道均以打坝的方式蓄水灌溉，泄洪时拆坝。

万福闸、太平闸、金湾闸 3 座水闸在泄洪控制运用时，开启的顺序为：先开启万福闸，在不能满足泄洪要求时，再开启金湾闸，待满足上下游安全水位组合时，再开启太平闸；关闭的顺序为：先关闭太平闸，然后关闭金湾闸，最后关闭万福闸。60 年来，入江水道共排泄淮河洪水 10 259.7 亿 m^3。

1961 年万福闸管理处成立，分管万福闸、江都闸、邵伯闸。江都水利枢纽工程管理处成立后，于 1963 年 11 月将万福闸、江都闸、邵伯闸划归管理处管理，万福闸管理处机构不撤销，与管理处是平行关系，江都闸和邵伯闸两个管理所由管理处直接领导。1968 年 9 月，为了有利于水利工程的统一管理，省水利厅决定将万福闸管理处改称东风闸管理所，隶属于江都水利枢纽工程管理处革命委员会。1972 年 11 月成立万福闸、太平闸管理所，负责万福闸、太平闸的日常维护管理。1984 年 7 月，经省水利厅批准，万福闸管理所负责万福闸、太平闸、金湾闸的日常维护管理。

第一节　万福闸

万福闸位于扬州市东郊的廖家沟，在凤凰河、新河、壁虎河 3 河的汇合处，下游连接廖家沟，是淮河入江水道归江控制的主要排洪闸。上游凤凰河的来水基本与闸室宽度方向中心线正交，右岸壁虎河偏右侧，为确保过闸水流基本平顺，在凤凰河和新河合口处隔堤端部向下游增设 600 m 导流堤。该闸于 1959 年 10 月动工兴建，1960 年 7 月建筑物主体工程完成，水下工程经过验收便开坝放水。该闸设计流量 7 460 m^3/s，属大型水闸，2 级建筑物。工程主要作用为排泄淮河洪水入江，拦蓄邵伯湖灌溉水，并引江潮补给邵伯湖水之不足，改善邗江、仪征两市（区）的灌溉用水条件，同时保持扬州段大运河的通航水位及改善扬州城市用水。1986 年 11 月工程进行第一次较为全面的加固改造，1993 年 11 月竣工，1993 年 12 月进行加固验收。2012 年 3 月开始进行第二次全面加固改造，2018 年 5 月工程全部完成，同年 8 月通过单位工程验收，工程质量等级为优良。

（一）规划设计

根据淮河流域规划，淮河洪水泄量按 300 年一遇洪水流量 11 500 m^3/s 设计，千年一遇洪水流量 13 500 m^3/s 校核。1959 年 9 月，经水电部和国家计委联合批准，淮河入江水道工程按排洪入江 12 000 m^3/s 设计，设计标准为 300 年一遇，当淮河来量为 11 500 m^3/s 时，万福闸排洪 7 460 m^3/s；当淮河来量为 13 500 m^3/s 时，万福闸排洪 8 820 m^3/s，占淮河总入江流量的 65%；利用闸下高潮位开闸引潮，设计最大引潮流量 2 000 m^3/s，改善邵伯湖沿湖地区 100 万亩①农田灌溉用水的条件。

万福闸共 65 孔，闸总长 141.0 m，总宽 466.8 m，每孔净宽 6 m，底板共分 32 块，为Ⅱ形钢筋混凝土底板，伸缩缝在底板中间，边孔为两侧岸墙各挑出半块，闸底高程 −2.0 m。公路桥设在下游一侧，上游为工作便桥，工作便桥与公路桥中间为工作桥。闸墩为钢筋混凝土结构，公路桥、工作桥、工作便桥均为钢筋混凝土简支结构。左右两侧为钢筋混凝土岸墙，上下游均为弧形重力式浆砌块石翼墙，两侧各 3 节。上游翼墙为圆弧面，下游翼墙为扭曲面。上下游均设消力池。采用上下扉直升平面闸门，上扉门为钢筋混凝土结构，下扉门为钢架钢筋混凝土面板结构。采用卷扬式闸门启闭机，启闭方式为上下扉门联动。

1986 年万福闸因混凝土碳化严重造成混凝土结构大面积损坏而进行加固改造，根据 20 多年的实际情况，对原设计水位进行了修正。当淮河入江 12 000 m^3/s 时，万福闸分担排泄 8 270 m^3/s；入江 15 000 m^3/s 时，万福闸分担排泄 9 400 m^3/s。

（二）工程施工

万福闸工程由省水利厅基建工程队负责施工。1959 年 10 月 2 日进行筹备，10 月 12 日开始筑下游拦河坝，至 1960 年 5 月 30 日全部完成混凝土浇筑任务。5 月中旬开始安装上下扉闸门及启闭机，7 月 15 日建筑物主体工程建成并放水。1962 年 12 月全部竣工。

万福闸工程总投资 1 700 万元，完成混凝土 5.0 万 m^3，石方 7.3 万 m^3，土方 160 万 m^3，耗用钢筋 1 200 t、钢材 685 t。

万福闸工程边设计边施工，没有完整的施工资料，无竣工图纸和施工总结，没有办理验

① 1 亩≈666.7 平方米

收和工程移交手续。1985年10月，根据水利工程“三查三定”精神，召开了由省水利厅设计、施工、科研和管理部门人员参加的“万福闸工程技术鉴定会”，以代替竣工验收手续。

（三）加固改造

万福闸建于20世纪50年代末60年代初，由于当时的历史原因和客观条件，主体建筑物混凝土标号偏低，加之施工工艺简陋，工程竣工不久，很多部位的混凝土碳化深度已超过钢筋保护层，导致结构主筋锈蚀，混凝土表面胀裂，裂缝宽度最大达9 mm；消力池混凝土冲损；闸门钢架锈蚀，端柱内侧锈斑累累，成块剥落，抗剪强度不够，滚轮锈死，底止水漏水等。为了延长工程寿命，确保工程安全运用，工程于1986年至1993年进行了加固改造。加固后工程经过近20年的运用，混凝土碳化仍继续加剧，设备陈旧老化，于2012年至2018年进行了第二次加固改造。

1. 第一次全面加固改造

1981年10月至1984年5月，在水利工程“三查三定”工作中，发现万福闸闸墩、公路桥、工作桥大梁等主要部位的混凝土碳化严重，碳化深度已超过钢筋保护层（平均74 mm，最大94 mm），导致结构主筋锈蚀，混凝土表面胀裂，裂缝宽度最大达9 mm，排架的抗震烈度达不到标准，闸门钢架锈蚀，抗剪强度不达标等问题。经省水利厅批准，1986年汛后进行万福闸全面加固，1986年11月25日开工，1993年11月20日竣工。

省水利厅批复的加固项目有：①上下扉闸门拆除重建，启闭机解体检修，在工作桥上增设电缆沟，敷设新电缆。②工作桥加固，采用修补和喷刷保护涂料的方法进行。③工作桥排架按地震烈度Ⅶ度加固。④闸墩加固：上游墩头接长，并增设检修门槽，将已碳化的闸墩表层凿除，用喷高强混凝土修复。⑤闸底板加固及基础灌浆，底板伸缩缝用沉柜检查修理，在上游墩头接长后，利用上游检修门槽和原检修门槽下检修门进行检查和修补。⑥上游工作便桥拆除重建。⑦公路桥加固和改建。⑧上下游护坦和消力池加固。⑨东西桥头堡改建和加固。

上游闸墩圆头接长（增设检修门槽）、工作便桥重建于1987年第一季度开始，至1989年第四季度完成。工作桥排架加固于1987年12月开始，至1991年第二季度完成。工作桥加固于1990年3月开始，至1992年第二季度完成。闸室加固采用连续3孔抽水，根据计算在闸墩相应部位加设钢支撑，满足两孔无水施工条件。闸室加固于1988年秋开始，至1991年底完成，主要项目有闸墩碳化层凿除喷射高强度混凝土修补，上下扉门更新，下扉门底止水门坎改造，闸底板检查，在闸墩门槽位置开凿下扉门检修人孔等。

公路桥改建和加固分两个阶段。开工初按设计采用环氧厚浆和KCM涂料封闭桥底混凝土表面层，以免混凝土继续碳化。1990年11月开始进行公路桥桥面改建。在原公路桥（行车道宽7.0 m，设计标准为汽-13，拖-60，悬臂人行道宽2.7 m）上部新建公路桥（行车道宽9.0 m，设计标准为汽-20、挂-100，南北两侧人行道宽1.5 m）。工程在不中断交通的情况下从1991年秋开始至1992年底完成。

上下游护坦、消力池修补：采用自浮式气压沉柜检查修理。从1986年9月底开始，用时7年，总计检查了1 679 m^2，上游修补了23处，下游修补了251处，修补材料有810水下环氧混凝土、丙乳砂浆混凝土、普通混凝土、NX 双块水泥细石混凝土等。

万福闸是江苏省第一座全面加固的大型水闸，受宏观经济和客观环境的影响，以不打坝挡水的方案进行施工，工程分批进行，不影响汛期水闸运用和公路交通。经过几年的施工实践，万福闸加固工程对水闸的加固，特别是对大型水闸且受潮汐影响的工程的全面加固积累了一定的经验。例如利用浮箱式检修门、钢板围堰、自浮式气压沉柜，实现不打坝截流进行水下施工；采用在老公路桥上加公路桥的方案，预制公路桥面实行半幅施工，不影响公路交通的方案；坚持科学试验，为施工方案、方法、工艺的选定提供科学依据，万福闸加固中进行了闸墩接长的混凝土冻融试验，喷射混凝土的抗压强度试验，新老混凝土黏接试验，湿喷补偿收缩水泥砂浆试验，公路桥悬臂牛腿混凝土配合比试验和原型观测等，同时也为编制施工计划和预算提供了依据；万福闸加固施工的全过程也是加固概(预)算定额管理经过编制、实践、分析调整、再实践、完善的全过程，为定额编制部门提供了参考材料。

万福闸此次加固总经费 2 496 万元，工程钢结构制作 930 t，混凝土及钢筋混凝土 7 200 m^3，启闭机大修 65 套。

2. 第二次全面加固改造

通过 1986 年至 1993 年的加固改造，万福闸的混凝土碳化情况有所改善，排架的抗震标准得到提高。加固后经过近 20 年的运用，混凝土碳化仍继续加剧，设备陈旧老化已不能满足工程管理现代化的要求，需要对万福闸工程进行全面加固改造。

2010 年 10 月，国家发改委批复可行性研究报告。2011 年 6 月，水利部批复初步设计。同年 8 月，省水利厅同意在维持原设计标准和规模不变的情况下，对万福闸工程进行全面加固改造，下发万福闸、芒稻闸水文站改造工程的分解批复及概算，工程总投资 7 995 万元。后经过设计变更和概算调整，增加投资 1 454.04 万元，工程总投资为 9 449.04 万元。

加固改造的主要项目有：

(1) 土建工程：闸底板破损面和伸缩缝修补，闸墩表面水上部位防碳化处理，拆除并重新浇筑门槽，排架、工作桥拆除重建，上游工作便桥改建，上下游翼墙减载，桥头堡拆除重建，新建启闭机房等。

(2) 机电设备及安装工程：更换 65 台套启闭机，启闭方式由原上下扉门联动改为上下扉门独立启闭，采用获得国家实用新型专利的同轴主副卷筒固定卷扬启闭机；更新除备用发电机外的所有电气设备；增设微机监控、视频监视和局域网系统；改建水文缆道及部分测量设备。

(3) 金属结构及安装工程：更新原钢筋混凝土上扉门为钢结构上扉门，原钢结构下扉门门体喷锌防腐，止水改为双向止水，更换部分主滚轮轴套，原闸门铸铁轨道全部更新为 Q345 (Q235)组合钢轨，增补 6 套自浮式钢结构检修门，增设上游检修门启闭设施。

(4) 万福闸、芒稻闸水文站改造：主要包括水文基础设施改造和技术装备更新等。

(5) 水土保持工程：主要包括水土保持绿化、改建旧步道等。

(6) 公路桥、工作便桥整修：主要建设内容为公路桥下游侧废旧栏杆拆除、过桥管线封闭，栏杆维修及表面防碳化处理，北侧大梁面层缺陷处理；工作便桥桥面整平处理及铺设石材面层，检修门槽盖板更换，盖板槽口角钢加固，更换两侧栏杆等。

(7) 上下游护坡整修:主要包括上下游护坡整修;整修段护坡上部水土保持等。

此次加固改造工程于 2012 年 3 月 22 日开工,初设批复项目完工时间为 2017 年 4 月 28 日,2018 年 5 月 10 日新增工程全部完成,同年 8 月通过单位工程验收,工程质量等级为优良。

3. 堤防加固

1997 年根据省水利厅对江海堤防达标建设的要求,针对万福闸堤防存在的问题,依据有关防洪堤防设计标准,对万福闸堤防实施达标加固。

万福闸堤防达标加固工程由引江水利水电设计研究院设计,根据万福闸下游 50 年一遇洪水流量设计水位,经频率分析计算及受益范围分析,确定下游堤顶高程为 8.50 m。堤防加固范围:左堤 0+360～0+604 段,堤顶高程 8.5 m;右堤 0+261～0+620 段,堤顶高程 6.5～7.5 m。

万福闸、金湾闸下游堤防达标工程于 1999 年 2 月 15 日开工,至 1999 年 5 月 15 日完工,共完成土方 14 375 m^3,石方 10 630 m^3,混凝土及钢筋混凝土 143 m^3,堤防加固总长 1 238 m,完成工程经费 291.5 万元。

第二节 太平闸

太平闸位于扬州市科技新城太平河下游石羊沟上。该闸设计流量 1 950 m^3/s,校核流量 2 470 m^3/s,属大型水闸,2 级建筑物。1971 年 11 月开工兴建,1972 年 8 月拆坝放水,1973 年 8 月全面竣工验收。1994 年 7 月工程进行加固,1996 年 10 月竣工,同年 11 月竣工验收。太平闸工程由万福闸管理所负责日常维护管理。

(一) 规划设计

太平河系淮河归江旧河道之一,在汛期淮河排洪时拆坝放水,汛后打坝蓄水。省治淮指挥部于 1972 年淮河入江水道工程中安排太平河废坝建闸。太平闸按高邮湖水位 9.5 m,淮河入江水道 12 000 m^3/s,分配太平闸 1 580 m^3/s 流量设计,为今后进一步扩大入江泄洪流量留有余地,所以当淮河入江泄量为 12 000 m^3/s 时,闸上水位 7.18 m,过闸流量为 1 950 m^3/s;当入江泄量为 15 000 m^3/s 时,闸上水位 7.58 m,过闸流量为 2 470 m^3/s。

太平闸闸总长 115.6 m,总宽 167.0 m,共 24 孔,每孔净宽 6.0 m。底板为连续反拱底板,24 孔不分缝。闸墩除门槽部位为钢筋混凝土外,均为浆砌块石结构,公路桥、工作便桥采用无筋板拱,岸翼墙采用浆砌块石连拱墙。闸门为上下扉结构,上扉门为钢筋混凝土梁钢丝网水泥波浪板闸门,下扉门为钢筋混凝土框架钢丝网水泥双曲扁壳闸门。行走支承系统采用胶木承压板滑块与瓷砖滑道。闸门由 1 台门式移动油压启闭机启闭。公路桥布置在闸门的下游侧,拱形结构,桥面净宽 10 m,行车道宽 7.0 m,两侧人行道宽

1.5 m。设有工作桥、工作便桥。两侧设有空箱式岸墙，上下游翼墙均采用连拱圆弧型式空箱结构，两侧各3节。

太平闸设计是以闸代坝，且与万福闸调节运用，设计规定：原则上万福闸泄洪5 000 m^3/s时，太平闸开闸放水；启闭程序为：先开启万福闸，抬高太平闸下游水位，达到安全水位组合时，太平闸才能开启；闸门开启时，先开下扉门，后开上扉门；开门时由中间向两侧逐孔逐节对称开启，关门时由两侧向中间逐孔逐节对称关闭；开门或关门时，必须逐孔启闭第1节，然后逐孔启闭第2节，做到各孔均匀。禁止1孔或少数几孔在不安全水位组合的情况下一次到顶。

（二）工程施工

太平闸由扬州地区革命委员会治淮指挥部太平闸工程处设计、施工，土方工程由姜堰民工团承担。1971年11月上旬开始万福闸下游切滩，结合太平闸工程填筑下游拦河围堰，11月下旬开始闸塘清淤并进行施工钻探。12月8日正式开工，开始浇筑混凝土，预制件除闸门采用木模预制外，其余公路桥、工作便桥、工作桥、挡土墙侧拱等均用土模预制，整个工程至6月20日结束。1972年6月28日邀请省、地区治淮指挥部、省水利总队及管理单位对水下部位的工程进行检验，检验结果工程质量基本良好，同意拆坝放水。7月13日至9月8日拆除上下游施工坝。1972年淮河来水较大，8月11日至9月15日，24孔闸门全部做好临时放水的准备工作。

油压启闭机于1972年9月初开始安装，到10月上旬基本结束，1973年第一季度行车安装基本结束，同时进行试运转。

太平闸工程造价255万元。主要工程量为：土方418 920 m^3，其中闸塘土方89 320 m^3，引河土方23 500 m^3，其他土方306 100 m^3；石方工程共计16 047.4 m^3，其中浆砌块石7 235.7 m^3，灌砌块石3 508.8 m^3，干砌块石5 302.9 m^3；混凝土与钢筋混凝土11 076 m^3。

（三）加固改造

1. 抗震加固

为了节省工程建设投资，太平闸工程采用了一些特殊的结构，但由此导致结构单薄，抗震强度差，对地基变形适应能力不足，闸门启闭可靠性、及时性差，无法保证工程及时安全的运用，为此，曾多次进行加固改造处理。另外，原设计计算未考虑抗震设防，工作桥排架采用混凝土空心砌块砌筑而成，尽管空腔内灌注了混凝土并设置了一定数量的钢筋，但经抗震验算，排架不能满足Ⅶ度抗震设防。还存在工作桥混凝土碳化以及油压启闭机的油缸活塞杆升降不同步等现象。

针对工程存在的诸多安全隐患，根据省水利厅1993年治淮治太前期工作安排，太平闸进行以抗震为主的工程加固。省水利厅分别于1994年3月1日以《关于太平、金湾闸加固工程初步设计和概算的批复》、1995年3月21日以《关于太平、金湾闸加固工程预算的批复》和1996年1月3日以《关于太平、金湾闸加固工程追加经费的批复》三个批复文件，明确了太平、金湾闸工程加固的工程项目、工程经费及工期目标。

太平闸加固主要建设项目有：工作桥混凝土碳化处理、工作桥排架抗震加固、闸门检修及油漆防护、闸门槽下游侧滑道改建、油压启闭设施更新改造、下游翼墙抗震减载、边孔底板裂缝检查、桥头堡加固、测压管修复，太平闸、金湾闸工程加固总投资 900 万元。

工程于 1994 年 7 月正式开工，至 1996 年 10 月全部竣工。1996 年 11 月 5 日，由水利部淮委、省有关部门和省水利厅会同建设、设计、监理、质监、管理等单位组成验收委员会，对太平闸加固工程进行竣工验收。太平闸加固工程质量等级被评定为优良。

2. 堤防加固

1997 年根据省水利厅对江海堤防达标建设要求，针对太平闸的堤防工程存在的问题，依据有关防洪堤防设计标准，对太平闸堤防实施达标加固。

太平闸堤防达标加固工程由管理处设计院设计，堤顶高程根据万福闸下游 50 年一遇洪水流量设计水位，经频率分析计算及受益范围分析，太平闸下游堤顶高程经省水利厅批准，确定为 8.20 m。堤防加固范围：左堤 0＋000～0＋290 段，右堤 0＋000～0＋149 段，护坡自高程 0.0 m 至坡顶 7.00 m 翻砌灌浆，坡顶建挡浪墙至 8.20 m。

太平闸下游堤防达标加固工程于 1998 年 11 月 5 日开工，至 1999 年 12 月 25 日完工，共完成土方 2 147 m^3，浆砌块石 1 775 m^3，护坡灌浆加固 5 829 m^2，堤防加固总长 439 m，完成工程经费 83 万元。

3. 加固续建

1994 年 7 月至 1996 年 10 月对太平闸进行抗震加固后，在工程管理运用过程中，发现混凝土碳化不断加剧、闸门薄壳面板龟裂、闸门启闭时间长且设施落后等诸多问题。2002 年 10 月至 2003 年 12 月根据省水利厅《关于太平闸加固续建工程初步设计及概算批复》，对太平闸进行了加固续建，主要项目有：24 孔双曲薄壳混凝土闸门更换为平板钢闸门，24 孔一机的移动式液压启闭机更换为一孔一机 2×125 kN 卷扬式启闭机，工作桥、东西桥头堡拆除重建，公路桥及工作便桥裂缝处理，工作桥排架及闸墩碳化处理，电气设备改造，增设启闭机房以及自动化控制、视频监控系统等。该项目完成经费 1 752 万元。

4. 底板裂缝加固

太平闸经过历次加固，虽解决了抗震强度不足、混凝土碳化及设备老化等问题，运行管理条件明显提高，但仍保持反拱底板、正拱桥的结构，其对不均匀沉降适应能力不足的先天性缺陷依然存在。2009 年 2 月，通过对太平闸闸室内底板的水下录像检测，发现 10 号孔下游闸室内有一条通长裂缝，15 号孔有两处裂缝，缝宽约 10 mm、缝长 50 mm。根据河海大学利用“三维有限单元法”对连续反拱底板进行复核计算的成果，确定对太平闸反拱底板进行抗裂加固。2011 年省水利厅批准对太平闸反拱底板裂缝进行加固。加固方案为：采用 C25 混凝土将闸室反拱底板下游反拱段填平，填筑高程至－1.0 m。工程于 2012 年 1 月开工，2013 年 3 月工程施工完成。施工方法：抢抓非汛期长江下游低潮位，利用闸门和钢结构围堰形成无水环境，进行混凝土的浇筑。该工程概算经费 393.73 万元。

第三节　金湾闸

金湾闸位于江都、邗江两区分界的金湾河下游董家沟上，与万福闸、太平闸配合运用，发挥排洪、蓄水、引潮等工程效益。该闸设计流量 3 200 m^3/s，校核流量 3 500 m^3/s。属大型水闸，2 级建筑物。1972 年 10 月动工兴建，1976 年 5 月竣工，同年 10 月验收移交。1994 年 7 月进行工程抗震加固，1996 年 10 月竣工，同年 11 月验收。2004 年 2 月进行加固续建(为 2003 年淮河流域灾后重建应急工程)，同年年底竣工，2005 年 10 月进行加固验收。金湾闸工程由万福闸管理所负责日常维护管理。

(一) 规划设计

1959 年经水电部批准的淮河入江水道工程，以排洪入江 12 000 m^3/s 设计，分配金湾闸 3 200 m^3/s 流量作为该闸设计标准。

金湾闸闸址在查勘初设阶段有南、北两个方案，南址在头道桥附近，其优点是桥闸结合，河道疏浚后桥不需重建，公路无须大改线；缺点是地基较差，工程量大，造价高，施工时间长。北址在头道桥以北 950 m，其优点是地基土质好，施工时间短，挖压土地少；缺点是闸桥分开。后经研究讨论和上级批准，确定北址位置在江都、邗江两区分界的金湾河下游董家沟上。

金湾闸由扬州地区革命委员会治淮指挥部金湾闸工程处设计。金湾闸共 22 孔，闸总长 154.0 m，总宽 157.20 m，每孔净宽 6 m，底板为混凝土连续反拱底板，西侧设鱼道 1 孔，闸与鱼道总宽 160.0 m。金湾闸交通桥、工作便桥为素混凝土实腹板拱，浆砌块石闸墩(门槽部位为钢筋混凝土结构)，岸翼墙为浆砌块石侧拱结构，闸门为双曲扁壳钢丝网水泥闸门，采用柱塞式油压启闭机。门槽下游侧采用尼龙滑道，高程 −3.0～2.0 m 用滑道架安装，高程 2.0 m以上采用滑道架嵌固木质层压板，上游侧滑道采用瓷砖。鱼道为混凝土闸门，采用 1 台10 t 螺杆式启闭机启闭。

(二) 工程施工

金湾闸由省水利工程总队第一工程队施工，1972 年 10 月 27 日开始填筑下游围堰，古运河东西围堰及原金湾河北坝加固，11 月 4 日下游围堰合龙。11 月 6 日配备 3 台机船排除积水 20 多万 m^3，11 日进入闸塘清淤和土方开挖工作，在闸身部位的土方将要被开挖到计划高程时，发现闸身部位土质不均，后经研究，决定闸址向北移动 50 m，以策安全。1972 年 2 月 9 日开始浇筑混凝土工程，5 月 6 日混凝土浇筑和浆砌块石工程全部结束。金湾闸工作桥、公路桥、工作便桥、油泵房牛腿大梁采用土模预制，闸门采用木模预制。5 月 28 日构件吊装结束，6 月 6 日进行了水下工程检验，并开始拆除下游施工围堰，6 月 15 日放水。由于油压启闭机落实加工较迟，闸上采用两台 8 t 卷扬机进行临时启闭。油压启闭机油缸由省水利工程总队一队于1974年2月下旬开始加工，1975年7月1日试装1孔，1976年6月11日完成全面试车。1976年10月24日工程竣工验收移交。

金湾闸工程总投资420万元，完成混凝土12 339 m^3，钢材290 t，石方19 241 m^3，土方545 000 m^3。

（三）加固改造

1. 抗震加固

加固缘由：一方面原设计计算未考虑抗震设防，工作桥排架采用混凝土空心砌块砌筑而成，尽管空腔内灌注了混凝土并设置了一定数量的钢筋，但经抗震验算，工作桥和工作桥排架均不能满足Ⅶ度抗震设防；另一方面油压启闭机的油缸柱塞杆外壁拉毛、磨损，局部变形、弯曲，部分油泵损坏，液压系统多为非标产品，备品备件难以购置，无法进行正常的维修保养。

针对工程存在的诸多安全隐患，根据省水利厅1993年治淮治太前期工作安排，决定对金湾闸进行以抗震为主的工程加固。同年10月21日管理处成立了太平、金湾闸加固工程处，负责实施金湾闸抗震加固工程的各项工作。省水利厅分别于1994年3月1日以《关于太平、金湾闸加固工程初步设计和概算的批复》、1995年3月21日以《关于太平、金湾闸加固工程预算的批复》和1996年1月3日以《关于太平、金湾闸加固工程追加经费的批复》三个批复文件，明确了太平、金湾闸工程加固的工程项目、工程经费及工期目标。

金湾闸加固主要建设项目有：工作桥改建、工作桥排架抗震加固、闸门维修、下游翼墙抗震减载、油缸导向增设、油压启闭设施更新维修、测压管修复。太平闸、金湾闸工程加固总投资900万元，工期2年。

工程自1994年7月正式开工，本着先土建、后启闭设施，先主要项目、后一般项目的施工顺序进行。工程先从太平闸开始，在该闸主要土建项目进入后期施工时，金湾闸加固工程全面展开，至1996年10月金湾闸加固工程全部竣工。由于金湾闸加固与太平闸加固为同期进行，因此金湾闸加固工程的建设、管理与验收情况与太平闸加固工程相同（详见太平闸加固改造部分）。金湾闸加固工程质量等级被评定为优良。

2. 堤防加固

1997年，根据省水利厅对江海堤防达标建设的要求，对金湾闸的堤防工程存在的问题，依据有关防洪堤防设计标准，对金湾闸堤防实施达标加固（与万福闸堤防达标加固同步进行）。

金湾闸堤防达标加固工程由管理处设计院设计。金湾闸下游堤防按50年一遇的设计标准，设计洪水位6.98 m，浪高0.7 m及安全超高0.8 m，经频率分析计算及受益范围分析，金湾闸下游堤顶高程确定为8.50 m。堤防加固范围：左堤0+000～0+385段，右堤0+000～0+285段；护坡自高程0.0 m至坡顶7.0 m翻砌灌浆，坡顶建挡浪墙至高程8.5 m，在下游右岸一排水口建挡潮涵洞。

万福、金湾闸下游堤防达标工程于1999年2月15日开工，至1999年5月15日完工，共完成土方14 375 m^3，石方10 630 m^3，混凝土及钢筋混凝土143 m^3，堤防加固总长1 238 m，完成工程经费 291.5 万元。

3. 加固续建

2003 年省水利厅以《关于淮河流域 2003 年灾后重建应急工程金湾闸初步设计及概算的批复》同意组织实施金湾闸加固续建工程。工程主要加固内容有:①闸墩水面以上及排架部位采用环氧厚浆涂料进行防碳化处理;②工作便桥及公路桥拱圈的裂缝、碳化进行处理;③闸门滑块支撑改为滚轮支撑,门槽改造,拆除上右侧活动挡块,浇筑整体混凝土挡块;④油缸更换 6 孔、大修 9 孔,更新液压系统;⑤油泵房维修改造;⑥电气设备更新改造,增设自动化控制和视频监视系统;⑦22 孔混凝土闸门更换为钢结构闸门。

工程于 2004 年 2 月 18 日正式开工,同年 12 月完成全部项目,2005 年 11 月通过竣工验收。该工程概算批复经费 2 012 万元(含鱼道加固费用)。

第四节　鱼　道

(一) 万福闸、太平闸鱼道

万福闸、太平闸鱼道位于廖家沟、石羊沟(太平河)之间。1971 年 11 月动工,1973 年 3 月竣工。2 条鱼道由 2 座进口闸、1 座出口闸、1 个交汇池、1 座观察室、2 座公路桥和 541.3 m 长的明渠组成。鱼道系用混凝土连横边墙及 117 道砂浆砌块石隔板结构。工程总造价 35 万元,使用混凝土与钢筋混凝土 1 000 m^3。完成土方 11 万 m^3,石方 3 500 m^3。

该鱼道主要便于各种鱼类进入内河湖泊索饵育肥和出江产卵繁殖后代。过鱼对象主要是:2—4 月份过 5 分硬币大小的蟹苗;3—4 月份过 6～10 cm 的鳗鱼苗;5 月份过 10～30 cm 的刀鱼苗;5—7 月份过 5～10 cm 的青鱼、草鱼、鲢鱼、鳙鱼苗。平均每小时过鱼约 183 尾。其一般规律是:晴天过鱼较多,阴天过鱼较少;风向和进口方向一致时过鱼较多,反之较少;刀鱼、鳗鱼夜晚过得多,白天过得少;涨潮后约 1 h 鱼过得最多,落潮时过得少,开闸放水对过鱼基本无影响。

(二) 金湾闸鱼道

金湾闸鱼道紧连金湾闸西侧、沿西岸上游块石护坡布置,为 1 条 0.8 m 宽的小鱼道,全长 135 m,下口门设在金湾闸闸身西侧,配置 1.6 m×3 m 混凝土闸门,启闭机为螺杆启闭机。在 2003 年金湾闸加固续建工程中,更换原混凝土闸门为钢结构平板闸门,更换一台10 t 螺杆启闭机。

第十一章
工程效益

江都水利枢纽一站、二站、三站、四站先后投入使用后，抽水能力达 473 m^3/s。1994 年至 1999 年，一站、二站更新改造后，抽水能力增加到 508.2 m^3/s。截至 2020 年底，4 个抽水站共抽水 1 928.4 亿 m^3，其中抽引长江水 1 530.0 亿 m^3，相当于 51 个洪泽湖的灌溉蓄水量，抽排里下河地区涝水 398.4 亿 m^3，三站利用淮河余水发电 10 181.4 万 kW·h。随着江都水利枢纽及里下河水系配套工程的日趋完善，工农业生产的不断发展，用水量不断增加，江都西闸引江流量超过原设计标准 505 m^3/s，据统计日平均流量在 700～1 000 m^3/s，最大流量达 1 478 m^3/s。1961 年至 2020 年累计向里下河地区自流引江水 1 396.5 亿 m^3。江都水利枢纽工程对里下河和徐、淮两个大“粮仓”的粮食增产，保持京杭运河苏北段的畅通，保证徐、淮、连、宿部分城镇和工矿企业的用水，促进这些地区乃至全省的国民经济建设和社会发展起着举足轻重的作用。同时为保障京杭运河航运、改善苏北地区特别是里下河腹地、滨海垦区水环境以及港口冲淤等发挥了巨大的效益。

淮河下游入江水道上的万福闸、太平闸、金湾闸是排泄淮河洪水进入长江的主要控制工程；通过运盐河上的运盐闸，经芒稻闸也可排泄部分洪水进入长江，1961 年至 2020 年入江水道归江控制工程共泄洪 10 259.7 亿 m^3；万福闸、金湾闸还具备引江潮补给邵伯湖水不足之功能，至 2020 年累计引江潮 11.7 亿 m^3。

第一节 调 水

（一）江水北调

江都抽水站自建站以来至2020年底，共抽江水北送1 530.0亿m^3，特别是江都四站建成后的44年间，年均抽水32.2亿m^3，其中年抽江水北送60亿m^3以上的有1978年、1995年、1999年、2001年、2013年和2019年6年，年抽江水北送50亿m^3以上的有1992年、1994年和2011年3年。

1964年冬至1965年6月底，苏北地区长期干旱，当时一站和二站建成不久，于1965年6月上旬投入抗旱运行，开机23天，抽引江水2.45亿m^3，解决了运河沿线急需的抗旱用水。

1966年到1967年，江苏遭遇了连续两年的干旱。1966年汛期4个月，淮河、沂河来水很少，淮河断流221天，沂河也是无水下泄，洪泽湖、骆马湖干涸见底。一站、二站自1966年5月下旬开始到1967年7月开机413天，抽引江水37.7亿m^3北送灌溉，大大缓解了旱情的影响，使大运河沿线灌区一片葱绿，农业丰收。

1978年，江苏全省出现全年连续大旱的特大旱年，春旱接着夏旱，夏旱接着秋旱，降雨量仅及常年的40%，淮河断流218天。1979年江苏又是春旱、夏旱相接。江都4座抽水站自1978年4月上旬至1979年7月上旬全部投入抗旱，连续开机461天，抽引江水110.5亿m^3，为苏北地区提供了充足的抗旱水源，使得该地区粮棉作物仍获大丰收。

1994年4月下旬至8月下旬，江苏省降雨量较常年同期少40%～50%，梅雨期雨量少于常年梅雨量80%～90%，加上长时间的持续高温，苏北地区又遭遇干旱。江都抽水站从4月28日开机，连续大流量、满负荷开机207天，向干旱严重的苏北地区补水56亿m^3。1994年冬苏北湖库蓄水严重匮乏。1995年又遇干旱年，4座抽水站安全运行273天，创年度连续运行最高纪录，抽引江水66.6亿m^3。

2019年江苏遭遇60年一遇气象干旱，继5—7月发生春夏连旱后，8月下旬以来，再次持续干旱少雨，大部分地区出现较为严重的气象干旱。由于持续的气象干旱，全省湖库蓄水明显低于常年同期，对农业生产、部分地区城乡居民生活用水带来不利影响。江都抽水站从5月6日开机，4座抽水站安全运行235天，抽引江水达75.9亿m^3，抽水量创历史新高，为满足苏北地区工农业生产、生活用水，保障京杭大运河水运大动脉的畅通做出了重要贡献。

江都抽水站江水北送，不仅解决了扬州、淮安和盐城3市沿运地区和苏北灌溉总渠两岸23万hm^2农田在淮水北调后的灌溉用水，而且促进了易旱易涝的淮北地区的作物改制。随着淮水北调工程和江都水利枢纽工程的建成，逐步实现了引江济淮、江水北调的跨流域调水，有效地保障了淮北地区“旱改水”的稳定发展，水稻播种面积不断扩大，从而使该地区摆脱了贫困落后的面貌，昔日是缺粮的重灾区，而今已成为江苏的商品粮基地。同时，使淮北地区中华人民共和国成立初期 67 万 hm^2 的盐碱地得到充分的水源，实施淋盐洗碱，加上农业措施而得到改良。

（二）南水北调

2013 年，经过 10 年建设，南水北调东线一期工程江苏段基本建成，其“源头”与半个多世纪前“江水东引北调”工程的起点在江都交汇，国家战略与江苏民生工程在此叠加融合。

南水北调东线一期工程通水 7 年来，江苏已累计向山东调水超 47 亿 m^3，惠及人口约 5 800万，相当于给齐鲁大地送去了 5 个骆马湖的水量，水质也持续稳定保持在地表水水质Ⅲ类以上，保质保量、按时按段地完成了供水目标。为保障亿万群众饮水安全、促进沿线地区经济社会发展、助力沿线生态环境改善做出了重要贡献。

南水北调东线一期工程运行 7 年来，安全高效，综合效益显著，得到沿线群众普遍认可，已经与沿线群众生产生活紧密联系在一起，与推动生态文明建设、促进经济社会绿色发展紧密联系在一起，与推进国家重大战略实施、保障国家水安全紧密联系在一起。

（三）自流引江

江都水利枢纽配套工程陆续建成后，自流引江能力逐步增加，从 1961 年至 2020 年，累计自流引江 1396.5 亿 m^3，其中年引水在 40 亿 m^3 以上的有 1978 年、1981 年、1982 年和 2019 年 4 年，年引水在 30 亿 m^3 以上的有 1973 年、1976 年、1979 年、1980 年、1983 年、1994 年、1996 年、1997 年、2012 年、2017 年、2018 年、2020 年 12 年。

1964 年冬至 1965 年 6 月底，苏北地区大旱，1965 年 4 月 15 日新通扬运河第二期工程刚竣工，立即开闸引水，补给里下河腹部地区灌溉用水 6.8 亿 m^3，使兴化和溱潼水位分别稳定在 1.0 m 和 1.1 m 左右的正常水位。

1966 年至 1967 年连续干旱，当时新通扬运河已达到二期工程抽排 150 m^3/s 标准，两年引水量分别达 18.3 亿 m^3 和 19.3 亿 m^3，兴化最低水位保持在 0.87 m 以上。

1978 年发生特大干旱，当年引水达 48.7 亿 m^3，为历年之最，兴化最低水位为 0.61 m。

1982 年大旱时，新通扬运河按自流引江 550 m^3/s 的第四期工程已在 1980 年 2 月竣工，当时开闸引水，5 月 26 日江都西闸出现 1 478 m^3/s 的最大流量，全年引水 44.70 亿 m^3。

1994 年再次发生大旱，江都西闸超标准运行，当年引水 31.4 亿 m^3。1995 年继续干旱，又引水 28.6 亿 m^3，保持兴化最低水位不低于 0.82 m。

2012 年天气干旱，经过除险加固的江都西闸以崭新的面貌投入自流引江，当年引水 32.6亿 m^3，为里下河地区旱情的解除做出了重大贡献。

2019 年江苏苏北地区遭遇 60 年一遇气象干旱，江都东西闸实施江水东引累计安全运行 329 天，引水 56.5 亿 m^3，水量超过 1978 年 48.7 亿 m^3，引水总量创建处以来历史新高。

入江水道控制工程的万福闸、金湾闸也具备引江潮补给邵伯湖水不足之功能，至 2020 年累计引江潮 11.7 亿 m^3。

第二节　排　涝

江都水利枢纽工程从1963年建成一站以来，至2020年共抽排里下河地区涝水398.4亿m^3，其中年抽排20亿m^3以上的有1980年和1991年。1984年、1985年、1986年、1987年、1989年、1990年、1993年、1996年、2003年、2005年、2007年、2011年、2015年和2016年14年每年抽排涝水都在10亿m^3以上。江都水利枢纽工程在遇不同水情时抽排里下河地区涝水，有高水排涝、涝水预降、排降结合送水3种抽排方式。

（一）高水排涝

当里下河地区遭到暴雨袭击，兴化水位猛涨，达到起抽标准时，江都抽水站立即投入排涝，直至恢复至正常水位。

1965年6月底到8月初，旱涝急转，江淮之间连降8次暴雨，强度大，来势猛。8月20日，又受强台风袭击，暴雨中心的大丰闸24 h降雨672.6 mm，里下河地区平均降雨量905 mm，兴化水位陡涨到2.90 m，里下河地区受涝面积达60多万hm^2。此时一站、二站迅速由抗旱转入排涝，持续83天，共抽排涝水9.7亿m^3，使兴化水位平均每日降低近4 mm，避免了像1962年大涝时里下河圩区几乎全面溃决漫溢的局面。1970年秋，里下河地区连续降雨40天，已建成的3座抽水站连续开机49天，抽排涝水9.1亿m^3入江，保证了江都、高邮、兴化、泰州等7个县（市、区）的粮食增产增收。

1991年夏，江苏遭受特大洪涝灾害袭击，里下河地区的兴化56天降雨量达1 302 mm，比常年全年降雨量多30%，是历史上最大的1954年梅雨量的2.1倍，同年7月16日最高水位达到3.35 m，比历史上最高洪水位还高0.27 m。面对极其严重的涝情，省、市对里下河地区采取了“上抽、中滞、下排”的综合措施，其中江都4座抽水站从6月12日开始，开机74天，抽排涝水27.3亿m^3。江都西闸采取加高通航孔门顶高度临时措施，挡住了长江高潮水位6.45 m。这些措施不仅有效地控制了里下河地区水位上涨，还加快了退水速度。兴化水位由最高水位3.35 m退至警戒水位2.00 m仅用了24天，比1954年从最高水位3.08 m降至2.00 m长达96天缩短了72天，从而大大减轻了这一地区的受灾损失。

（二）涝水预降

1973年规定江都抽水站抽排里下河涝水的起抽水位为：当里下河兴化水位超过1.7 m，即开机排涝。1975年又规定，江都抽水站排涝起抽水位，按兴化水位涨至1.7 m并继续暴雨时，开机抽排。20世纪80年代以后，当兴化水位达到1.4 m，即作开机预降准备。

涝水预降避免了水位的急剧上升，起到减灾作用。例如1982年抽排涝水8.55亿m^3，虽然降雨量大，但兴化最高水位只达1.75 m；1985年抽排涝水10.2亿m^3，兴化最高水位仅至1.62 m。1993年抽排涝水15.76亿m^3，兴化最高水位也只有1.86 m。

(三)排降结合送水

当里下河地区水位偏高,而淮北地区和沿运、总渠又出现旱情,需江水北调时,就采取排除或预降里下河地区涝水向北送水。此时江都水利枢纽工程的运用就能起到灌溉与排涝双重功效。从1973年起在累计排涝水320.71亿 m^3 水量中,结合北送水量占24%。

1986年抽排里下河地区涝水17.2亿 m^3,其中涝水北送水量8.2亿 m^3,北送水量占排涝水量的48%。1990年抽排里下河地区涝水10.6亿 m^3,其中涝水北送水量9.67亿 m^3,北送水量占排涝水量的91%。可见枢纽工程的排灌双重功效十分明显。

里下河地区雨涝,过去只有通过沿海四港东排入海,因河线长,比降小,且常受潮汐影响,流速慢,围水时间长,极易成涝。江都水利枢纽工程建成后,据1980年7月水情调查,里下河地区约有4 000 km^2 的涝水,经江都抽水站抽排入江。排水路程比四港缩短50%左右,四港排涝水入海需3天,江都水利枢纽只需1.5天就直接抽排入江,这样里下河兴化水位下降速度平均每天可达7 cm,而在未建江都水利枢纽工程前,兴化水位下降速度只有2~3 cm。江都水利枢纽工程未建前,整个里下河地区排水向北、向东北流入海;一站、二站建成后,扬州江都、姜堰溱潼一带,排水开始由北向南流;三站、四站建成后,兴化的水也由北向南,这些变化都显示江都抽水站的排涝作用。

里下河地区排水加快,水位降低,内涝渍害基本得到解决,加上江都水利枢纽又提供了灌溉水源,创造了"旱能灌、涝能排、渍能降"的条件,促使里下河27万多 hm^2 的一熟沤田全部改为稻麦两熟田,农业复种指数由原来的125%上升到185%,水稻亩产由130 kg提高到400 kg,又多种了一季麦子,全年平均单产达到550 kg,为"沤改旱"前单产的4.2倍,达到了旱涝保丰收的目的。由于抗旱排条件有明显改变,至1978年,里下河地区的粮食产量递增率达6%以上,比全省平均递增率4%高50%。地处里下河腹部地区洼地的兴化市,中华人民共和国成立初期粮食年产量约15万t,1978年增加到84万t,1979年又增加到90万t,名列全国前茅,一跃成为全省乃至全国的商品粮基地。

另外,江都水利枢纽通过高水河上的邵仙闸、芒稻河河口的芒稻闸,还能将大运河以西地区(白马湖和宝应湖地区)的涝水排入长江。

第三节 保障通航用水

江都水利枢纽等跨流域调水工程的建成,实现了淮水北调、江水北调,除增加农田灌溉水量外,还提供了连云港港口用水,淮安、宿迁、徐州等城市工业、电厂和城乡生活用水,为京杭运河苏北段通航提供用水。

京杭运河苏北段是浙、苏、鲁南北走向的水运大动脉,承担着北煤南运和大宗物资的运输任务。20世纪50年代河窄水浅,船闸规模小,加上水源不足,1957年邵伯船闸货物通过量约 89 万 t。随着京杭运河苏北段的全面整治，以及江都水利枢纽的建成，尤其是 80 年代中期京杭运河徐扬段续建工程中淮阴至解台 6 座补水站工程完成后，江都抽水站可以及时抽长江水，并经沿运抽水站逐级上抽，调节运河水位，航道、船闸通航条件大为改善，通航保证率一直维持在 95%以上。

第四节　改善生态环境

江都水利枢纽工程沟通了长江、淮河、京杭大运河和里下河水系，具备了江水北调和自流引江功能，对改善淮北地区和里下河地区的水环境起到了重要作用。

淮北地区地处黄河故道，由于长期干旱缺水，往往是黄沙蔽日，尘土飞扬。以江都水利枢纽为龙头的江水北调工程建设后，水源得到了保证。多年来，通过发展水浇地，结合植树造林，使这一地区的生态环境得到明显改善。现在的淮北处处是绿洲，生机盎然。当年老百姓因长期饮用含氟较高的地下水而引发的氟骨病（罗锅、黄牙等），也随着江水的到来、降氟改水而逐渐消失，人民的生活质量明显提高。

江都水利枢纽未建前，里下河地区灌溉水源不足，已建射阳河、新洋港等沿海各闸不能结合冲淤开闸放水，兴化蓄水位保持在 1.2 m 以上，汛前滞涝库容减少，港口淤积加速，加重里下河涝情。同时由于地下水位很高，不少田块是一熟沤田。江都水利枢纽建成后，实行大引、大排、大调度，引进江水，使沿海各闸能开闸排水，降低水位，现在兴化蓄水位已从 1.2 m 以上降至约 1 m，水流动了，水质也变好了，港口淤积有所改善，里下河沤田也改成了稻麦（菜）两熟田。

第五节　泄洪与发电

（一）泄洪

当淮河发生洪水时，江都水利枢纽排泄淮河洪水的泄洪路径主要有两条：一条是由廖家沟上的万福闸（担负淮河入江流量的 65%）、太平河下游的太平闸和金湾河下游的金湾闸排入长江。泄洪路径：由洪泽湖出口的三河闸下泄，经三河、金沟改道段、高邮湖、邵伯湖，归江河道，再通过万福闸、金湾闸、太平闸排入长江，这是排泄淮河洪水入长江的主要路径，1961 年至 2020 年泄洪总量为 10 049.1 亿 m^3。另一条是由芒稻河河口的芒稻闸排入长江，泄洪路径：由邵伯湖经运盐河上的运盐闸，通过高水河、芒稻闸排入长江，1966 年至 2020 年，淮河洪水通过芒稻闸的总泄量为210.6亿m^3(含运西地区涝水),其中1969年泄洪量为23.0亿m^3,2003年泄洪量为13.9亿m^3,1991年淮河大水时,7月8日至26日曾泄洪2.3亿m^3。由于运盐闸泄洪时闸下水流对高水河形成斜流速,影响通航,因此,这一泄洪路径使用较少或使用时间较短。此外,里运河经高水河上的邵仙闸,通过芒稻闸也可将部分淮水排入长江。这显示了江都水利枢纽具有综合泄洪的功效。

(二)发电

江都水利枢纽工程遇淮河丰水且有余水下泄时,在满足灌溉等用水的前提下,可利用三站的可逆式机组倒转发电,尾水可供里下河地区灌溉,也可排入长江。当水头4 m时,可发电约3 000 kW·h。从1969年至2020年,共发电10 181.4万kW·h,既为工农业生产提供了清洁的能源,又为管理单位增加了收入。

江都4座抽水站所使用的同步电动机,抽水时可以向电网输出电网所缺的无功电,同步电动机也可作调相机运用,向电网输出电网所缺的无功电。据不完全统计,1964年到1982年根据供电部门的要求,曾作调相机为电网专发无功电约6 655.7万kW·h,电机抽水运行时带发无功电约47 042.9万kW·h,对改善当时电网的供电质量起到很大作用。1982年以后,随着电网供电质量的提高,供电部门已不再有发无功电的要求。

第十二章 管理与创新

第一节　技术管理

（一）规章制度

江都抽水站是我国最早建成的大型泵站，建站初期的工程管理没有现成的管理技术法规可以借鉴。1964 年 3 月 28 日，管理处制定了首部泵站技术管理规程——《抽水站管理规程（草案）》。同年 12 月，管理处又制定了江都管理处《观测暂行规程》及《技术档案管理暂定办法》。1965 年 8 月 30 日，管理处第一次制定了《抽水站技术干部工作职责》。同年 9 月 30 日，江都管理处又颁发了《各职能科室工作职责（草案）》。1964—1979 年，管理处先后建立了《江都抽水站运行规程》《现场安全规程》《变电站运行规程》《水闸管理规范》《电气试验规程》《主机泵检修、安装质量标准》以及操作票、工作票、交接班、资料整编等制度，明确了各工种、各部门的岗位责任制；对主要设备逐一进行了编号，实行技术卡片制度；对技术资料进行了整理、分析、汇编等，健全完善了技术档案，推动了管理工作不断向前迈进。

从 20 世纪 80 年代初期开始，根据水利部颁发的《水闸工程管理通则》的精神，管理处对万福闸、太平闸、金湾闸、江都西闸等大型水闸制定了工程管理办法，经省水利厅审查后于 1989 年 3 月批准执行。处属各中型水闸由各管理所制定工程管理办法，经管理处审批后于 1990 年 5 月起执行。1994 年，管理处又根据水利部颁发的《泵站技术规范》，制定并试行了一站、二站、三站、四站管理办法。2010 年、2016 年、2019 年管理处结合工程管理需求，3 次修编《泵站技术管理细则》《水闸技术管理细则》，并经省厅批准实施。

江都水利枢纽是我国自行设计、制造、施工和管理的大型电力抽水站工程。管理规范，从无到有，通过实践摸索，逐步建立了一套较为完整和行之有效的管理制度。制度涵盖党务工作、人事工作、行政工作、工程管理、安全生产、财务工作、综合经营、职工管理等诸多方面，保证了各项工作规范有方、管理有章、执行有据，为水利工程科学化、精细化、现代化管理提供了较为形象准确的立体坐标体系。

为推进工程管理现代化建设，2013 年管理处编写出版了《江都水利枢纽精细化管理丛书》，2016 年管理处编写出版了《江都水利枢纽精细化管理——水闸典型作业指导手册》，2020 年参与编写出版了《江苏水利工程精细化管理丛书》。较为完善且行之有效的制度体系确保了各项工作有序开展。

（二）安全监测

为了保证江都水利枢纽的安全运行，管理处定期开展工程检查、观测、检测，及时发现问题，分析原因，并采取必要的处置措施。

1. 工程观测

水工建筑物工程观测是泵站、水闸、船闸管理的一项重要内容，通过观测，能掌握工程状态和运用情况，及时发现工程隐患，防止事故的发生，充分发挥工程效益，延长工程使用寿命，并为水利工程设计、施工、科学研究提供必要的资料。主要观测项目有：垂直位移、引河河床变形、测压管水位（扬压力）、混凝土建筑物裂缝、建筑物伸缩缝等。观测方法：垂直位移采用徕卡 DNA03、LS15 电子水准仪观测；河床变形采用 GPS＋超声波测深仪或断面索法观测；测压管采用压力表、压力传感器或电测水位计法观测；伸缩缝采用游标卡尺观测。工作中，积极研究改进测量技术和监测手段，推广应用新技术，提高观测精度和资料整编水平。

工程单位根据《水利工程观测规程》及《工程观测任务书》的规定，明确观测人员，时间节点，确保了工程观测工作有效开展。每次观测结束后，及时对记录资料进行计算和整理，并对观测成果进行初步分析。年底，工管科及时组织各工程管理单位技术骨干对全年工程观测资料进行整编，强化对观测成果的分析与应用，研判工程状态和发展趋势。每年 6 月底和 12 月底，报送大中型水闸工程的测压管水位观测情况、最大渗流量及其规律是否有一致性和合理性，垂直位移最大间隔位移量、最大不均匀位移量及是否正常分析，引河最大冲刷（淤积）深度和冲淤总量等观测分析成果。

通过工程观测掌握了工情、水情变化规律，为正确管理提供科学依据，同时及时发现工程运行中的异常现象，分析原因，为水闸和泵站工程加固改造提供了依据，保障了工程安全。

2. 电力设备检测

为保证江都水利枢纽工程电力设备的安全运行，确保工程效益的正常发挥，管理处从泵站建设初期就开始对电力设备进行年度电气预防性试验，由电力试验室每年定期对泵站、涵闸、变电站工程的电力设备进行检测。电力设备检测的项目主要有：高电压试验、继电保护校验、电气指示仪表校验、微机励磁装置检验、绝缘油分析化验等。在 50 多年的检测中，查出了大量的设备隐患，为确保电力设备的安全运行做出了重要贡献。

（三）工程检查

为确保工程安全运行，管理处根据水利部《泵站技术管理规程》《水闸技术管理规程》《江苏省泵站技术管理办法》《江苏省水闸技术管理办法》《江苏省水闸工程管理规程》等，结合工程实际情况，规范开展日常检查、定期检查和专项检查，认真检查工程状况，填写各项记录表格，并及时整理归档。

1. 日常检查

日常检查分日常巡查和经常检查。

日常巡查主要对水闸管理范围内的建筑物、设备、设施、工程环境进行巡视、查看；经常检查主要对建筑物各部位、闸门、启闭机、机电设备、观测设施、通信设施、管理设施及管理范围内的河道、堤防和水流形态等进行检查。日常巡查每日不应少于1次。经常检查在工程建成5年内，每周检查不应少于2次；5年后每周检查不应少于1次；当水闸处于泄水运行状态或遭受不利因素影响时，对容易发生问题的部位应加强检查。泵站日常巡查在非运行期应每天巡查1次，日常巡查可结合经常检查进行；运行期巡查每2 h巡查1次；当超设计标准运行或遭受不利因素影响时，应加强巡查。

值班人员按巡视检查路线检查工程所有设施、设备，按规定做好记录，如发现异常除记录于运行日记、巡视检查记录表外，视情况向所领导汇报。

2. 定期检查

定期检查包括汛前检查、汛后检查和水下检查。一般为每年汛前(4月底前)、汛后(10月底前)完成。汛前检查着重检查建筑物、设备和设施的最新状况，养护维修工程和度汛应急工程完成情况，安全度汛存在问题及措施，防汛工作准备情况，汛前检查应结合保养工作同时进行。汛后检查着重检查建筑物、设备和设施度汛后的变化和损坏情况，冰冻地区还应检查防冻措施落实及其效果等。水下检查着重检查水下工程的损坏情况，超过设计标准运行后，应及时进行水下检查。

汛前、汛后检查应填写记录，及时整理检查资料，编写总结报告，报管理处备案。处职能部门汇总后形成管理处工程检查总结报告，上报省水利厅。

3. 专项检查

专项检查主要为发生地震、风暴潮、台风或其他自然灾害、工程超过设计标准运行，或发生重大工程事故后进行的特别检查，着重检查建筑物、设备和设施的变化和损坏情况。对重点部位应进行专项检查、检测或安全鉴定；对发现的问题进行分析，制订修复方案和计划并上报。管理处进行的专项检查主要有：1973年的水利工程大检查，1975年至1976年的抗震检查验算，1980年7月的水情调查，1981年至1983年的水利工程“三查三定”以及1995年后对工程进行的安全鉴定，2012年高邮“7.20”震后水利工程特殊检查，2015年台风“灿鸿”防御检查。

（四）维修养护

为了确保泵站、涵闸工程完整，设备状态良好，保证安全运行和延长使用寿命，管理处每年都要对工程设备进行维修养护。根据《江苏省省级水利工程维修养护经费使用管理办法(试行)》、《江苏省水利工程维修养护及防汛防旱专项资金财务管理办法》和《江苏省省级水利工程维修项目实施方案管理办法(试行)》的有关规定,管理处制定《工程维修养护项目管理办法》《集中采购管理办法》等,用以加强工程维修养护项目管理。

工程管理单位根据工程检查、检测情况和工程运行中发现的问题和安全隐患,按照《省级水利工程维修及河湖管理经费项目申报指南》的要求,编制下一年度工程维修项目计划,由管理处审核后上报省水利厅和财政厅。

年度工程维修养护经费项目和经费批准下达后,管理处按照批复的项目和经费组织实施,审核实施方案,组织集中采购,督查过程控制,对 50 万元以上项目实行政府公开招标。充分利用汛前、汛后两个时间节点,开展项目实施质量、安全、经费、进度和资料档案管理等督查考核,每月统计、分析、通报项目进度情况,并将项目管理纳入年度目标管理考核。对 30 万元以上项目,管理处进行集中验收,确保经费专款专用。

2020 年,管理处以江都水利枢纽精细化管理信息平台为基础,开发项目管理信息系统。围绕项目下达、实施方案、实施准备、项目实施、验收准备、项目验收 6 个主要项目管理环节,体现"系统化、全过程、留痕迹、可追溯"的思路,将项目管理涉及的计划申报、批复实施、项目采购、合同管理、施工管理、方案变更、中间验收、决算审核、档案专项验收、竣工验收、档案管理等方面的关键业务流程网络化,提升了项目管理效能。

(五)调度运用

1. 调度原则、权限

江都水利枢纽联系着长江、里运河、里下河、淮河及邵伯湖、高邮湖等江、河、湖泊,担负着灌溉、排涝、防洪、改善生态等任务。江都水利枢纽的灌溉、排涝、泄洪调度运用均由省防汛抗旱指挥部(以下简称省防指)统一发布指令。

(1) 灌溉、供水调度原则

• 抽引江水北调济淮、济沂

在淮水不足时,根据对洪泽湖蓄水量、淮河预测来水及供水区域的需水量进行的综合平衡分析结果,由省防指下达指令,逐步开启江都抽水站,依次解决里运河江都—淮安段、总渠运东闸以下段、运东闸以上段的用水,直至高良涧闸(站)全部关闭;在淮水、沂水不足,淮安抽水站有向北调水任务时,江都抽水站亦向淮安抽水站提供供水水源。

• 自流引江水补给里下河地区

在不同的阶段,根据里下河用水及水位控制需求、长江潮位情况,结合天气趋势分析,根据省防指指令,开启江都西闸、江都东闸,自流引江补充里下河地区生活、工农业、沿海冲淤保港等用水,维持河网一定水位。

• 引潮补给邵伯湖蓄水

在灌溉期,如万福闸上游水位不能满足需要,且闸下最高江潮水位超过闸上水位时,可开闸引潮以补邵伯湖水之不足。

• 提供南水北调东线水源

南水北调东线工程建成后，江都抽水站还需满足南水北调东线的供水需求。

(2) 排涝调度原则

在里下河地区受涝时，根据不同阶段里下河地区排涝水位控制需求及天气趋势，由省防指调度开启江都抽水站抽排涝水入高水河，经芒稻闸排入长江。如有向北调水需求，则可调节芒稻闸，将涝水部分或全部北调。

(3) 防洪调度原则

在淮河发生洪水、洪泽湖三河闸开闸泄洪时，根据省防指的调度指令，万福闸开闸调节邵伯湖水位，不能满足要求时再开金湾闸泄洪；当万福闸泄洪流量达到 5 000 m^3/s 以上，同时，太平闸下游水位达到开闸安全水位组合时，可开太平闸分泄洪水；当三河闸泄洪流量继续加大，而万福闸、金湾闸、太平闸已全部开启时，如需加大泄洪流量，可视高水河水情许可，通过运盐闸分泄入江水道部分洪水入高水河，经芒稻闸排入长江。当三河闸下泄洪水量达到 12 000 m^3/s 时，原则上运盐闸、芒稻闸都将闸门提出水面泄洪。

管理处接到省防指调度指令后，根据工程运行情况、工程管理要求、水情情况，将工程具体控制运用指令下达给各工程管理单位，工程管理单位执行指令后立即向处防汛值班室汇报，双方均应做详细记录。

2. 引水调度

(1) 抽引江水

江都水利枢纽的抽引功能的实现主要是围绕江都抽水站进行的。输水线路是由芒稻河引进长江水，打开位于新通扬运河渠首的江都西闸，江水经江都抽水站抽引沿高水河北上，过邵仙闸，至邵伯镇进入里运河，沿途经过高邮、宝应，直至淮安抽水站(详见图 12-1)。此时江都西闸、邵仙闸处于打开状态，芒稻闸、运盐闸关闭，当输水流量达 400 m^3/s 时可通过邵仙套闸分流。

(2) 自流引江

江都水利枢纽自流引江输水线路是由芒稻河引进长江水，自流经江都西闸、江都东闸沿新通扬运河至宜陵镇，在此分两条路线：一条通过宜陵闸沿新通扬运河，经泰州、姜堰、海安等地向里下河腹地输送灌溉用水；另一条通过宜陵北闸沿三阳河向里下河腹地送水(详见图 12-2)。此时，新通扬运河上的江都西闸、江都东闸、宜陵闸和三阳河上的宜陵北闸均开闸引水。

(3) 自引淮水

江都水利枢纽自流引用淮水输水线路是打开邵仙洞从运盐河自引邵伯湖水，经邵仙河进入通扬运河，灌溉新通扬运河北岸地区，经宜陵地下涵洞向通南地区提供灌溉用水和维持通扬运河的航运水位(详见图 12-3)；另外，当淮河丰水时，还可调用里运河淮水，由高水河经邵仙闸，从土山坝涵洞输入通扬运河；或开江都送水闸输入新通扬运河。

3. 排水调度

(1) 抽排里下河涝水

江都水利枢纽抽排里下河地区涝水时抽水站下游来水路线有两条：一条流经宜陵闸的

来自新通扬运河的里下河涝水；一条流经宜陵北闸的来自三阳河的江都区及里下河涝水。两路涝水均经江都东闸，由江都抽水站抽至上游。排水路线也有两条：涝水经芒稻闸、芒稻河、夹江全部排入长江（详见图 12-4）。此时，江都西闸、邵仙闸、运盐闸关，江都东闸、宜陵闸、宜陵北闸、芒稻闸开。当需向北调水时，则可调节芒稻闸，将涝水部分或全部北调。此时，江都西闸、运盐闸关，江都东闸、宜陵闸、宜陵北闸、邵仙闸开，芒稻闸视水情决定。

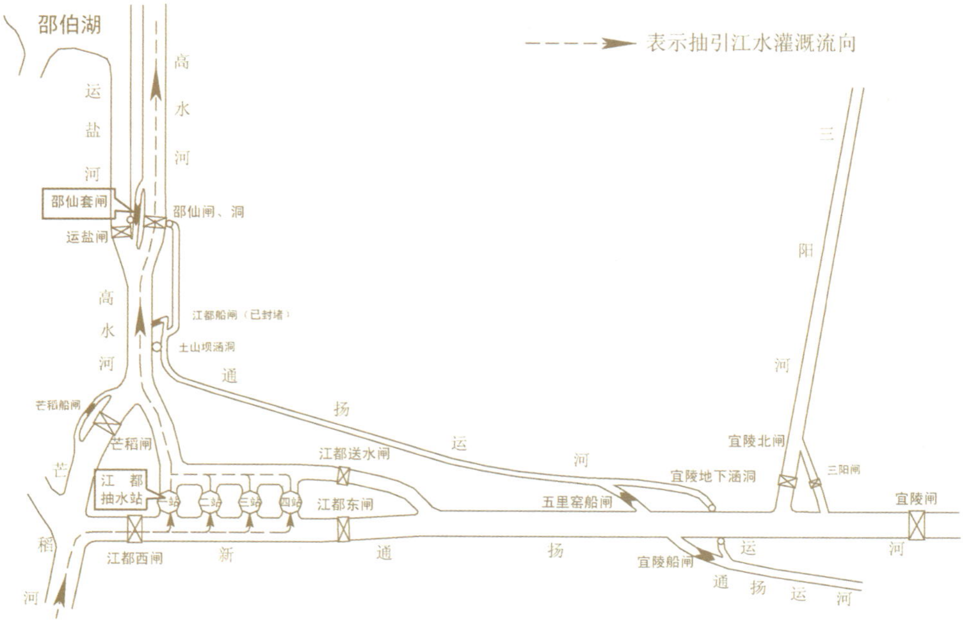

图 12-1　江都水利枢纽抽引江水送水路线示意图

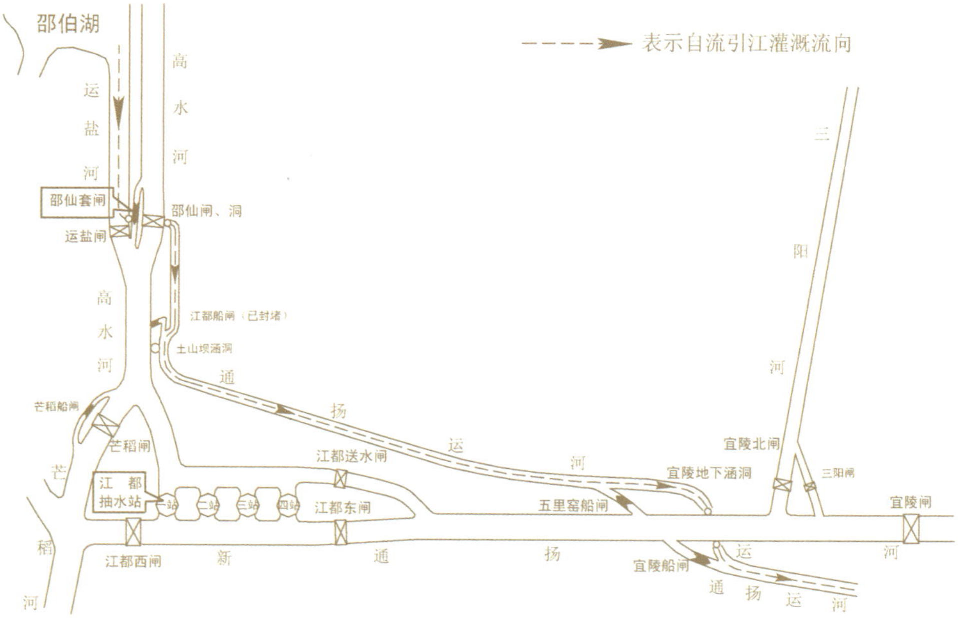

图 12-2　江都水利枢纽自流引江送水路线示意图

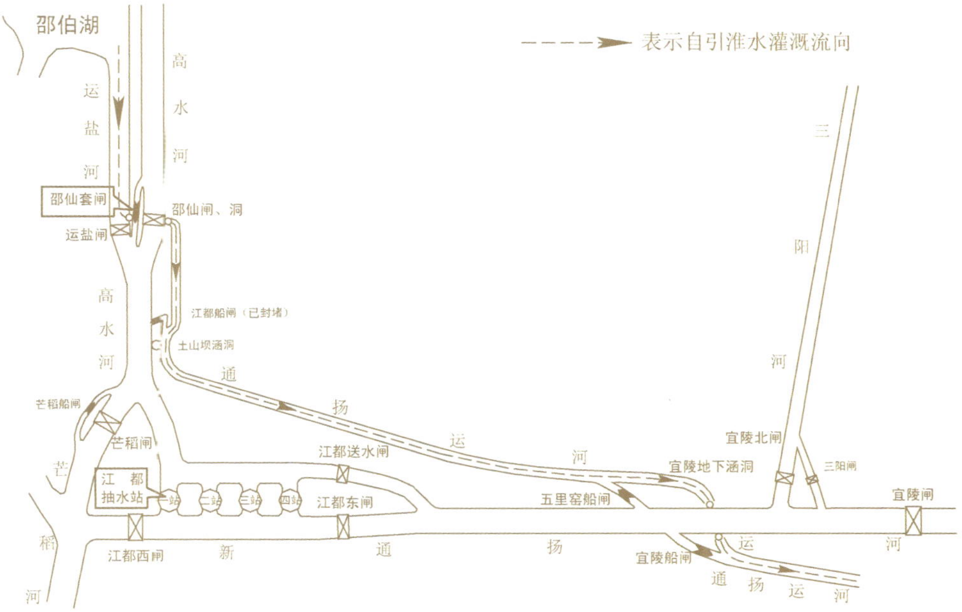

图 12-3　江都水利枢纽自引淮水送水路线示意图

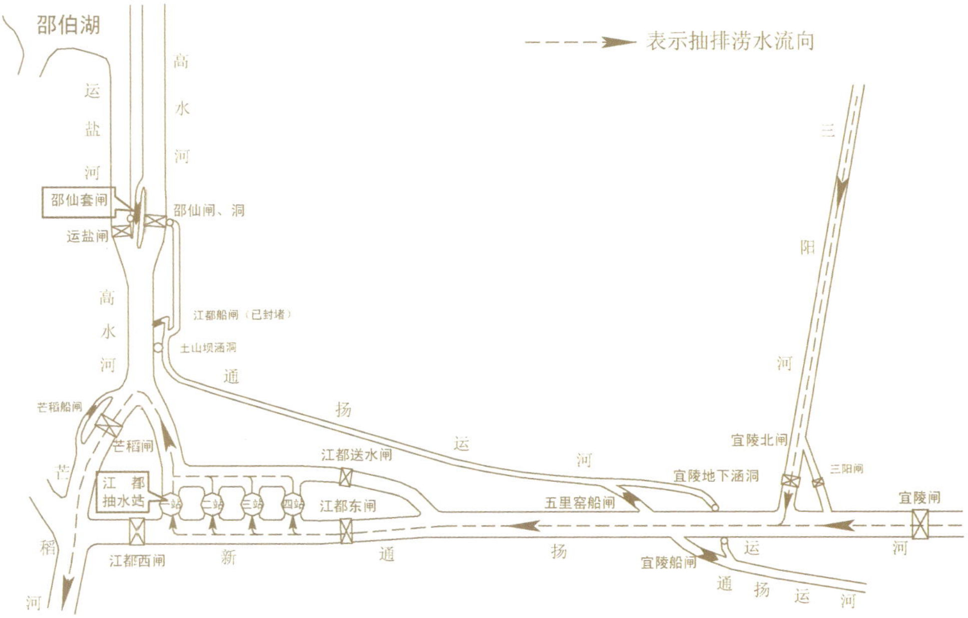

图 12-4　江都水利枢纽抽排涝水路线示意图

（2）自排运西地区涝水

当白马湖和宝应湖地区雨涝水通过里运河下泄时，适时开启邵仙闸、芒稻闸泄入长江。

4. 泄洪调度

万福闸、金湾闸、太平闸、运盐闸、芒稻闸是淮河入江水道的控制口门之一，淮河洪水可通过邵伯湖经万福闸、金湾闸、太平闸进入万福河、廖家沟、金湾河、太平河泄入长江；当高水河水情允许且万福、金湾、太平三闸全开时，亦可通过运盐闸进入高水河，经芒稻闸泄入长江。

5. 安全调度运行

（1）高水河水位控制

江都抽水站抽江水北送时，站上高水河一般处于高水位状态，特别是淮北旱情严重时，站上游水位往往接近设计水位。而高水河是以原自然河道为基础加高堤防形成的，部分堤段单薄、渗水，高水河东堤堤后地面一般低于河水面 1～3 m，通常控制高水河水位不超过 8.2 m（特殊情况按不超过 8.5 m 控制）。为了保证高水河沿线安全，严格控制高水河水位，管理处利用“大运河监测调度系统”掌握江都抽水站上游水位，调度值班员 24 h 值班，同时芒稻闸水情值班员 24 h 监视上游水位，如超过控制水位立即向处值班室报警，由处调度值班人员通知抽水站减少流量；当抽引江水上游水位超过 8 m 运行时，由江都区防汛防旱指挥部（以下简称江都区防指）派巡查人员 24 h 值班上堤巡视。

排涝期间由芒稻闸进行高水河水位控制，调度指令由管理处调度值班员通知芒稻闸水情值班人员执行。

（2）旱涝急转

苏北里下河地区是四周高、中间低的低洼地区，历史上遇水易涝、遇旱成灾，常出现抗旱期间遇局部天气剧烈变化产生连续集中暴雨，形成旱涝急转的局面。在接到省防指引水转排涝调度指令后，管理处防汛值班员立即通知江都闸管理所关闭江都西闸停止引江，开江都东闸；若苏北北部处于抗旱状态，则抽排涝水北送。在抽排里下河涝水时，打开芒稻闸，涝水直接排入长江。排涝结束后，若此时江都抽水站保持运行，改为抽引长江水。工程则须相应转换运行模式：关江都东闸，开江都西闸。2006 年江都东闸除险加固后，下扉门的启闭水位差不超过 3.5 m，对应上下游水位为 4.5 m 和 1 m；上扉门的启闭水位差不超过 1.5 m，对应上下游水位为 3.5 m 和 2 m。因此开关闸门时，调度人员必须准确掌握水位变化，由江都东西闸配合在短时间内实现工程运行工况的转换，以免发生超过闸门安全运行的水位差。

（3）调度运用兼顾航运安全

江都水利枢纽工程运用具有变化多、转换快的特点。当开始抗旱抽引江水运行时，高水河水位、流量、流速均会发生变化，对航行的船只安全行驶会产生较大影响，此时，一般由江都区防指与航运部门联系，管理处防汛值班室则须通知邵仙套闸提醒过往的船只注意航行安全。在抽排涝水通过芒稻闸排入长江时，由调度人员通知芒稻闸分步加大泄流量，控制上游水位缓慢降低，以防上游船只搁浅。当遇上游船只因无人值守而搁浅时，调度人员在请示后通知芒稻闸控制抬高上游水位，并由江都区防指协调交通航管部门，将搁浅船只拖离浅滩。在开芒稻闸之前还必须通知芒稻船闸下游待航过闸的船只，防止开闸泄流时发生意外。

6. 工程控制运行

（1）泵站控制运行

管理处防办在接到省防指开机指令后，根据省防指要求的抽水流量（或水位）确定开机台数，并通知处变电所和有关的泵站及配套水闸。变电所接到调度指令后，向扬州供电公司申请开机用电计划，待用电计划下达后，通知抽水站可以实施开机操作。抽水站接到管理处防办调度指令后，由站长（总值班）布置运行值班人员做开机前的准备工作，在变电所高压电源送到后，实施开机操作。开机操作前由操作人员填写操作票，由值班长签发后进行机组投运操作。操作必须由 2 人执行，其中 1 人操作，1 人监护。

泵站运行期，每 2 h 对设备进行一次巡视检查，交接班时，还需交接班人员共同进行交接班检查。在有恶劣气候、设备超负荷或负荷明显增加时需增加巡视次数。

当泵站上游水位接近或等于控制水位（或流量）时，由管理处防办通知抽水站调整机组运行台数，或调节机组叶片角度。

（2）配套水闸控制运行

江都水利枢纽的水闸工程都为多孔水闸，一般闸门的控制运行方式为：闸孔泄水时，保证在任何情况下水跃发生在消力池内；闸门尽量同时均匀分级启闭，如不能全部同时启闭，可由中间向两侧分段或隔孔对称开启，关闸时顺序相反；双扉闸门，先开下扉闸门，再开上扉闸门，关闭时与之相反；闸门避免停留在振动较大的位置。

运盐闸由于下游处于运盐河与高水河相交的弯道，根据水工模型试验，开闸顺序规定为 5 号、9 号、1 号、3 号、2 号、7 号、8 号、6 号、4 号，关闭时顺序相反。

江都西闸由于上游河床冲刷严重，受管理处委托，1980 年 10 月省水利勘测设计院对江都西闸进行了复核计算，确定其引水流量最大可通过 1 250 m^3/s，相应日平均流量为 1 000 m^3/s。2006 年 2 月江都西闸除险加固工程开工，2008 年完工，经加固后，江都西闸设计流量调整为 950 m^3/s，高潮时闸下水位不能超过 4.5 m，2010 年江都站经更新改造后，闸下水位可不超过 5 m。

江都东闸闸门原设计为平水开闸，闸门为滑动行走支承，竣工文件规定：江都东闸开闸水位差不能超过 1.0 m，关闸水位差不能超过 0.3 m。1990 年下扉门更换为钢闸门以后，开闸水位差不能超过1.5 m，关闸水位差不能超过 0.5 m。2006 年东闸经除险加固后，下扉门启闭水位差不超过 3.5 m，对应的上下游水位为 4.5 m 和 1 m；上扉门的启闭水位差不超过 1.5 m，对应上下游水位为 3.5 m 和 2 m。

（3）淮河入江水道控制运行

万福闸、金湾闸、太平闸泄洪开闸顺序为先开万福闸，当淮河来水继续加大，且万福闸泄洪流量达到 3 000 m^3/s 时，在满足安全水位组合的情况下，再依次开金湾闸和太平闸。金湾闸和太平闸开闸时，应分级从中间向两边对称开启，金湾闸闸门全部出水并锁定；关闸时顺序相反。如遇特殊情况需改变启闭顺序，应视工程、水情进行必要的论证。

（六）管理考核

水利工程管理考核是提高管理水平、确保工程安全的重要手段，是实现水利工程管理现代化的有效途径。水管单位根据考核标准的要求，在组织管理、安全管理、运行管理和经济管理等四个方面进行全面自查自评，从而发现本单位及其所管工程存在的问题，并进行整改完善。通过水利工程管理考核，可以全面、系统、科学地评价水利工程状况和水管单位管理水平，强化水利工程技术管理，促进水利工程管理规范化、制度化、科学化、法制化、现代化建设，提高水利工程管理水平。

江都管理处积极开展工程管理考核工作。2006年10月16日，第一、第二抽水站管理所通过省一级水管单位达标考核验收。2010年12月25日，邵仙闸管理所通过省一级水管单位达标考核验收。2012年4月26日，第三、第四抽水站管理所通过省一级水管单位达标考核验收。

随着江都水利枢纽管理现代化建设的全面推进，以及管理处工程加固改造步伐的不断加快和工程状况的显著改善，管理处工程整体打包创建国家级水管单位条件已基本具备。管理处创建国家级水管单位既是省水利厅提出的明确要求，也是对单位整体工作的检验，更是提升管理水平、改变工程形象、锻炼管理队伍的重要契机。在省水利厅的大力支持下，管理处集全处之力，精心组织、扎实推进，高标准地完成创建工作。

2015年11月15日至17日，中国水利工程协会组织考核专家组对管理处申报国家级水利工程管理单位进行考核验收。按照水利部《水利工程管理考核办法》及其考核标准，对考核内容进行逐项赋分，评定管理处综合得分泵站部分966.2分，水闸部分959.8分，且各类考核得分率均不低于该类总分的85%。据此，考核专家组对管理处创建工作取得的成效给予充分肯定，对精细化、信息化管理取得的成果给予高度评价，认为管理处达到了水利部水利工程管理考核标准。

管理处通过水利部国家级水管单位考核验收后，一直把工程管理考核作为提升工程管理水平的重要抓手。对照水利部《水利工程管理考核办法》及其考核标准，管理处从组织管理、安全管理、运行管理、经济管理等四个方面认真开展年度自评、自检工作，上报省水利厅申请考核。2020年10月16日，水利部长江委组织专家组对管理处国家级水管单位进行复核验收。专家组对管理处工程管理给予充分肯定，对精细化管理、信息化建设、档案管理、经济管理、党建和精神文明建设工作取得的突出成果给予高度评价。最终评定泵站工程得分968分，水闸工程得分964分，高分通过复核。

（七）安全管理

管理处牢树安全发展理念，坚决贯彻习近平总书记关于安全生产工作的重要论述、指示批示精神，坚守安全红线和底线思维，以实际行动和实际成效践行“两个维护”，贯彻落实“水利行业强监管”这一总基调中的主调，全力防范化解安全风险，防范遏制各类生产安全事故。管理处以安全生产标准化建设为主要抓手，2016年成功创建标准化建设单位，2019年通过复核，不断推进安全生产治理体系和治理能力现代化建设，全处安全生产形势持续稳定向好，实现多年安全生产零事故目标。

1. 目标职责

管理处逐级签订安全生产目标责任书，设立由处领导、工程单位、部门负责人等组成的安全生产委员会，全面负责安全生产工作，各级安全生产管理网络体系健全。管理处制定了《安全生产投入管理制度》，明确了安全生产投入的内容、计划实施、监督管理等。

2. 制度建设

管理处每年对安全生产法律法规、标准规范进行识别，与本单位实际情况相结合，不断修订完善工程安全运行管理的各项规章制度、操作规程和运行管理工作流程。处属各工程单位按制度规定开展安全生产工作，对实施过程中遇到的有关情况，采取相应的措施保证制度的落实。

3. 教育培训

管理处充分发挥宣传教育培训在安全生产工作中的基础性、预防性作用，把安全生产管理纳入党委中心组学习内容和干部职工培训内容。严格执行教育培训制度，注重加强一线职工的安全技能培训，以安全理念、措施经验、安全法治、知识技能、警示教育等为重点内容，提高培训的针对性和实效性，做到先培训、后上岗。由组织人事科牵头，鉴定站承办业务培训，保证一般员工安全培训时间每人每年不少于 12 学时，安全管理人员不少于 24 学时。

4. 现场管理

管理处对日常管理和维修中的高处作业、起重吊装作业、焊接作业等作业现场配备防护装置，实行专人监护，配齐安全防护用品。规范执行“两票三制”，工程运行人员及电工、电气焊、起重指挥和操作人员全部持证上岗，管理处定期对“两票三制”执行情况进行检查。按国家有关规定给职工提供相应的劳动防护用品，定期检测绝缘靴、绝缘手套。劳动防护用品保管、领用管理规范。

5. 安全风险管控及隐患治理

按照水闸、泵站工程运行危险源辨识与风险评价导则，全面开展危险源辨识和风险评价，根据评估结果，确定安全风险等级，制定并落实相应的安全风险控制措施。

管理处认真开展隐患排查治理，各工程单位把隐患排查列入定期综合检查、专项检查、季节性检查、节假日检查、日常检查的重要内容，同时，把相关方排查出的隐患纳入本单位隐患管理。

6. 应急管理

管理处构建行政领导负责制的工作体系及相应工作机制，成立应急救援领导小组，管理处建立健全生产安全事故应急预案体系，按预案开展生产安全事故应急演练，对每次演练都精心组织，对演练效果进行有效评估。

根据水利部《防汛物资储备定额编制规程》及《江苏省防汛防旱应急管理现代化指标体系说明及评分办法》等有关规定，结合管理处工程及所在区域洪涝灾害的特点，管理处防汛物资采取自行储备和委托储备相结合的方式。

7. 事故报告

管理处制定了《生产安全事故报告和调查处理条例》，明确事故报告、调查与分析、责任与追究、统计与分析等要求。狠抓事故预防，强化失职追责，力求抓早抓小。近几年，管理处未发生生产安全事故，严格执行事故零报告制度，做好月报。

8. 持续改进

管理处根据上一年度安全生产标准化评定结果，对安全生产规章制度、应急预案、处置方案、安全标志标识等进行了修订、更新。根据每年绩效评定结果，对发现问题的整改情况进行检查验证，形成 PDCA 循环，达到持续改进的目的。

第二节 财务与经济管理

（一）财务管理

财务管理是单位管理的重要组成部分，是规范单位经济活动和经济秩序的重要手段。50 多年来，江苏省江都水利工程管理处严格遵守国家财政法律法规，严肃执行财经纪律，建立健全财务管理制度体系，在实践中健全、完善内部监控制度，不断积累财务管理经验，形成了符合“源头”工程实际的规范化制度体系和工作流程，为助推江都水利枢纽管理现代化发挥了应有的作用。

1. 机构管理

按照精细化要求，结合实际，科学设置财务、审计岗位，严格制定岗位职责和考核标准。岗位考核实行处综合考核和科室自评考核相结合，同时将外部审计和内部审计结果作为重要依据，与部门和个人评先评优挂钩，做到岗位目标明确、工作任务具体、管理责任到位，检验精细化管理的执行成效。

（1）管理机构

根据工作需要，管理处设立财务科（审计科）。财务科（审计科）的主要任务是遵守国家财经法律法规和各项财经制度，办理财务和经济事务，进行财务管理、会计核算，加强内部监管。财务科（审计科）具体职能是财务管理、内部审计、经营管理以及物资采购管理。

（2）岗位设置

根据《中华人民共和国会计法》以及会计基础工作规范的要求，结合管理处岗位设置的规定和实际财务工作的需要，财务科（审计科）设置财务负责人、总账、审计、出纳、制单、工资核算、资产核算、档案管理、工程项目预决算审核、采购管理、仓库保管员、经营管理 12 个岗位。岗位责任明确，财务科负责人及主办会计按规定要求配置。

（3）岗位职责

财务科（审计科）日常工作由科长主持，财务日常业务管理工作包括：办理会计收支业务，进行会计核算，提供会计信息，编制各类报表，办理个人所得税、社会保障业务，参与合同签订管理、物资采购、工程预决算审核以及工程的验收、资产的接受、入账，实行财务管理，行使审计监督和物资采购、经营管理职能，加强队伍建设和人才培养等。

2. 制度管理

（1）制度修订完善

近年来，管理处集中修订《财务管理制度》《经费审批制度》《财务内部控制管理和检查制度》《集中采购管理办法》《会计人员管理办法》等 11 项主要财审制度，列入处级规章制度汇编并出版。同时，财务科（审计科）组织编写了《财务精细化管理》，努力做到财务工作制度全覆盖，为全处财务精细化提供制度保障，进一步提高资金使用效率，确保水利资金安全，更好地发挥水利工程效益。

(2)制度宣传落实

利用“财务制度到基层”“处经营考核督查”及处月度工作会等平台,适时开展财务精细化解释、宣传活动,使精细化管理理念深入人心,为顺利推进精细化提供基础支撑。

3. 核算管理

江苏省江都水利工程管理处是省水利厅直属差额拨款事业单位,资金来源稳定,主要资金为财政拨款,不足部分自主创收。财务收支业务执行国家以及处财务管理制度、处经费审批制度。会计核算采用电算化管理。财务制度执行2017年财政部《政府会计制度》。各项收支实行预算管理,预算单位由管理处实行统一管理、集中核算。人员经费、公用经费从每年部门预算中列支;泵站及水闸等公益服务工程维修养护经费每年由省财政下拨;各类费用严格程序,按预算批复的额度和开支范围执行预算,工程经费专款专用。会计基础工作规范有序,根据本单位实际发生的业务事项进行会计核算、填制会计凭证、登记账簿、编制财务报告,会计事项真实完整。

4. 采购管理

江苏省江都水利工程管理处为加强采购管理,规范采购行为,促进廉政建设,严格遵守政府采购法律、法规,按照《中华人民共和国政府采购法》《江苏省水利厅政府采购管理暂行办法》《江苏省水利厅单位分散采购流程规定》《处集中采购管理办法(试行)》等规定进行采购管理。对纳入政府采购目录的必须进行政府集中采购,未纳入政府采购目录的要按规定实行部门集中采购和单位分散采购。明确管理处集中采购范围,按规定成立采购小组,采购小组应由不同部门人员参加,并形成合理制约机制。对货物(设备)、服务、工程采购,按照采购价值标准确定采购方式。对于供应商的选择,严格执行集中采购制度,建立并公示供应商名录,加大潜在供应商选择范围,全面推行网上公开招标采购。

5. 审计管理

江苏省江都水利工程管理处审计部门对本单位及所属单位、部门的财政收支、财务收支和其他经济活动进行事前和事后的审查和评价。管理处现有专(兼)职内部审计人员7名。多年来,管理处的内部审计紧紧围绕管理处中心工作,执行国家财经法律法规、财务管理制度和审计制度,制订年度审计计划,独立完成各种审计工作。每年财务收支审计不得少于2次,专项审计不得少于1次,制度执行情况检查不得少于1次(专项审计、制度执行情况检查可与财务收支审计合并进行,但是报告必须单独出具)。处属单位主要负责人调动须进行离任审计。处纪检认为有必要时进行相关方面的内部审计或检查。每次审计须出具书面审计报告。

6. 会计档案管理

江苏省江都水利工程管理处会计档案是指在进行会计核算等过程中接收或形成的,记录和反映单位经济业务事项的,具有保存价值的文字、图表等各种形式的会计资料,包括通过计算机等电子设备形成、传输和存储的电子会计档案。

处财务科(审计科)为会计档案的管理部门。设专职档案员一名,制定了《会计档案管理岗位职责》《会计档案归档保管制度》等一系列制度,并上墙公示,确保档案管理工作制度化、规范化。日常工作中严格按照档案接收、鉴定、整理、保管、利用程序实施管理。

（二）经济管理

1. 水利经济

党的十一届三中全会以后，随着经济体制改革不断深化，管理处作为差额拨款事业单位，自1965年起就开始发展综合经营。初期的综合经营工作进展较为缓慢，近年来，管理处不断挖掘潜力，不断开发新的经营项目，如利用人才、管理技术优势，对外开展代管运行、工程达标技术服务；利用资源优势，提高通航、水土资源、宾馆等方面的创收份额，增加新的经济增长点，确保水利经济健康持续发展。

（1）巩固传统项目

管理处充分发挥人才、技术、资源等品牌优势，探索先进的经营体制与机制，整合内部资源，推行项目经理责任制，加强内部管理，增加技术装备，加快人才培养，积极运用新工艺，对外开展工程代管、工程达标技术服务、机电安装、设备大修、水下施工、机械加工等业务。尤其是工程代管项目，重视项目跟踪和资质维护；加强对项目部业务指导和安全监管，及时研究解决问题。不断提升核心竞争力，创建“行业领先，业主满意，市场公认”的品牌形象，经营效益稳步提升。

管理处发挥国家水利风景区资源优势，树立品牌服务意识，抢占市场份额，推行精细化管理，提高宾馆服务水平，大力推进会务、餐饮、住宿一体化经营模式，积极参与水利风景区的管理。

（2）提高通航效益

江苏省江都水利工程管理处现有宜陵闸、邵仙套闸通航收费，为了进一步加强通航安全管理，提高通航服务质量，健全监督体制，加强成本核算，不断提高通航效益，管理处研究优化管理模式，邵仙套闸于2020年9月上线智能运管系统，该系统自上线以来运行稳定、高效便捷，既有效提升了船舶过闸的通航速度，又更好地服务了船民，同时通航效益也得到了很大的提升。

（3）加快科技创新

从完善智能感知体系、完善智慧云服务中心、拓展智慧应用系统、推动工程监控精细化管理、开展内外合作交流等方面提升管理处信息化和智能化水平，统筹兼顾工作长远需要，谋划“十四五”时期江都水利枢纽科技创新发展目标、思路与重点任务，为江都水利枢纽更好更快地发展提供更加强大的科技支撑和保障。

（4）扩展培训咨询业务

以管理处实训基地为载体，完善各项设施，充实师资队伍，加强对外宣传力度，大力开展技能培训、职业鉴定等项目；充分利用技术、人才等方面的优势，开展技术咨询、工程达标、水文水资源调查评价等相关技术服务。

（5）挖掘水土资源潜力

抓住扬州“七河八岛”规划建设、南水北调全线通水等历史机遇，大力推进管理处水闸水土资源开发利用与水行政规费征收等工作，拓宽经营等创收渠道，积极争取南水北调东线调水运行经费补偿。

2. 水土资源开发利用

以水利工程安全运行和水利生态环境保护为前提条件，坚持人与自然和谐统一和可持续发展的原则，保护和利用水利风景区资源。在工程新建或改建时，优先考虑水土保持、水资源保护等生态问题，优先保持泵站、水闸的历史原貌，统筹水利资源的利用性、建筑风格的观赏性、自然景观的协调性，在满足工程使用功能的前提下，力求建筑造型、外观、色彩搭配与工程整体形象、周边环境相协调，与水利工程特点相适应。充分挖掘历史文化，辅之以人文景观设计，丰富景区的文化内涵。加强植物资源保护，强化古树名木保护，大力推进绿化、美化、彩化"三化"建设。建设生态景观和亲水工程，推进水利风景区公益性基础设施和公共服务设施建设。完善水利风景区安全管理硬件设施，以水资源安全、工程安全、游客安全为核心，完善安全防护设施，提升服务水平。加强景区与社区、景区与周边旅游景区的共建共享共成长，实现融合发展。

第三节　水政管理

管理处行政管理包括水行政执法、湖泊管理、财务物资管理、档案管理、接待工作以及环境管理等。建处初期，主要抓好内部管理，搞好财务物资管理，开展环境绿化等。随着工程的续建，管理处进一步完善了各项管理制度，提高行政管理水平，为实现工程管理规范化、制度化、科学化、现代化、法制化和园林化服务。

20 世纪 80 年代，《中华人民共和国水法》颁布以后，管理处步入依法管水的新阶段。90 年代中期组建水政监察队伍，大力开展水法规的宣传教育，提高干群法治观念，严格依法管水。2005 年 3 月《江苏省湖泊保护条例》施行，2010 年 2 月管理处增设了湖泊管理科，负责高邮湖、邵伯湖管理与保护工作。通过向湖区群众普及依法管理湖泊的知识，提高社会依法管理湖泊的意识。财务管理方面，逐步健全完善各项制度，加强会计核算，深入开展增收节支，管好用好各项资金，并在 2001 年全面实现了会计电算化。1977 年管理处成立了专门的接待机构，逐步建立起一套较完善的制度。2007 年 6 月为满足国内外来宾参观、考察的需要，成立了江都水利工程管理处接待中心，并逐步发展水利旅游工作。环境建设开始以绿化为主，逐步向美化、亮化和园林化推进，形成了独特的水利园林风格。2001 年 9 月管理处被水利部授予"国家水利风景区"称号，优美的环境受到了国内外来宾的一致好评。

(一) 水行政执法

江都水利枢纽建成后，各水利工程与周边毗邻单位签订了管理规范协议，实行协议管理。1991 年 6 月，经省水利厅批准，管理处设置了水政科，负责维护管理范围内水事秩序，依法保护水资源、水域、水工程，服务于工程管理、防汛抗旱等水利中心工作。

1995年，为落实省水利厅《关于建立水政监察专职队伍的通知》(苏水政〔1994〕26号)文件精神，根据省水利厅《关于同意成立〈江苏省江都水利工程管理处水政监察队〉的批复》(水政资9427号)，管理处首次聘任6名专职水政监察员，22名兼职水政监察员。同年2月，“江都水利工程管理处水政监察队”正式挂牌成立，隶属管理处水政科。

1995年6月，江苏省《水政监察组织暨工作章程(试行)》实施细则出台，省水政监察总队挂牌成立，对全省各级水政监察队伍的命名、建制、编制、着装、标志、证件以及职能和隶属关系等进行了统一。1996年10月，管理处重新组建省水政监察总队江都支队。支队被授予行使水政监察职权，是实施水行政执法的专职队伍。水政监察员是行使水行政执法权的代表，按照法律、法规规定的授权范围，直接实施水政监察活动。各闸管所设立水政监察站，是水政监察支队的派出机构。支队和处水政科一套班子两块牌子，配专职水政监察员4人，下设4个水政监察站，即引江水政监察站、邵仙水政监察站、宜陵水政监察站、万福水政监察站。1999年6月水政科与保卫科合并为水政保卫科。

2002年，根据省水政监察总队《关于同意成立〈江苏省水政监察总队江都支队四个大队〉的批复》(苏水监总〔2002〕51号)文件精神，江都支队下属水政监察站更名为“水政监察大队”。

2021年，支队共有专(兼)职水政监察员37人。处领导2人，水政保卫科10人，河湖科2人，引江大队4人(其中1人为兼职)，万福大队7人(其中4人为兼职)，邵仙大队4人(其中1人为兼职)，宜陵大队4人(其中1人为兼职)，站区4人(兼职)。支队配置四轮巡查电动车1辆、两轮巡查电动车18辆、巡查无人机2台、移动巡查终端11台、执法记录仪21台、对讲机2台、移动执法箱1套等执法装备。

江都水政监察支队自成立以来，根据水利部水政监察规范化建设的目标，围绕执法队伍专职化、执法管理目标化、执法行为合法化、执法文书标准化、考核培训制度化、执法统计规范化、执法装备系列化、检查监督经常化等“八化”要求，加强水政监察队伍建设。1997年底，经省厅水政监察规范化建设验收小组一次验收达标。

1998年以来，支队以实现“一流的队伍，一流的管理，一流的工作，一流的形象”为发展目标，不断深化“八化”内涵，外延“八化”内容，开展创“三优”(优质管理、优良作风、优美形象)争“五好”(政治思想好、业务素质好、奉献精神好、廉洁自律好、依法行政好)活动，推行水政执法公示制，推动水政监察工作健康发展。

“十三五”期间，支队以《江苏省水政监察执法能力建设规划(2016—2020)》《江都管理处“十三五”规划》为蓝本，合理配置水政监察员，充实基层执法队伍力量，进一步完善执法巡查网络，加强水政监察员业务知识培训，按标准配置执法装备，推进基层水政监察大队规范化建设。

支队成立至今，先后10次荣获“全省水行政执法工作先进集体”称号，并有多名水政监察人员先后受到省政府、省水利厅、省水政监察总队的表彰。2010年，引江大队荣获“水行政执法先进大队”称号。支队水政监察员凭借扎实的理论功底和丰富的实践经验，在全省水行政执法技能竞赛中屡创佳绩，先后荣获团体二等奖1次、三等奖2次；2008年获得团体赛全省第一名；2016年1人获得个人赛全省第一名，荣获“全省水行政执法办案能手”称号，被授予“五一劳动奖章”。

（二）执法巡查

江都支队依法行使水政监察职能，主要职责为：宣传贯彻水法律法规和有关政策文件；受管理处委托开展水行政执法巡查，依法查处各类水事违法行为；依法保护管理范围内的水工程、水域、水资源、水生态环境、防汛和水文监测设施；协助做好涉水建设项目初审、事后监管、用水管理等工作。

作为厅直属水工程管理单位，管理处水行政执法主体资格来源于地方性法规授权，同时也受省水利厅委托，履行一定的水行政管理、监督职能。1989 年以前，管理处没有法律法规的授权，也没有专职水政执法队伍。1989 年，省水利厅发文授予管理处在管理范围内可行使《中华人民共和国水法》、《中华人民共和国河道管理条例》和《江苏省水利工程管理条例》中的部分水行政职权，在量罚尺度上亦可参照所在市、县制定的与上述法规配套的实施办法中有关规定执行。

1994 年，省第八届人大常委会第八次会议通过修正的《江苏省水利工程管理条例》，省水利厅根据条例第十条关于“经省、市人民政府批准设置的水利工程管理机构，可以行使同级水利部门授予的行政管理职能”的规定，授予管理处防汛管理、水资源管理以及部分行政许可和水行政管理职能。

1996 年，《江苏省河道管理实施办法》颁布实施，第八条第三款规定：“经省、市人民政府批准设置的水利工程管理机构，可以行使同级河道主管机关授予的部分行政管理职能。”

1997 年第三次修正的《江苏省水利工程管理条例》第三十条第二款规定：“经省人民政府批准设置的水利工程管理机构，对在其管理的水利工程管理范围内的违反本条例的行为，可以依照前款规定进行行政处罚。”授予管理处依据《江苏省水利工程管理条例》实施行政处罚的权力。

2003 年，《江苏省水资源管理条例》第四十九条第二款规定：“在省水利工程管理范围内，省水行政主管部门行使的行政处罚权可以依法委托经省人民政府批准成立的水利工程管理机构行使。”

2013 年，《江苏省建设项目占用水域管理办法》颁布实施，其中第五条第三款规定：“依法设立的省属水利工程管理机构，接受省水行政主管部门的委托，行使水域管理和保护的有关职责。”

2018 年，《江苏省河道管理条例》出台，第五十六条第二款规定：“经省人民政府批准设立的水利工程管理机构，在其管理职权范围内实施行政处罚。”赋予省属水利工程管理机构依据《江苏省河道管理条例》行使水行政处罚的权力，进一步明确了管理处在河道管理中的职责。《江苏省河道管理实施办法》同时废止。

支队于 1998 年率先在全省水政监察队伍中推出了“定责任、定制度、定内容、定方案”的“四定”巡查原则。根据每个水利工程的特点制定巡查方案、划定巡查路线，督促水政监察人员履行工作职能，加强水工程管理范围内的执法巡查工作。近年来，支队结合实际不断调整完善巡查工作方案，创新推行“走动式”管理模式，与各大队建立联合联动巡查机制；编印《处水利工程管理范围桩(牌)图集》,细化巡查内容和要求,实行“零报告”月报制度;参与研发并积极推广运用移动巡查系统,提高水行政执法巡查信息化水平。

在严密巡查的基础上,支队贯彻执行“有法必依,执法必严,违法必究”的原则,加大水政执法的力度,严格查处水事违法行为;加强对河道管理范围内建设项目的管理;每年定期组织防汛清障,积极开展执法专项活动,力争在管理范围内不增加新的违法占用,并逐步解决历史遗留问题。至2020年底查处或妥善处理水事违法案件共410例。水工程管理范围内水事违法行为发生率呈逐年递减趋势。主要原因:一是管理处持续加大水法律法规宣传力度,加强宣传阵地建设,不断提高周边群众和全社会的水法治意识。二是建立了完善的执法巡查网络体系,有效抑制了违法行为的发生,对已经发生的违法行为能够及早发现、及时处理,使其消灭在萌芽状态。三是推行了说理式执法。要求水政监察员在执法过程中做到“说明事理、说清程序、说透法理、说通情理”,通过不厌其烦地宣传水法律法规,减少群众抵触情绪,增强理解和信任,化解执法矛盾。

(三)划界确权

为了依法确认水利工程用地权属,切实加强工程管理,充分发挥工程效益,并合理开发利用水利工程用地,按照省水利厅统一部署,1994年3月,管理处首次启动水工程用地确权划界工作。依据《中华人民共和国水法》《中华人民共和国土地管理法》《江苏省水利工程管理条例》等法律法规和相关文件规定,本着“尊重历史、面对现实、适当微调、妥善处理”的原则组织开展划界确权工作。至1995年底,管理处领取国有土地使用证15本,确认水工程用地面积2 345 517.2 m^2。

1999年,管理处与省水利建筑工程总公司在省水利厅的主持下,就芒稻闸、江都西闸水工程管理范围及确权划界问题达成协议,并形成会议纪要。2000年4月15日,双方签订了《江都西闸上游、芒稻闸下游左岸水工程用地确权划界协议》,并依据协议分别向江都区人民政府申领了国有土地使用证。2004年,鉴于省水利建设工程总公司改制为江苏省水利建设工程有限公司,根据《中华人民共和国土地管理法》第十二条规定和江苏省水利厅《关于〈江都西闸上游、芒稻闸下游左岸水工程用地变更土地权属〉的批复》(苏水管〔2004〕85号)文件精神,省水利建设工程有限公司将其在江都西闸上游、芒稻闸下游左岸143 698.6 m^2土地权属变更给管理处作为水工程用地,并对上述范围内的水工程用地重新申领了土地使用证。

2016年至2019年,在省河道局牵头组织下,通过公开招标,由江苏易图地理信息有限公司具体实施,管理处开展了第二轮划界确权工作。按照《江苏省水利工程管理条例》第六条规定,重新划定工程管理范围。共完成管理范围边界测绘32 589.37 m,绘制1∶2 000地形图7.32幅、1∶1 000地形图5.05幅、1∶500地形图2.62幅;现场埋设控制点48个、界桩363个、界牌34个、告示牌47个、管理区域分界牌50个;完成地籍信息化2 083 832.94 m^2,成功换发不动产权证18本。

2019年,按照省水利厅统一部署,管理处成立“安全警戒区划定工作领导小组”,依据《江苏省河道管理条例》有关规定,编制《江苏省江都管理处水利工程安全警戒区划定方案》。

根据省水利厅办公室《关于水利工程安全警戒区设置的意见》(苏水办运管〔2019〕14 号)文件精神和厅相关职能处室指导意见，经多次调整完善，2020 年 8 月形成报批稿上报省厅，并于 2021 年 1 月 26 日获得批复。

(四) 法治宣传

江都支队成立至今，经历从“三五”到“七五”五个五年普法规划。作为法治宣传教育的中坚力量，支队为管理处水利法治建设和普法宣传教育做出了突出的贡献。先后获得“全省水利系统‘四五’普法先进单位”“2006—2010 年省级机关法治宣传教育先进单位”等荣誉称号；多次在全省水利政策法规工作会议上交流发言，被确立为“全省水利系统‘六五’普法依法治理联系点”。“七五”普法期间，以“法润源头，治水安澜”为主题，融合水文化、法治文化精心打造“东线源头法治文化园”，建设邵仙法治文化景观，推动管理处成功创建“省级机关法治文化示范点”，获批成为第六批“省级法治文化示范点”。

多年来，支队积极探索水利法治宣传教育新载体、新形式、新途径，每年以“中国水周”、“世界水日”和“国家宪法日”等为契机，举办公益演出、广场宣传、道德讲堂，通过法治培训、普法讲座、交流座谈，组织网络答题、知识竞赛、问卷调查等形式开展水利法治宣传教育。设立扬州晚报“小记者实践基地”，精心打造“点滴在我心”青少年水情水法宣传教育品牌，以青少年为重点，广泛深入开展送法进学校、进社区、进机关、进企业、进单位、进乡村等“法律六进”活动。大力推动“互联网＋法治宣传”行动，通过微博、微信、QQ 等新媒体，面向社会宣传水利政策法规和节水护水知识，引导干部职工和广大人民群众树立水忧患意识和水法治意识，为管理处高质量发展营造良好的法治氛围。

第四节　水文观测

江都水利工程管理处水文站是为了保障江都水利枢纽安全运用而设立的，是工程精准调度、安全运行和科学管理的耳目，为区域防汛抗旱、水量平衡计算、生态环境改善等提供水文信息及技术依据，同时承担着国家防汛抗旱总指挥部办公室、淮委、江苏、扬州、泰州等各级防指的水情测报任务。自设立以来，在防汛抗旱、工程管理、规划设计、水资源评价、交通航运、水环境保护等方面发挥了重要的技术支撑作用。

江都水利枢纽建成的同时即设立了相关的水文测站。在 1969 年前，属江苏省水文总站扬州水文分站负责领导，1970 年底移交至江都水利工程管理处，江都水利工程管理处水文站(科级建制)具体负责处属各水文测站的水文工作，业务指导归属江苏省水文水资源勘测局。

(一) 站点布设

江都水利枢纽工程地处长江和淮河下游交汇处，南濒长江，北连淮河，既是江苏江水北调的起点、南水北调东线工程的源头，也是淮河洪水入江的控制性工程。江都水利工程管理处共设 6 个国家重要水文站和 1 个水位站，均为中央报汛站，均布设于四座大型泵站和各大中型水闸的控制口门。江都水利枢纽水文测站分布示意图详见图 12-5。

图 12-5 江都水利枢纽水文测站分布示意图

万福闸、太平闸、金湾闸水文站属入江水道水系，是掌握淮河洪水归江的主要控制站；芒稻闸水文站属大运河水系，也是淮河入江水道的控制站之一；江都引江抽水站水文站属通扬运河水系，是掌握四座大型泵站抽引江水北送、抽排涝水入江以及淮河余水发电的控制站；江都东闸水文站位于新通扬运河的渠首，属通扬运河水系，是掌握长江水自流东引灌溉里下河地区的主要控制站；宜陵闸水位站属通扬运河水系，是掌握新通扬运河水情工况的控制站。

(二) 观测项目

万福闸原设计流量 7 460 m^3/s，2018 年加固改造完成后设计流量为 8 270 m^3/s，是淮河洪水入江的主要控制口门，掌握其入江水量对区域防洪具有重要意义。万福闸水文站于 1961 年 1 月 1 日由江苏省水利厅设立，在闸上下游布设了基本水尺断面和流速仪测流断面以及降水量观测站点，观测迄今。至2020年底，万福闸累计排泄淮河洪水9 155×10^8 m^3，累计引长江潮水10.5×10^8 m^3；历年最大泄洪流量为7 600 m^3/s(1991年7月12日)，最大引潮流量为2 860 m^3/s(1987年7月12日)。

太平闸设计流量1 950 m^3/s，金湾闸设计流量3 200 m^3/s。太平闸、金湾闸水文站分别于1973年1月和1974年1月设立，在闸上下游布设了基本水尺断面和流速仪测流断面，观测迄今。至2020年底，太平闸、金湾闸累计排泄淮河洪水分别为405×10^8 m^3、502×10^8 m^3；历年最大泄洪流量分别为1 160 m^3/s和1 080 m^3/s(均发生于1991年7月11日)。

芒稻闸设计流量830 m^3/s。芒稻闸水文站于1966年1月设立，在闸上游、下游布设有基本水尺断面和流速仪测流断面，观测迄今，是掌握芒稻闸引排水量的控制站。至2020年底，芒稻闸累计排泄淮河洪水542×10^8 m^3，累计引长江潮水0.1×10^8 m^3；历年最大泄洪流量为1 180 m^3/s(1969年7月27日)，最大引潮流量为390 m^3/s(1968年7月28日)。

江都抽水站共装有立式全调节轴流泵33台套，集调水、排涝、发电、通航以及改善生态环境等综合功能于一体，总装机容量55 800 kW，总抽水能力508 m^3/s。江都引江抽水站水文站于1963年8月设立，是江苏江水北调和南水北调东线工程源头的控制站。在泵站上下游布设了基本水尺断面和流速仪测流断面以及遥测降水量观测站点，观测迄今。至2020年底，江都抽水站累计抽引江水1 530×10^8 m^3，累计抽排涝水398×10^8 m^3；抽水三站累计发电量10 041万kW·h，累计发电用水量164×10^8 m^3；历年四座泵站最大抽引江水流量为542 m^3/s(1989年6月4日)，最大抽排涝水流量为583 m^3/s(2015年8月13日)；抽水三站历年最大发电量为987×10^4 kW·h，发电用水量15.0×10^8 m^3(2003年)。

江都东闸于1978年建成，同年4月设立江都东闸水文站。在江都东闸建成之前建有江都闸，江都闸水文站于1961年设立，1966年12月撤销，后于1973年5月复设，1977年11月因整治河道拆除江都闸新建江都东闸而停测。江都东闸作为江都水利枢纽配套工程而建设，设计流量550 m^3/s。江都东闸上下游布设了基本水尺断面和流速仪测流断面，观测迄今，是掌握自流引江水灌溉里下河地区的主要控制站。至2020年底，江都东闸累计自流引江水1 336×10^8 m^3；历年最大引水流量为1 140 m^3/s(1980年10月13日)。

宜陵闸的主要作用是解决新通扬运河高低地之间的引排水矛盾，控制新通扬运河水位和水量，设计流量300 m^3/s。宜陵闸水文站于1964年设立，在上下游布设了基本水尺断面和流速仪测流断面以及降水量观测站点。1999年宜陵闸水文站改级为水位站。历年宜陵闸最大引水流量为819 m^3/s(1969年7月3日)。

（三）测报方式

江都水利工程管理处6个国家重要水文站均为一类精度的水文站。江都水利枢纽水工建筑物的上下游河道多为人工开挖或整治，堤防加固标准高，河道多顺直，无大的浅滩、回流、串沟、死水等现象，断面稳定，不同水位级下的测深、测速垂线位置相对固定。泵站和水闸的上游河道水位日变化较小，下游为感潮河段，因位于潮流界末端，受长江潮汐涨落影响但不显著，各站水位流量关系线多为单一线。建站初期，各站为满足率定水位流量关系线的需要，在工程运行期间进行了各种工况的流量实测，在水位流量关系曲线稳定后，通常在特殊水情和逢零、逢五年份实施校测。

2012年之前，全处各测站均采用自记水位计、虹吸式自记雨量计观测水位、降水量；人工观测记录闸门开高、闸孔数量和泵站电度、有功功率、机组台数以及叶片角度等工况，流量采用转子式流速仪测流，资料均以记录纸的方式存储。

随着江苏省全面推进水文测报方式改革，江都管理处水文站于2012年正式启用水文自动测报系统，各测站均配备遥测采集系统，水位、降水量的观测均采用遥测水位计、遥测雨量计，水位、降水量均以数字化方式存储，实现了水位、降水量等要素的自动采集、传输、报汛，极大地节约了时间，提高了水文站的工作效率和成果质量。

自2003年开始，各站流量陆续采用声学多普勒流速仪测流，替代了传统的转子式流速仪，缩短了测流时间，提高了测流效率。与此同时，先进的水文测量仪器如电子水准仪、GPS、全站仪等均在各测站水准、大断面、地形测量工作中得到广泛应用，为水文精密监测以及提高测量成果质量提供了技术支撑。

（四）整编成果

江都水利工程管理处水文站点均属于《中华人民共和国水文年鉴》中第5卷第4册即淮河下游区（洪泽湖以下）卷册，整编成果主要有逐日平均水位表、逐日最高最低（潮）水位表、逐日平均流量表、逐日降水量表与降水量摘录表、堰闸流量率定成果表等（详见表12-1），所有整编成果均按全国统一的要求和规格编排、逐年刊印，电子数据存储入全国水文资料数据库。

2012年之前，水文资料整编主要通过人工摘录水位、编制流量和降水量等推算表，完成水位、流量、降水量等要素的成果整编。2012年开始，水文资料成果的整编主要通过水文资料整编系统进行，人工辅助合理性检查完成。各水文站主要采用水位流量关系曲线定线推算流量。

万福闸、太平闸、金湾闸泄洪有淹没孔流和淹没堰流两种流态，淹没孔流流态主要受闸门控制，淹没堰流流态主要受入江水道上游来水量影响。三闸闸总长与河道宽度相近，闸门全部提出水面运行时的淹没堰流即为河道自然状态下的过流。淹没孔流均采用堰闸流量系数法定线推流，淹没堰流建站后即采用闸坝系数法定线推流，1986年开始采用落差法定线推流，落差为六闸（三）水位与本站上游水位之差。引水时，万福闸建站后即采用闸坝系数法定线推流，2017年开始采用堰闸过水平均流速法定线推流。金湾闸仅1994年、1995年引水，采用闸坝系数法定线推流。

芒稻闸建闸至今流态主要是淹没孔流，仅在1983年、1991年出现过淹没堰流。2006年前淹没孔流、淹没堰流均采用闸坝系数法定线推流，2006年开始淹没孔流采用堰闸过水平均流速法定线推流。

江都抽水站建站后采用合并效率（即装置效率）法定线推流，1992年开始以叶片角度α为参数，以扬程h与单机流量q定线推流，2001年开始又采用合并效率法定线推流。发电采用相关因素法定线推流。

江都东闸自流引江水时，流态主要是淹没孔流，仅在2008年、2010年因江都东闸加固改造出现淹没堰流。2006年前淹没孔流采用闸坝系数法定线推流；2006年开始采用堰闸过水平均流速法定线推流，淹没堰流也采用此法定线推流。排涝时本站不推流，采用抽水站排涝流量；发电时江都西闸关闭，采用抽水站流量。

在1999年前宜陵闸引排水时，流态均为淹没堰流，采用闸坝系数法定线推流。后宜陵闸水文站降级为水位站，不再进行流量资料收集。

表12-1 江都水利枢纽水文测站情况一览表

序号	水系	河名	流入何处	站名	设站时间	观测项目	刊布资料
1	通扬运河	抽水站引河	大运河	江都引江抽水站	1963.8	水位，流量	逐日平均流量表，实测大断面成果表，流量率定成果表。
2	通扬运河	新通扬运河	通榆河	江都东闸（江都闸）	1961.1	闸上下游水位，流量	闸上下游逐日平均水位表，逐日平均流量表，实测大断面成果表，流量率定成果表。
3	通扬运河	新通扬运河	通榆河	宜陵闸	1964.6	闸上下游水位，流量，降水量，地下水	闸上下游逐日平均水位表，逐日平均流量表（1964—1998年），逐日降水量表，降水量摘录表，地下水（5日表）（至2011年）。
4	通扬运河	三阳河	通榆河	宜陵北闸	1977.7	闸上下游水位，流量	闸上游逐日平均水位表（至1979年），闸下游逐日平均水位表（至1998年），逐日平均流量表（至1979年）。
5	大运河	芒稻河	长江	芒稻闸	1966.1	闸上游水位，闸下游最高（最低）水位，流量	闸上游逐日平均水位表，闸下游逐日最高、最低水位表，逐日平均流量表，实测大断面成果表，流量率定成果表。
6	入江水道	廖家沟	长江	万福闸	1961.1	闸上游水位，闸下游最高（最低）潮位，流量，降水量	闸上游逐日平均水位表，闸下游逐日最高、最低水位表，逐日平均流量表，实测大断面成果表，流量率定成果表，逐日降水量表，降水量摘录表。
7	入江水道	太平河	长江	太平闸	1973.1	水位，流量	逐日平均流量表，实测大断面成果表，流量率定成果表。
8	入江水道	金湾河	长江	金湾闸	1974.1	水位，流量	逐日平均流量表，实测大断面成果表，流量率定成果表。

第五节 河湖管理

京杭运河是世界上开凿最早、里程最长的大运河。京杭运河(苏北段)从属于沂沭泗水系、淮河水系、长江水系,自扬州六圩至徐州蔺家坝,总长 476.5 km,纵跨扬州、淮安、宿迁、徐州等四市共十七县(市、区),沟通长江、邵伯湖、高邮湖、洪泽湖、骆马湖、微山湖,由里运河、中运河、不牢河、大运河湖西段等组成。河道具有行洪、调水、饮用水水源地、排涝、航运、景观等功能。

淮河入江水道是淮河下游的干流,承泄上中游 15.8 万 km^2 范围的洪水,其上起洪泽湖三河闸,经淮安、扬州二市十县(市、区)及安徽滁州天长,至三江营汇入长江,全长157.2 km,全线堤防总长 706.1 km,其中干河堤防总长 481.0 km。沿程河、湖、滩串并联,分为上、中、下三段。其中:上段自三河闸至高邮湖施尖,长约 57.8 km,由新三河和金沟改道段组成;中段自施尖经高邮湖、新民滩、邵伯湖至六闸,长约 57.7 km,湖、滩串联;下段自六闸至三江营,长约 41.8 km。淮河入江水道全线湖滩长度约占二分之一,湖泊面积 1 120 km^2。结合水资源利用,全线建有三河闸、金湖、高邮、归江控制线四个梯级。其中:三河闸控制包括三河闸、蒋坝船闸及蒋坝抽水站;金湖控制位于三河与改道段交界处,包括东西偏泓漫水闸、西偏泓漫水套闸、漫水公路、三河拦河坝和石港船闸等;高邮湖控制位于高邮湖至邵伯湖穿过长约 8.8 km、宽约 6.7 km 的新民滩;归江控制位于入江水道在六闸以南的归江河道上,主要由万福闸、太平闸、金湾闸、运盐闸、芒稻闸组成。

高邮湖、邵伯湖位于江苏省中部,京杭大运河以西,是相互串联的两个过水型湖泊,也是淮河行洪入江和南水北调规划供水的通道。高邮湖、邵伯湖以新民滩上的高邮控制线为界,以上为高邮湖,以下为邵伯湖,行洪期间两湖连为一片,行洪后期两湖分别利用高邮控制线上的漫水闸及归江控制线上的万福闸、太平闸、金湾闸、运盐闸等控制蓄水。高邮湖、邵伯湖面积约 884.42 km^2,其行政隶属主要为江苏淮安金湖及扬州宝应、高邮、江都、邗江,高邮湖西部部分水域和陆域隶属安徽省天长市。

白马湖为平原浅水型湖泊,古称马濑湖,地处淮河流域下游,位于淮安东南边缘,保护面积 117.5 km^2,分属淮安市金湖县、洪泽区、淮安区和扬州市宝应县。随着淮安市白马湖退圩(围)还湖工程基本实施完成,白马湖水面由 42.1 km^2 扩大到 82.68 km^2(正常蓄水位6.5 m 的水域面积)。白马湖主要入湖河流有草泽河、浔河、花河、永济河、往良河、大荡河、桃园河等,主要出湖河道有新河、运西河、白马湖引河、阮桥河等。白马湖环湖大堤总长77.8 km,其中淮安市 61.5 km,宝应县 16.3 km。

宝应湖属淮河流域入江水道水系,跨扬州市宝应县、淮安市金湖县,为草型浅水湖泊,河湖相连,保护面积 80.66 km^2。宝应湖范围包括狭长湖面、大汕子河、南北公司河、金宝航道、三河等深泓河道。宝应湖主要入湖河道有老三河、洪金排涝河、中港河、阮桥河、军民河、主排河、东(西)中心排河、南运西闸引河;主要出湖河道有涂沟河、南运西闸引河、石港抽水站引河。宝应湖是南水北调东线工程的过境通道,要求水质达到或优于Ⅲ类。

2005 年 3 月 1 日起施行的《江苏省湖泊保护条例》第六条规定,高邮湖、邵伯湖、白马湖、宝应湖等在内的 13 个重点湖泊由省水行政主管部门管理,标志着河湖管理与保护工作进入新的阶段。

2020 年 11 月 13 日,习近平总书记视察江都水利枢纽时强调要从实际出发,坚持以水定城、以水定业。河湖管理与保护工作将认真贯彻习近平总书记的重要讲话指示精神,以河湖长制为依托,加强水资源监管,强化水环境治理,推进水生态修复,加强幸福河湖建设,保障一江清水北送。

(一) 机构职能

2008 年 3 月 24 日,为做好高邮湖、邵伯湖保护、开发、利用和管理工作,省水利厅批复同意管理处成立湖泊管理科,与水政保卫科合署办公。2010 年 2 月 24 日,管理处调整机构设置,湖泊管理科不再与水政保卫科合署办公,增设独立的湖泊管理科,具体负责高邮湖、邵伯湖管理与保护工作。2019 年,湖泊管理科更名为河湖管理科,主要职能如下:负责高邮湖、邵伯湖的开发、利用、管理与保护工作,扬州市境内骨干河道监管工作,以及京杭运河苏北段、淮河入江水道、高邮湖、邵伯湖、宝应湖、白马湖河湖长制工作。对涉湖各县(市、区)湖泊管理单位进行监督检查和目标管理考核;建立高邮湖、邵伯湖巡查制度,完善湖泊巡查网络,牵头涉湖各县(市、区)湖泊管理调度,履行联席会议办公室职能,协调相关部门共同做好高邮湖、邵伯湖的保护与管理工作;组织涉湖各县(市、区)做好高邮湖、邵伯湖管理与保护年报编制工作;认真做好高邮湖、邵伯湖巡查管理工作,每月组织不少于一次的湖泊巡查;参与对高邮湖、邵伯湖管理与保护、开发与利用等涉湖项目的技术论证和审查工作。督促涉湖各县(市、区)制订退圩(渔)还湖规划,并监督实施;积极配合相关部门依法查处违反《中华人民共和国水法》《中华人民共和国防洪法》《江苏省湖泊保护条例》等法律法规的行为;做好执法船艇和装备的管理与维护工作;牵头组织高邮湖、邵伯湖与扬州市境内骨干河道管理人员的培训工作;制订河湖管理与保护的法律法规宣传计划并组织实施;开展湖泊管理与保护专题研究,探索科学的湖泊管理体制,建立创新的湖泊管理方法;做好高邮湖、邵伯湖湖泊管理与保护日常考核与年终考核工作;坚持按照管理现代化要求,落实精细化管理,严格执行岗位责任制;做好科室之间工作协调。

2011 年 8 月建立高邮湖、邵伯湖联席会议制度,联席会议常设办公室,其主要职能:在省政府的领导下,贯彻落实《江苏省湖泊保护条例》《江苏省环境保护条例》《江苏省渔业管理条例》等法规,组织高邮湖、邵伯湖保护规划的实施;向省政府及省水行政等主管部门提出高邮湖、邵伯湖管理与保护的政策和措施建议;研究提出高邮湖、邵伯湖管理与保护的规范和标准,对高邮湖、邵伯湖管理和保护进行技术指导和服务;协调各地区、各行业涉高邮湖、邵伯湖规划;建立高邮湖、邵伯湖保护管理效果评估机制;协调解决高邮湖、邵伯湖管理与保护工作中涉及跨地区和跨部门的重要问题;协调各有关部门按照职能分工开展高邮湖、邵伯湖管理与保护联合行动;参加高邮湖、邵伯湖保护范围内重大建设项目及重要开发利用项目的研究;协调高邮湖、邵伯湖保护范围内重大以上级别污染事件的处理；督促指导有关地方和部门的高邮湖、邵伯湖管理和保护工作；省政府交办的有关高邮湖、邵伯湖管理与保护的其他工作。

（二）管理成效

对河湖的管理与保护需要建立一个综合的管理体系。近年来，河湖管理与保护工作通过建立规章制度，开展队伍建设，构建巡查网络，做好河湖长制工作，开展河湖及水库监测，推进退圩还湖，加强河湖保护宣传，河湖科技创新等方式，逐步实现河湖管理科技化、精细化。

建立规章制度：为了加强对基础湖泊管理单位的业务指导，管理处根据《江苏省湖泊保护条例》等水法律法规和相关文件精神，结合高邮湖、邵伯湖实际，先后研究制定《高邮湖、邵伯湖执法巡查办法》《高邮湖、邵伯湖巡查考核办法》《高邮湖、邵伯湖管理与保护工作考核评分标准》；建立巡查月报联系人制度，高邮湖、邵伯湖水事违法案件备案制度等一系列工作制度，为高邮湖、邵伯湖管理与保护工作的规范有序开展奠定了坚实的基础；编制《江都水利枢纽精细化管理 湖泊管理》为作业指导，逐步推进湖泊精细化管理落地生根；积极联合有关部门，认真做好《江苏省京杭运河苏北段保护规划》《江苏省高邮湖、邵伯湖保护规划》等编制工作。

开展队伍建设：一方面不断充实人员，扩大队伍；另一方面切实加强对基层河湖管理工作人员的业务培训。邀请省水利厅相关专家和高校教授讲授河湖保护相关知识，深入学习习近平总书记治水重要论述，系统学习河湖管理保护、幸福河湖建设的法律法规、政策文件、规范要求、技术规范等，不断提高河湖管理工作人员的综合素质和业务水平。

构建巡查网格：湖泊巡查是当前江苏省湖泊保护与管理工作的重要内容之一，也是湖泊管理工作顺利开展的坚实基础和重要手段。2008 年 2 月，省水利厅下发《江苏省湖泊巡查指导意见（试行）》，管理处根据省厅的要求从完善巡查制度、建立巡查网络体系入手，与地方各级水行政主管部门和湖泊管理单位共同开展联合巡查，不断加强对高邮湖、邵伯湖的巡查工作。同时积极发挥省属管理单位在湖泊管理工作中的牵头、协调作用，联合扬州市水利局、淮安市水利局以及各涉湖县（市、区）水利局和湖泊管理单位积极参与省厅组织的专项执法活动，取得了积极的效果，维护了湖区良好的水事秩序；落地高邮湖、邵伯湖网格化管理体系，实现网格巡查、监控、日常管理全覆盖，同时逐步将网格化管理模式向京杭运河苏北段、淮河入江水道等流域性河道推广应用。

做好河湖长制工作：履行“两河四湖”省级河长联系人职责，制定省级河长巡河方案，做好与地方政府沟通协调，制作河长制公益微视频、专题片，配合做好省级河长巡河工作；开展河湖长制明察暗访，督查“两违”“三乱”任务清单完成情况；完成省河长办交办的其他工作任务。

涉湖项目管理：参与涉湖建设项目初审工作，做好项目现场查勘，提供初审意见，为上级河湖主管机关做出合法合理的行政许可决定出谋划策是河湖管理职能的重要内容之一。合理开发利用湖泊资源，规范湖泊开发利用行为，加强涉湖建设项目事前、事中及事后监管，确保建设项目严格按行政审批内容实施，严格防范未批先建等违法行为的发生。

开展河湖及水库监测：建立布局合理、功能全面、技术先进的河湖监测系统，监测范围全面覆盖"两河四湖"水域及岸线重点区域。联合省水文水资源勘测局、省水利科学研究院、中科院南京地理与湖泊研究所等科研部门，开展高邮湖、邵伯湖、京杭运河苏北段等流域性河道的水质、水情、水生态及湖流监测工作，动态掌握河湖健康状况，及时向省厅上报监测成果；开展高邮湖、邵伯湖及淮河入江水道、京杭运河苏北段、镇江、扬州等8座水库卫星遥感监测核查对比分析工作，动态掌握河湖空间变化情况，及时发现违法建设、占用等违法行为，做好遥感违法事件的跟踪处理。

推进退圩还湖：督促、指导涉湖县(市、区)推进退圩还湖工程，通过退圩还湖加强流域、区域防洪，改善湖泊水质、水生态，满足区域供水，保证沿湖地区经济可持续发展，妥善解决围湖区历史遗留问题。

加强河湖保护宣传：河湖保护是一个长期的艰苦的工作，需要全社会的理解、支持和参与。管理处十分重视对湖泊保护理念的宣传，不断拓宽宣传渠道，创新宣传方法，通过内容丰富、形式多样的宣传活动，不断深入宣传水法律法规，向湖区群众普及湖泊保护与河湖长制相关知识，提高社会公众加强河湖保护与管理、全面推行河湖长制的意识。

河湖科技创新：开展河湖生态建设等课题研究，加快研究成果应用推广。联合科研单位开展河湖流域协同管理关键技术研究、江苏省高邮湖湖流监测研究、里运河水生态监测研究等课题，加快智慧河湖相关软件研发与应用，取得江都河湖监管一张图系统软件等5项国家版权局著作权登记证书。

第六节　职工教育

20世纪70年代以前，江都管理处的职工教育以岗前培训为主。70年代以后以专业培训为主，并逐步由对处内职工的培训发展到对外单位职工的培训，由对省内职工的培训发展到对省外职工的培训。

(一) 教育机构

1. 教育组织机构

职工教育委员会为对内培训职工的教育机构。20世纪60—70年代，管理处职工教育培训领导工作由处领导直接负责；80年代初期设立业余技术学校委员会(以下简称校委会)，由管理处和处属有关部门负责同志组成；1987年管理处正式成立职工教育委员会(以下简称教委会)，由管理处副主任兼教委会主任。由于人事变动，至2020年底，教委会已调整15次。

1985年以前，管理处职工教育具体办事机构为职工教育办公室(以下简称教办)，隶属工管科，由一位副科长负责，配3～4人管理日常事务。1985年为了加强职工教育管理，增设职能机构安全教育科。1998 年管理处行政机构调整，撤销安全教育科，职教工作隶属组织人事科，负责职工培训及省水利厅委托办班工作。2015 年，为进一步加强对内对外培训，将教办从人事科分离出来，单独成立水利职业技能培训鉴定站，具体负责职工教育培训工作。

2. 培训机构

1983 年，经省水利厅批准，成立省水利职工培训中心，由管理处承担职工培训教育具体工作，实行双重领导。培训中心主要以培训泵站、水闸技术工人为主，中短期兼有，由管理处安全教育科负责日常工作。培训方式主要是结合站闸实际，进行理论和操作技能的培训。培训中心拥有 1 730 m^2 综合教学楼 1 幢，可同时接纳学员 120 余人。1984 年 9 月，培训中心开始对全省水利系统技术工人进行培训。

1996 年 2 月，经水利部人事司核批，报劳动部职业技能开发司同意，在管理处首批建立水利行业特有工种职业技能鉴定站，负责江苏省水利行业泵站机电设备维修工、泵站运行工、闸门运行工等工种技能鉴定工作。2008 年，劳动和社会保障部培训就业司又批准增加水工防腐工、渠道维护工、水文勘测工等工种技能鉴定工作。省水利职工培训中心相应更名为江苏省水利厅职业技能培训中心，是省水利行业特有工种职业技能培训基地，由原来的工人技术培训转变为机关事业单位工人技术等级岗位培训。

2015 年，为进一步做好水利行业特有工种职业技能培训和鉴定工作，成立水利职业技能培训鉴定站，内设技师研讨工作室、技术成果展示室、机械实训室、电气实训室和教学培训室等专业性工作场所，总面积 5 100 m^2，负责对江苏省水利行业技师和高、中、初级技术工人的技术水平进行鉴定、升级。管理处水利职业技能培训鉴定站为科级建制，主要负责闸门运行工、泵站机电设备维修工、泵站运行工的培训、考评，实现专人负责、专人教学、专人考评。

3. 工作室

2013 年 11 月，经江苏省人力资源和社会保障厅、江苏省水利厅批准，在管理处成立“江苏省水利系统技师工作室”，将依托全省乃至全国技能大赛获得者和有突出贡献的技师、高级技师，聚焦水利行业生产过程中遇到的各类疑难问题，充分发挥高技能领军人才在技术攻关、技术创新、技术交流、传授技艺和实现绝技绝活代际传承中的引领作用，组织开展水利技术攻关和创新。“江苏省水利系统技师工作室”的成立，是打造江苏省水利行业高技能人才成长平台的重要举措，有利于优化高技能人才成长发展环境，整体提升高技能人才队伍素质。随着技师工作室行业引领作用的充分发挥，将有效激励广大技能工作者钻研技术、干事创业的热情，为江苏水利现代化建设提供更好的人才保障和智力支持。

2018 年 3 月，为进一步加强技能人才队伍建设，发挥高技能领军人才示范引领作用，推动江苏省技能人才高质量发展，经基层单位申报，各市区人力资源和社会保障局、行业单位省级主管部门审核推荐，省人力资源和社会保障厅研究认定，管理处金超大师工作室获评首批“江苏工匠工作室”。

2019 年 1 月，江苏省人力资源和社会保障厅公布 2019 年高技能人才重点建设项目评审结果，管理处金超大师工作室获评“江苏省技能大师工作室”。

（二）培训机制

管理处从建处以来，对行政干部特别是处、站、所领导的培训，主要是以水利工程基础知识为主，注重普及培训，提高他们的业务知识和技术管理水平；对技术干部主要是解决他们工作上带有普遍性、关键性、复杂性的技术问题，如抽水站进口段的淤积问题，抽水站的噪声、散热处理问题，提高水泵效率问题，辅机合理配备问题，闸坝水下检修等；对技术工人则进行理论知识和操作技能培训，如晶闸管励磁装置使用维护等。同时还选送有关人员外出学习进修自动化、电子计算机、远动遥控装置方面的知识，参加水利部举办的大型泵站讲习班等，把学到的新技术带回来推广使用，收到了较好效果。

20 世纪 80 年代初期以来，职工培训课程逐步走上了正轨，专业层次有了提高，选用了高等院校有关机电专业课程、全国水利行业工人技术考核培训教材、全国机械工人技术培训电工类通用教材等作为培训教材。

（三）培训形式

管理处始终坚持把人才作为第一资源，紧紧围绕工作大局，每年制订职工教育培训计划。常态化开展干部学习会、干部讲坛、理论讲坛、青年讲坛等干部素质教育系列培训，选派优秀年轻干部担任加固改造、代管运行、安装施工、技术服务等项目负责人，有计划、有目的、有步骤地对干部进行多岗位、递进式培养锻炼。融合建设技师工作室、大师工作室、江苏工匠工作室、首席技师工作室等平台，建立长效“传帮带”机制，深入开展每周一题、每月一讲、每月一试、每年一赛等“四个一”活动，定期组织继续教育，鼓励参与学历提升，分类开展精准培训。常态化开展岗位练兵、技术比武活动，积极选派选手参加历届全国、全省水利行业职业技能竞赛，通过同台竞技取长补短、提升技能。自 1997 年第一届省级闸门运行工职业技能竞赛举办以来，管理处先后组织职工参加全国、全省职业技能竞赛 30 余次，覆盖面涉及泵站、闸门、水文、水工监测、水行政等各工种。截至 2020 年底，管理处共有江苏省“333 高层次人才培养工程”培养对象 3 名，全省水利系统“111 人才工程”高技能人才培养对象 14 人次，先后培育全国水利行业职业技能竞赛一等奖选手 5 名，省级技能竞赛冠军选手 13 名，在历届全国、全省技能竞赛中脱颖而出取得优异成绩的选手累计 60 余人次（部分见表 12-2），其中 1 人被授予国务院“政府特殊津贴”，2 人被授予“全国五一劳动奖章”，5 人荣获“全国水利技能大奖”，31 人荣获国家级、省级技术能手称号，90 余人获得市厅级以上表彰。

表 12-2　全国（省）水利技工技能竞赛荣誉获得者

闸门运行工			
姓　名	授予名称	授予时间（年）	授予单位
周明亮	全国水利行业闸门运行工技能竞赛一等奖（中华技术能手）	1997	水利部
周心禹	全国水利行业闸门运行工技能竞赛三等奖（全国水利技术能手）	2002	水利部
陈宇潮	第六届全国水利行业（水工闸门运行工）职业技能竞赛第一名（全国水利技术能手）	2018	水利部
何云轩	第六届全国水利行业（水工闸门运行工）职业技能竞赛第四名	2018	水利部

续表

闸门运行工			
姓　名	授予名称	授予时间(年)	授予单位
周明亮	江苏省闸门运行工职业技能竞赛全能第一名	1997	省人事厅 省水利厅
	江苏省机关事业单位有突出贡献技术能手	2002	省人事厅
	第三届江苏省十佳文明职工	2006	省总工会
	江苏省五一劳动奖章	2006	省总工会
周心禹	江苏省闸门运行工职业技能竞赛全能第二名	1997	省人事厅 省水利厅
	江苏省机关事业单位技术能手	2001	省人事厅
陈宇潮	江苏省第二届闸门运行工技能竞赛全能第一名(江苏省机关事业单位技术能手)	2002	省人事厅 省水利厅
	江苏省技术能手	2004	省人社厅
	江苏省水利系统第一届“111 人才工程”高技能人才培养对象	2012	省水利厅
	江苏省水利系统第二届“111 人才工程”高技能人才培养对象	2017	省水利厅
徐　凯	江苏省第二届闸门运行工技能竞赛第三名(江苏省机关事业单位技术能手)	2002	省人事厅 省水利厅
	江苏省第三届闸门运行工技能竞赛三等奖(江苏省水利行业技术能手)	2007	省人事厅 省水利厅
杜宏奎	江苏省第二届闸门运行工技能竞赛第六名(江苏省机关事业单位技术能手)	2002	省人事厅 省水利厅
于　水	江苏省第三届闸门运行工技能竞赛第一名(江苏省机关事业单位技术能手)	2007	省人事厅 省水利厅
	全国水利技术能手	2011	水利部
张　斌	江苏省第三届闸门运行工技能竞赛省直组一等奖(江苏省机关事业单位技术能手)	2007	省人事厅 省水利厅
丁建兰	江苏省第四届闸门操作与维修工职业技能大赛第一名(江苏省五一巾帼标兵、江苏省机关事业单位技术能手)	2011	省人社厅 省水利厅
	全国五一巾帼标兵	2013	全国总工会
	全国水利技术能手	2013	水利部
	江苏省五一劳动奖章	2014	省总工会
冷　明	江苏省第四届闸门操作与维修工职业技能大赛省直组一等奖(江苏省机关事业单位技术能手)	2011	省人社厅 省水利厅

续表

闸门运行工			
姓　名	授予名称	授予时间(年)	授予单位
何云轩	江苏省第四届闸门操作与维修工职业技能大赛省直组二等奖(江苏省机关事业单位技术能手)	2011	省人社厅 省水利厅
	江苏省水利系统闸门运行工职业技能竞赛特等奖(江苏省五一劳动奖章、江苏省技术能手)	2015	省总工会 省人社厅 省水利厅
	江苏省五一创新能手	2017	省总工会
薛宽政	江苏省水利系统闸门运行工职业技能竞赛二等奖(江苏省技术能手)	2015	省总工会 省人社厅 省水利厅
	江苏省五一创新能手	2017	省总工会
刘　兵	江苏省水利系统闸门运行工职业技能竞赛二等奖(江苏省技术能手)	2015	省总工会 省人社厅 省水利厅
	江苏省五一创新能手	2017	省总工会
	江苏省水利系统闸门运行工职业技能竞赛第二名(江苏省技术能手、江苏省五一创新能手)	2019	省总工会 省人社厅 省水利厅
徐士坤	江苏省水利系统闸门运行工职业技能竞赛第一名(江苏省技术能手、江苏省五一创新能手)	2019	省总工会 省人社厅 省水利厅
薛宽政	江苏省水利系统闸门运行工职业技能竞赛第三名(江苏省技术能手、江苏省五一创新能手)	2019	省总工会 省人社厅 省水利厅

泵站运行工			
姓　名	授予名称	授予时间(年)	授予单位
徐　宁	第二届全国水利行业(泵站运行工)职业技能竞赛第八名(全国水利技术能手)	2002	水利部

续表

泵站运行工			
姓　名	授予名称	授予时间(年)	授予单位
金　超	第二届全国水利行业(泵站运行工)职业技能竞赛第十名(全国水利技术能手)	2002	水利部
	第四届全国水利行业(泵站运行工)职业技能竞赛第一名	2012	水利部
	全国水利技术能手	2012	人社部
	全国五一劳动奖章	2013	全国总工会
	政府特殊津贴	2016	国务院
	江苏工匠	2018	省人民政府
	江苏省水利系统第一届“111 人才工程”高技能人才培养对象	2012	省水利厅
	江苏省水利系统第二届“111 人才工程”高技能人才培养对象	2017	省水利厅
周永健	第三届全国水利行业(泵站运行工)职业技能竞赛第八名(全国水利技术能手)	2006	水利部
	全国知识型职工先进个人	2009	全国争创活动领导小组
	第四届全国水利行业(泵站运行工)职业技能竞赛第四名	2012	水利部
	全国水利技能大奖	2013	水利部
	全国水利技术能手	2016	水利部
	江苏省水利系统十大水利工匠	2016	省水利厅
	江苏省水利系统第二届“111 人才工程”高技能人才培养对象	2017	省水利厅
杨　华	第四届全国水利行业(泵站运行工)职业技能竞赛第十二名	2012	水利部
	全国水利技术能手	2013	水利部
	全国水利技能大奖	2018	水利部
张　歆	第五届全国水利行业(泵站运行工)职业技能竞赛第一名	2017	水利部
周晨钟	第五届全国水利行业(泵站运行工)职业技能竞赛第六名(全国水利技能大奖)	2017	水利部
徐士坤	第八届全国水利行业(泵站运行工)职业技能竞赛第一名	2020	水利部
尤文成	第八届全国水利行业(泵站运行工)职业技能竞赛第二名	2020	水利部
蔡桂林	江苏省第一届泵站运行工技能竞赛全能第一名	1998	省水利厅
	全国水利技术能手	2002	水利部
徐　宁	江苏省第一届泵站运行工技能竞赛全能第二名	1998	省水利厅

续表

泵站运行工			
姓　名	授予名称	授予时间(年)	授予单位
金　超	江苏省泵站运行工与维修工技能大赛全能第一名(江苏省机关事业单位技术能手)	2001	省水利厅
	江苏省青年岗位能手	2006	团省委 省人事厅
	江苏省机关事业单位有突出贡献技术能手	2012	省人社厅
马罗扣	江苏省泵站运行工与维修工技能大赛全能第二名(江苏省机关事业单位技术能手)	2001	省水利厅 省人事厅
	江苏省技术能手	2002	省人事厅
	江苏省水利行业技术能手	2005	省水利厅
李宏祥	江苏省泵站运行工与维修工技能大赛全能第六名(江苏省水利行业技术能手)	2001	省水利厅
周永健	江苏省第三届泵站运行与维修工职业技能大赛第一名(江苏省机关事业单位技术能手)	2005	省人事厅 省水利厅
	江苏省五一劳动奖章	2008	省总工会
王　军	江苏省第三届泵站运行与维修工职业技能大赛第二名(江苏省机关事业单位技术能手)	2005	省人事厅 省水利厅
	全国水利技术能手	2006	水利部
周传福	江苏省第三届泵站运行与维修工职业技能大赛三等奖(江苏省水利行业技术能手)	2005	省人事厅 省水利厅
杨　华	江苏省第四届泵站运行与维修工职业技能大赛第一名(江苏省机关事业单位技术能手)	2009	省人社厅 省水利厅
王松峻	江苏省第四届泵站运行与维修工职业技能大赛省直组一等奖(江苏省机关事业单位技术能手)	2009	省人社厅 省水利厅
郭　平	江苏省第四届泵站运行与维修工职业技能大赛省直组二等奖(江苏省机关事业单位技术能手)	2009	省人社厅 省水利厅
	江苏省水利系统泵站运行与维修工职业技能竞赛特等奖(江苏省技术能手、江苏省五一创新能手)	2017	省总工会 省人社厅 省水利厅
王　俊	江苏省第四届泵站运行与维修工职业技能大赛省直组二等奖(江苏省机关事业单位技术能手)	2009	省人社厅 省水利厅

续表

泵站运行工			
姓　名	授予名称	授予时间(年)	授予单位
张　歆	江苏省水利系统泵站运行与维修工职业技能竞赛特等奖	2013	省总工会 省人社厅 省水利厅
尤文成	江苏省水利系统泵站运行与维修工职业技能竞赛二等奖(江苏省技术能手)	2013	省总工会 省人社厅 省水利厅
	江苏省五一创新能手	2016	省总工会
周晨钟	江苏省水利系统泵站运行与维修工职业技能竞赛二等奖(江苏省技术能手)	2013	省总工会 省人社厅 省水利厅
	江苏省五一创新能手	2016	省总工会
徐　华	江苏省水利系统泵站运行与维修工职业技能竞赛三等奖(江苏省水利行业技术能手)	2013	省总工会 省人社厅 省水利厅
尤文成	江苏省水利系统泵站运行与维修工职业技能竞赛一等奖(江苏省技术能手)	2017	省总工会 省人社厅 省水利厅
徐士坤	江苏省水利系统泵站运行与维修工职业技能竞赛二等奖(江苏省水利行业技术能手)	2017	省总工会 省人社厅 省水利厅
张志军	江苏省水利系统泵站运行与维修工职业技能竞赛三等奖(江苏省水利行业技术能手)	2017	省总工会 省人社厅 省水利厅

水文运行工			
姓　名	授予名称	授予时间(年)	授予单位
周晨蕾	第四届全国水利行业技能竞赛(水文勘测工)第十一名(全国水利技术能手)	2007	水利部
王　成	第五届全国水文勘测工大赛二等奖、第四名(全国水利技能大奖)	2012	水利部
王　江	第六届全国水文勘测工大赛二等奖、第八名(全国水利技能大奖)	2017	水利部
张　军	江苏省第三届水文勘测工技能竞赛全能第六名(江苏省水利行业技术能手)	2001	省水利厅 省人事厅
王　成	江苏省第四届水文勘测工技能竞赛二等奖、第三名(江苏省五一创新能手)	2012	省水利厅

续表

水文运行工			
姓　名	授予名称	授予时间（年）	授予单位
王玉芳	江苏省第四届水文勘测工技能竞赛三等奖、第八名（江苏省水利行业技术能手）	2012	省水利厅
王玉芳	江苏省第五届水文勘测技能竞赛一等奖（江苏省技术能手、江苏省五一创新能手）	2016	省总工会 省人社厅 省水利厅
王　江	江苏省第五届水文勘测技能竞赛第三名	2016	省总工会 省人社厅 省水利厅
王　江	江苏省第六届水文勘测技能竞赛第五名	2020	省总工会 省人社厅 省水利厅
水工监测工			
姓　名	授予名称	授予时间（年）	授予单位
王　江	第七届全国水利行业（水工监测工）职业技能竞赛第五名	2019	水利部
水政执法			
姓　名	授予名称	授予时间（年）	授予单位
周　洁	第五届江苏省水行政执法技能竞赛个人三等奖	2014	省水利厅
周　洁	江苏省水行政执法技能竞赛个人第一名（江苏省五一劳动奖章）	2016	省总工会 省人社厅 省水利厅

（四）教育成果

1. 对内培训

多年来，管理处职工通过培训，理论知识较扎实，职业技能熟练，技术水平得到了不断的提高。如给 1964 年招用的一批中专生办了两期训练班，各训练了 3 个月，5 年后他们成了技术上的骨干，其中一部分人成为技术负责人和泵站管理负责人，能承担整个泵站的安装、检修和管理工作。管理处之所以能在 1974 年独立承担四站机电设备的安装，以及后来对外承接省内外大型泵站的安装，与始终坚持对全体职工进行业务培训、培养了一大批技术骨干分不开。同时，在全国和省各种大型技能比赛中，管理处职工多次获得了荣誉。

管理处不但重视对职工业务技能的培训，还重视对职工学历、文化的培养。至 1999 年底已培养大专以上学历 133 人，中专 6 人，研究生课程班 10 人，高中文化教育 120 人。21 世纪以来，管理处更加注重职工学历提升教育，联合河海大学开展学历教育函授班，主动委托南京理工大学、扬州大学等高校面向职工举办成人高等教育专业证书班。仅2018年，就有27人参加河海大学专升本学历教育，5人被录取为扬州大学在职研究生。在业务技能培训上，1989年至2012年，管理处共有6 886人次参加了各种形式的业务培训。2013—2020年，管理处进一步创新培养模式、加大培训力度，相继成立技师工作室、技能鉴定站，建成江苏工匠工作室、大师工作室、首席技师工作室等，开展干部素质教育、技术人员继续教育、岗前培训、岗位讲坛、技术培训等各种形式的业务培训32 437人次。

2. 对外培训

省水利厅职业技能培训中心举办各类培训班129期、参培人数5 804人次。其中，全国大型泵站技术骨干训练班15期，689人参加了培训；省水利系统电工技术培训班14期，802人参加了培训；省水利厅职业技能培训班62期，3 391人参加了培训；省内外委培专题班38期，922人参加了培训。学员经培训后业务技术水平明显提高，绝大部分人已成为技术骨干，有100多人走上领导岗位，正在为水利事业发展，振兴水利经济发挥着积极的作用。

自2015年水利职业技能培训鉴定站成立以来，举办各类培训班59期，参培人数约2 800人次，省内外委培专题班25期，约1 328人次参加了培训，水利系统职业技能培训班20期，约1 309人次参加了培训。

第七节　精细化管理

精细化管理是一种管理理念和管理方法，通过规则的系统化和量化，组织管理各单位精确、高效、协同和持续运行。水利工程精细化管理的本质意义就在于它是一种对管理单位发展规划和目标任务进行分解细化和落实的过程，是提升工作成效和整体执行能力的一个重要途径。为顺应新时期水利工程管理要求，进一步规范管理行为，促进水利工程管理水平提档升级，管理处在强化水利工程依法管理、规范管理的基础上，积极推进管理创新。结合水利行业特点和单位实际情况，率先探索实践水利工程精细化管理，着力构建适应现代化要求的工程管理新模式，实现从定性到量化、从静态到动态、从粗放型到精细化管理的转变，工程管理现代化水平不断提升。精细化管理经验做法在全省得到全面推广，得到全国同行充分肯定。

（一）引入精细化管理理念

管理处通过50多年的积累和发展，构建了较为完善的工程体系，形成了良好的管理基础。为适应新时期水利改革发展和现代化建设的新形势、新要求，2013年起，探索推行精细化管理，以科学管理理论指导水利工程管理实践。突破工程管理传统思维定式，贯彻“精、准、细、严”的核心思想，以专业化、系统化、标准化、信息化为基本方法，加强方案设计，联合河海大学开展专题研究，构建理论体系，确立水利工程精细化管理的基本模式、工作体系、实施路径，重点从管理任务、管理标准、管理制度、管理流程、管理评价和管理平台等多方位系统推进，细化目标任务，健全管理制度，明晰工作标准，规范作业流程，强化考核评价，构建信息平台，先行先试，从易到难，以点带面，逐步推广，探索实践水利工程精细化管理。先后编写出版《江都水利枢纽精细化管理丛书》8部，参与编写出版《江苏省水利工程精细化管理丛书》4部，促进精细化管理在江苏水利枢纽管理处落地生根，在全省推广应用。

（二）落实工作目标任务

坚持目标导向，制订年度工作目标计划，对控制运用、工程检查、设备评级、工程观测、维修养护、安全生产、制度建设、教育培训、水政监察、档案管理、标志标牌管理11大类重点工作，按照年、月、周、日分解细化，明确各阶段工作任务，编制工作任务清单。同时确定各时段工作任务及完成时间节点，横标定人定职责，纵标定时定进度，使得工作要求进一步明确化、系统化。同时，完善管理岗位设置，明确岗位工作职责、岗位标准和考核要求，建立以岗定责、任务明确的责任体系，做到事事有人做、人人有事做。

（三）健全管理制度体系

坚持按制度办事、用制度管人。不断健全完善各项管理规章制度，涵盖党的建设、工程管理、安全生产、人事、行政、财务、综合经营、职工管理等诸多方面，整理汇编成册，印发给每位职工，与此同时，对关键岗位制度进行明示，狠抓制度落实，加强执行效果评估，及时修订完善。以制度为精细化管理提供形象准确的立体坐标体系，切实保证各项工作规范有方、管理有章、执行有据。

（四）明晰管理工作标准

标准是指导和衡量工程管理的标尺，是保证管理目标任务执行到位的前提。建立健全较为系统、规范、量化的管理标准化体系，做到全处同类工作标准一致、同类图表格式一致、同类标牌设置一致。对照国家标准、水利行业标准及相关规定要求，区分不同工程类型和工程特点，明晰控制运用、工程检查、工程评级、工程观测、养护维修、安全生产、制度管理、教育培训、档案管理、水政管理、标志标牌设置等工作标准，并将其与具体工作有机结合。

（五）规范管理作业流程

对典型性、规律性、重复性强的工作推行流程化管理，加强过程控制。针对控制运用、工程检查、工程评级、工程观测、维修养护、安全生产、制度管理、档案资料管理和水政管理等工作，编制工作流程图。对控制运用、工程检查、设备评级、工程观测、维修养护和机组大修等典型工作，组织编制相应的作业指导书，明确工作内容、标准要求、工作流程、方法步骤、注意事项、资料格式等，指导和规范各专项工作，实现从开始到结束全过程闭环式管理、高效开展。

（六）强化管理考核评价

提高执行力是保证精细化管理取得实效的关键。管理处在完善目标管理体系的基础上，着力健全精细化考核评价机制。按照事业单位人事管理及考核管理相关要求，发挥好绩效分配激励引导作用，结合单位实际，建立单位工作效能考核和职工实绩考核制度，制定、完善考核办法和标准，将考核结果与评先评优、岗位聘用、职务晋升和收入分配相挂钩。强化过程控制，做到目标明确、任务具体、责任到位、奖惩有据。

（七）构建信息管理平台

精细化管理需要信息技术作支撑。管理处组织研发精细化管理平台，将精细化管理涉及的任务、制度、标准、流程、评价及成效等方面的管理要素通过信息化手段进行固化、落实、监管及展示，并融合水利工程管理考核、安全生产标准建设等要求，体现系统化、全过程、留痕迹、可追溯的思路，实行管理任务清单化、管理要求标准化、工作流程闭环化、成果展示可视化、管理档案数字化，力求以信息化促进精细化管理快捷有效地推进。

江都水利枢纽工程的建设与管理是一个探索与完善的过程。管理者全过程参与了工程规划、设计、施工，为后来的管理工作奠定了坚实的基础。在建设初期，没有任何管理模式和制度可以借鉴，管理者不断摸索，初步建立了工程管理、行政管理以及工程观测等方面的制度。20 世纪八九十年代，随着自动化建设速度加快，管理处探索建设水文遥测网、工程监控网和办公自动化网，促进了技术水平向新的高度飞跃。经过多年不断归纳总结，大胆革新，建立了较为完善的工程技术管理体系，1991 年江都抽水站获得水利部“部一级管理单位”称号。进入 21 世纪，以水利工程管理考核为抓手，大力推进规范化建设，积极创建省级水利工程管理单位，工程管理水平全面提升。2015 年管理处高分通过水利部国家级水管单位考核验收，2016 年通过水利部安全生产标准化一级水管单位评审，2020 年 12 月首创全省水利工程精细化管理单位。工程管理技术水平处在国内水利行业的先进水平，成为全省乃至全国水利工程管理的窗口单位之一。

第八节　科技创新

（一）WSY-16 无线远动装置

WSY-16 无线远动装置是小型化的遥控、遥测、遥信三遥远动装置。1979 年由管理处科研所和江都西闸管理所共同研制，1980 年 10 月在江都西闸投入运行。该装置由控制端和执行端组成，能按节制闸使用规范，进行闸门启闭程序控制，能进行上下游水位和闸门开启高度的巡回检测，同时具有闸门高度预置、水位自动报警、定点控制、检测、启闭状态指示和事故指示等功能。在节制闸远动技术应用上，具有较先进水平，适用于开启频繁的大中型节制闸。该成果获 1982 年江苏省水利科技成果一等奖。

(二)江都泵站计算机监控系统

该项目是水利部科技司 1996 年批准实施的大型泵站“机组监控关键技术”项目,其目的是通过引进国外先进成熟的技术与设备,结合我国大型轴流转浆式水泵的自动化监控技术,提高自动化水平和泵站运行效益。该项目由管理处和水利部南京水利水文自动化研究所、省水利厅工管处共同完成。该系统为分层、分布式结构,设处、站和现场控制级,各级控制功能独立,任务独立,运行安全可靠,达到“无人值班,少人值守”的自动化水平。该项目的主要技术是引进国外先进技术,其中 INTOUCH 组态软件首次用于国内大型泵站开发应用软件,大部分国内配套设备是国内先进的技术产品。该成果在硬软件系统集成,在线优化调度达国际先进水平,1999 年获江苏省水利科技进步一等奖。管理处科研所在参加该项目研制的同时,及时消化吸收国外先进技术,将硬件和软件全部实现国产化,迅速推出大型泵站监控系统。于 2001 年在一站、二站、变电所成功应用,各站通过光纤和网络设备组成了江都水利枢纽泵站监控系统。2001 年随着江都东闸、江都西闸、邵仙闸自动化系统的建成,通过自建光纤和连接公网,完成了各子系统的整合,建成了江都水利枢纽监控系统,并接入江苏水利广域网。

(三)水闸上游安设防护设施的推广

在水闸上游垂直水流方向设计安装拦船设施,是确保水闸安全运行的重要措施。本项目设计、计算浮筒形状、大小、水下砼锚块的重量,根据流量及流速确定拦河钢索的直径以及两岸岸墩的结构尺寸。该设施于 1991 年先后在管理处、省灌溉总渠管理处、省三河闸管理处等单位的水闸上安装运用,防止船只在大流量引水情况下滑向闸站口,确保工程安全运行,发挥工程效益。该项目获 1992 年江苏省水利科技推广一等奖。

(四)三站进水流道改造施工技术研究

为了彻底解决三站进水流道流态差的问题,利用三站更新改造的机遇,对三站进水流道通过三维流动 CFD 数值计算研究及模型试验,优化确立了肘形进水流道改造方案。但由于流道作业空间小、加衬的钢筋砼厚薄不均,局部较薄,而且投料口数量少,无论是植筋、立模,还是砼浇筑都十分困难,施工质量也难以控制。通过开展专题技术研究,确定采用自流平密实砼,对立模、砼浇筑、施工质量控制等制订了详细的方案,取得了十分理想的应用效果。该项目成果获得 2009 年江苏省水利科技优秀成果二等奖。

(五)大型泵站五孔探针测流装置的研制与现场试验

五孔球形探针法将测流断面选择在水泵叶轮进口前附近,流速分布较为均匀。通过五孔探针可以很准确地测出水泵叶轮进口前的三维流速分布,继而求得轴向流速分布,由此可以计算出测流断面的过流量,即单机流量。该方法对于大型泵站来说,是一种既经济简便又具有较高精度的水泵流量现场测试方法,有较高的推广应用价值。该项目获 2012 年江苏省水利科技优秀成果一等奖。

（六）同轴主副卷筒固定卷扬式启闭机研制

同轴主副卷筒固定卷扬式启闭机是将主副卷筒布置在同一根驱动轴上，通过离合器的分离或接合，实现了由一套驱动装置独立启闭下扉门或联动启闭上下扉门的功能，从而满足上下扉闸门的启闭要求。该新型启闭机设计合理、结构新颖、布置紧凑、运行可靠、管理方便、节省投资，填补了国内水利行业同类产品的空白，并获得了国家实用新型专利。该项目获 2013 年省水利科技优秀成果二等奖。

（七）江苏省江都水利枢纽工程管理信息系统研究与应用

江苏省江都水利枢纽工程管理信息系统按照现行泵站、水闸工程管理规程和办法，结合新时期工程管理精细化的要求，以江都水利枢纽工程等类似工程为适用对象，研究开发工程管理信息系统，对泵站、水闸技术管理实行数字化，实现工程管理全过程信息的存储、统计、管理、查询、信息发布及维修养护项目的监管。该系统将对全省泵站、水闸工程管理信息化建设、提高工程管理现代化水平起到示范作用，对省内外类似工程的管理具有广泛的推广应用价值。该项目获 2017 年省水利科技进步三等奖。

（八）《水闸监控系统检测规范》编制

管理处主编的《水闸监控系统检测规范》结合江苏省区域特点以及当前水闸监控系统建设现状，针对水闸监控系统检测流程、检测周期、检测内容和检测方法等提供了具体的检测标准和检测要求，填补了江苏省在水闸监控系统检测规范领域的空缺，使得今后水闸监控系统检测有规可守、有章可循。该书 2020 年获得江苏省水利科技进步一等奖。

管理处历年获奖项目如表 12-3～表 12-8 所示。

表 12-3　获国家级科技成果奖励项目表

序号	成果名称	获奖类别	获奖单位	主要参加人员
1	大型泵站单泵测流	1985 年科技进步三等奖	江都水利工程管理处（参加单位）	李继珊、钟金冒、冯心宽、汪益三、林建时
2	葛洲坝一号自浮式检修沉柜	1985 年科技进步三等奖	江都水利工程管理处（参加单位）	汤明根

表 12-4　获水利部科技成果奖励项目表

序号	成果名称	获奖类别	获奖单位	主要参加人员
1	大型泵站单泵测流	1983 年度优秀水利科技成果奖	江都水利工程管理处（参加单位）	陈文和、孔繁琪、林建时
2	SCZJ-1 型水文自动测报终端机	1993 年度科技进步四等奖	江都水利工程管理处	孙汉明、施福基、谢国盛、梅雪红、刘志龙

续表

序号	成果名称	获奖类别	获奖单位	主要参加人员
3	江都第一抽水站主泵改型研究	1997年度科技进步三等奖	江都水利工程管理处（参加单位）	刘超、袁伟声、祁朝标、袁家博、汤方平

表 12-5　获江苏省科技成果奖励项目表

序号	成果名称	获奖类别	获奖单位	主要参加人员
1	船闸无线遥控装置	1978年科学大会奖	江都水利工程管理处	许昭华、谢国盛
2	CYJ-20船闸遥控机	1978年度重要科技成果四等奖	江都水利工程管理处	许昭华、谢国盛
3	YSW-01(02)无线水文遥测装置	1980年度重要科技成果三等奖	江都水利工程管理处（参加单位）	施福基、胡鹤鸣、刘汉元、陈强、赵礼成
4	自浮移动式气压沉柜	1981年度重要科技成果三等奖	江都水利工程管理处	汤明根
5	江都水利枢纽实时数据处理系统	1984年度重要科技成果四等奖	江都水利工程管理处（参加单位）	叶敬尧、张国琪孙汉明、申建昌
6	微机翻译水情电报系统	1985年度科技进步四等奖	江都水利工程管理处（参加单位）	杨玉、柏屏、刘志龙
7	沿运灌区WYLC-1型两级分布式微机流量自控系统	1991年度科技进步四等奖	江都水利工程管理处（参加单位）	郑允凡、徐肇础、赵庆堂、沈宏平、沈佑生
8	大中型泵站节能改造综合技术推广与应用	1998年度科技进步三等奖	江都水利工程管理处（参加单位）	刘超、袁家博、周济人、汤方平、曹志高
9	江都一站、二站综合技术改造	2001年度科技进步二等奖	江都水利工程管理处（参加单位）	黄莉新、陈学富、刘超、孙汉明、汤方平、汤正军、周济人
10	大型水泵出流特性与机组结构、安装研究	2001年度科技进步三等奖	江都水利工程管理处（参加单位）	仇宝云、刘超、黄海田、陈学富、魏强林
11	大型泵站反向发电运行方式选择的研究	2001年度科技进步三等奖	江都水利工程管理处（参加单位）	莫岳平、周济人、黄海田、汤方平、陆林广

表 12-6 获江苏省水利科技成果奖励项目表

序号	成果名称	获奖类别	获奖单位	主要参加人员
1	WSY-16 无线远动装置	1982 年省水利科技成果一等奖	江都水利工程管理处	许昭华、朱煜明、郑允凡、潘舜民、刘健
2	SSY-1 型数字守潮仪	1984 年省水利科技成果二等奖	江都水利工程管理处	曹玉生、叶敬尧、包祥荣、殷立功
3	江都水利枢纽实时数据处理系统	1984 年省水利科技成果一等奖	江都水利工程管理处（参加单位）	叶敬尧、张国琪、孙汉明、申建昌
4	P23 酚醛塑料导轴承在大型立式水泵上的应用	1985 年省水利科技成果二等奖	江都水利工程管理处	林建时、朱福保
5	船闸微机无线自动装置	1988 年浙江省水利科技进步三等奖	江都水利工程管理处（参加单位）	楼汉良、孙汉明、刘国师、唐瑞山、田春辉
6	SCZJ-1 型水文自动测报终端机	1991 年省水利科技进步一等奖	江都水利工程管理处（参加单位）	孙汉明、施福基、谢国盛、梅雪红、刘志龙
7	沿运灌区 WYLC-1 型两级分布式微机流量自控系统	1991 年省水利科技进步一等奖	江都水利工程管理处（参加单位）	郑允凡、徐肇础、赵庆堂、沈宏平、沈佑生
8	GD-1A 型码带式光电水位传感器	1993 年省水利科技进步特等奖	江都水利工程管理处（参加单位）	许昭华
9	泵站汽蚀调研与抗汽蚀涂层试验研究	1994 年度省水利科技进步二等奖	江都水利工程管理处（参加单位）	储训、黄莉新、陆一忠、陈文和、黄辉
10	江都第一抽水站主泵改型研究	1999 年省水利科技进步一等奖	江都水利工程管理处（参加单位）	刘超、袁伟声、祁朝标、袁家博、汤方平
11	江都泵站计算机监控系统	1999 年省水利科技进步一等奖	江都水利工程管理处（参加单位）	孙京忠、陈履、陈学富、丁强、孙汉明
12	江都一站、二站综合技术改造	2000 年度省水利科技进步一等奖	江都水利工程管理处（参加单位）	黄莉新、陈学富、刘超、孙汉明、汤方平
13	水闸工程自动化控制系统的研究应用	2003 年度省水利科技优秀成果三等奖	江都水利工程管理处（参加单位）	孙汉明
14	常熟水情监测调度系统研究与应用	2007 年度省水利科技优秀成果三等奖	江都水利工程管理处（参加单位）	周宜军、张业春、范金良、徐振祥、朱洪清

续表

序号	成果名称	获奖类别	获奖单位	主要参加人员
15	吴江同里轨道式牵引过闸设施工程的研究和应用	2009年度省水利科技优秀成果二等奖	江都水利工程管理处（参加单位）	金红珍、沈育新、赵培江、吴建林、赵勤星、杨庆宏、倪波、吕艳
16	吴江泵站集群管理系统的研究应用	2009年度省水利科技优秀成果三等奖	江都水利工程管理处（参加单位）	姚雪球、金红珍、盛永良、严光华、徐瑞忠、刘明
17	江都三站进水流道改造施工技术研究	2009年度省水利科技优秀成果二等奖	江都水利工程管理处、省水利科学研究院	朱炳喜、曹瑚、周灿华、董晓军、邵林、章新苏
18	大型泵站五孔探针测流装置的研制与现场试验	2012年度省水利科技优秀成果一等奖	江都水利工程管理处、扬州大学	刘军、刘超、陶长生、汤超、汤正军、杨华、雍成林
19	同轴主副卷筒固定卷扬式启闭机研制	2013年度省水利科技优秀成果二等奖	江都水利工程管理处、省水利机械制造有限公司	周灿华、陶长生、蔡平、王波、辛华荣、汤正军

表 12-7　获江苏省水利科技推广奖项目表

成果名称	获奖类别	获奖单位	主要参加人员
水闸上游安设防护设施的推广	1992年科技推广一等奖	江都水利工程管理处（参加单位）	颜廷举、韦康瑛、叶华、谷杉、陈学富、孙文平、孙继科、曹瑚、孙红滨、鞠建明

表 12-8　获扬州市科技成果奖项目表

成果名称	获奖类别	获奖单位	主要参加人员
大型泵站出流特性与机组结构、安装研究	2000年科技进步二等奖	江都水利工程管理处（参加单位）	仇宝云、刘超、黄海田、陈学富、魏强林

第十三章
管理机构与队伍

第一节 党政机构

管理处自1963年成立以来，随着工程的不断扩建，管理机构与队伍也不断地扩大。从1963年到2020年，管理处的机关科室和下属单位由4个发展到28个，职工人数由48人增加到485人。同时，党、政、工、团组织也随之发展、扩大。管理处管理的工程为：4座抽水站、10座涵闸和3座船(套)闸，入江水道控制工程的3座水闸等。江都水利枢纽配套工程江都、芒稻两座船闸由交通运输部门管理，高水河、新通扬运河、三阳河等3条输水河道由所在县(市、区)水利部门管理。管理处行政机构自1963年5月建立后，随着工程的扩建和工程管理的发展，机构设置多次调整，逐步完善。57年来，大体上可以分为建处初期(1963—1964年)、完善时期(1965—1983年)、改革时期(1984—2020年)3个阶段。管理处行政机构是正处级建制，下设正科级单位。处级领导人由省水利厅考核任命，科级负责人由管理处考核，报省水利厅审批，由管理处任命(或聘任)。

(一) 建处初期

1963年2月25日，省编制委员会同意建立管理处时，核定处内设立机构为：人秘组、技术指导组与抽水站(含修配人员)3个部门。同年7月6日，成立宜陵闸管理所，隶属管理处。是年11月28日，原万福闸管理处(1960年成立)下属的江都闸管理所和邵伯闸管理所划归管理处领导。至1963年底，管理处机关设2个组，下属4个单位。

（二）完善时期

1964 年 8 月二站建成投运。1965 年 6 月 9 日，经省水利厅党组研究决定，管理处机关由组改为科室，成立秘书室、保卫科、技术管理科 3 个科室。同年 7 月 16 日，处务会议决定将原由一站代管的变电所、二站代管的检修班和管理处代管的潜水组划归技术管理科领导。此时管理处下属单位除建处初期的一站和宜陵闸、江都闸、邵伯闸 3 个管理所外，又增加二站、邵仙闸洞管理所及五里窑管理所。是年 8 月、9 月管理处分别制定抽水站技术干部与各职能科室工作职责，并执行。

1968 年 9 月万福闸管理处并入管理处。1969 年 10 月三站竣工投运。1977 年 12 月四站投产，配套工程竣工，至此江都水利枢纽工程全部建成。此时，各工程配备的水文人员原属扬州水文中心站（后称水文分站）领导，也划归管理处领导。同时，管理处机关科室作了相应的调整，并增加了下属单位。1978 年，管理处机关科室有政工科、行政科、工程管理科、财供科、保卫科、水文站等 6 个，下属单位有一站、二站、三站、四站、变电所、试验室、万福闸管理所、金湾闸管理所、芒稻西闸管理所、江都东闸管理所、邵仙闸管理所、邵伯闸管理所、宜陵闸管理所、宜陵船闸管理所、五里窑船闸管理所、潜水组、检修班等 19 个。

（三）改革时期

1984 年，根据上级有关精神，管理处行政机构体制进行了改革，采取了下属单位按性质合并、处机关合署办公的办法进行调整。管理处机关设办公室、人事保卫科、工程管理科（水文站与其合署办公）、计划财务科 4 个，下属单位有抽水机站管理所、江都闸管理所、邵仙闸管理所、万福闸管理所、宜陵闸管理所、宜陵船闸管理所、修配试验室、综合经营公司、科学研究所 9 个。

随着工程管理的规范化，工作内容的增多，市场经济的深入发展，综合经营项目的增加，机构又进行了调整。2002 年，管理处机关科室有办公室、人事科（成立党办与其合署办公）、工程管理科、财供科、监察室、水政保卫科、经营科、水文站、后勤服务中心 9 个，下属单位有一站、二站、三站、四站、变电所、试验室、万福闸管理所、江都闸管理所、邵仙闸管理所、宜陵闸管理所、宜陵船闸管理所、安装处（成立维修中心与其合署办公）、修配所、科研所、设计院 15 个。

2004 年，省水利厅核定管理处为社会公益第 I 类事业单位，核定机关科室 7 个，具体为：办公室、人事科（党办、团委）、财供科、工程管理科、水政保卫科、纪委（监察室）、工会；处属单位 10 个，具体为：江苏省江都水利工程管理处第一抽水站管理所、江苏省江都水利工程管理处第二抽水站管理所、江苏省江都水利工程管理处第三抽水站管理所、江苏省江都水利工程管理处第四抽水站管理所、江苏省江都水利工程管理处变电所、江苏省江都水利工程管理处水文站、江苏省江都水利工程管理处万福闸管理所、江苏省江都水利工程管理处江都闸管理所、江苏省江都水利工程管理处邵仙闸管理所、江苏省江都水利工程管理处宜陵闸管理所。并同意管理处成立“江苏省江都水利枢纽工程维修养护中心”，主要承担工程维修养护任务，实行企业化运作。在经费不到位的情况下，实行独立运作，合同管理。

随着单位发展和职能增加，经省水利厅同意，管理处陆续增设一批科级建制机构，人员编制及经费来源内部调剂解决。2007 年，成立“江苏省江都水利工程管理处接待中心”；2008 年，增设“湖泊管理科”、“江苏省江都水利工程管理处电力试验中心”和“江苏省江都水利工程管理处水利科学研究所”；2012 年，成立“经营项目管理科”；2013 年，成立“江苏省水利系统技师工作室”；2015 年，成立“水利职业技能培训鉴定站”。

2015 年 12 月，省水利厅研究决定，在管理处财供科增挂“审计科”牌子，与财供科合署办公；在工程管理科增挂“安全生产监督科”牌子。

2019 年 7 月，省水利厅批复同意管理处内设机构调整：单独设立党办、审计科；湖泊管理科更名为河湖管理科；另设副总工一职，调整后，管理处内设办公室、人事科、党办、工程管理科（安全生产监督科）、河湖管理科、财务科、审计科、项目管理科、水政保卫科、纪律监督室、工会 11 个科室，下设第一抽水站管理所、第二抽水站管理所、第三抽水站管理所、第四抽水站管理所、变电所、电力试验中心、水文站、万福闸管理所、江都闸管理所、邵仙闸管理所、宜陵闸管理所、维修养护中心、水利职业技能培训鉴定站、水利科学研究所、接待中心、水利系统技师工作室 16 个单位。

2020 年 12 月，省水利厅批复同意管理处成立水情教育中心。

第二节 群众团体

（一）工会

1964 年 7 月，经江都县（今江都区）总工会批准，成立江都水利工程管理处工会委员会，下设 13 个工会小组，会员 138 名，占职工总数 62.4%。1973 年 8 月进行改选组成第二届工会委员会。至 2020 年，工会共进行 8 次改选，历时 9 届。2020 年，有 22 个分工会，会员 494 人。为了做好妇女工作，充分发挥“半边天”的作用，在工会领导下成立了妇女工作委员会，至今共 9 届。

1984 年 1 月 20 日，管理处召开首届职工代表大会，建立生产管理、财务管理、生活福利、分房和提案审查 5 个专门小组，会议通过了管理处《职工奖惩暂行条例》《职工考勤细则》。第二、第三届职工代表大会分别于 1987 年 4 月、1991 年 2 月改选。1996 年 3 月 27 日进行了第 3 次改选，产生第四届职工代表大会房改、生活福利、规章制度、干部评议、劳动保护 5 个专门工作小组。第五、第六、第七届职工代表大会分别于 2005 年 5 月、2013 年 1 月、2018 年 1 月改选。工会是职代会闭会期间的常设机构。

管理处工会自成立以来，在维护职工权益、办好集体福利事业、开展文体活动、为职工排忧解难等方面做出了很大的贡献。1985 年，管理处新建 540 m^2 的职工之家综合楼，为职工提供文化娱乐场所，并于 2002 年进行了维修改造；2014 年，处职工之家搬迁至原武警楼，总面积近 300 m^2，进一步改善了文体活动场所。2020 年 8 月，处职工书屋建成运行，同年 12 月被江苏省总工会授予“职工书屋示范点”称号。2000 年，工会设置了合理化建议箱，广泛收集职工建议。2019 年，在网上职工之家开设职工合理化建议专栏，更好地发挥桥梁纽带作用。为了帮助职工解决一些实际困难，工会于 2002 年成立了职工“特困基金”和“互助储金会”，体现了“一方有难，八方支援”的精神。2009 年，为了加强退休职工服务工作，根据相关规定并结合管理实际，制定了《江都水利工程管理处退休职工服务工作暂行办法》，成立退休职工服务中心，为退休职工提供集中统一的服务工作，做到“有人员、有阵地、有经费、有活动”。2010 年，管理处推出《职工重大疾病医疗救助管理试行办法》，成立了管理处职工重大疾病医疗救助资金管理小组，缓解了基本医疗保险标准偏低的实际问题。2018 年，根据经费使用情况进一步进行修订，降低了准入门槛，提高了救助比例，更大限度地提高职工的健康保障。2018 年，工会还出台了《会员慰问管理办法》《困难职工帮扶管理办法》，做到了职工权益、职工福利有据可依。由于工会工作比较突出，于 1990 年和 1997 年两次被江苏省总工会评为“省模范职工之家”，2005 年被中华全国总工会评为“全国模范职工之家”，多次被省水利厅评为“先进基层工会”“模范职工之家”；万福闸工会小组于 2002 年被省总工会评为“模范职工之家”，万福闸、二站和变电所工会小组分别于 2007 年、2010 年和 2012 年被中国农林水利工会全国委员会评为“全国水利系统模范职工之家”。科研所、变电所、宜陵闸、江都闸、四站、万福闸和三站分别于 2010 年、2012 年、2013 年、2014 年、2017 年、2019 年和 2020 年被江苏省总工会评为“江苏省工人先锋号”。

（二）共青团组织

1965 年 5 月 25 日，经共青团江苏省水利厅委员会批准成立江都水利枢纽工程管理处团总支委员会，下设 3 个支部，12 个小组，团员 92 名，占青年总数的 78.8%。1978 年经上级批准，总支委员会改为团委会（以下简称团委），并于同年 12 月进行改选，产生第一届团委，于 1983 年、1987 年、1996 年、2001 年分别进行 4 次改选，产生第二至五届团委。2019 年合并 8 个团支部，成立机关、站区、水闸、经营 4 个团支部。截至 2020 年 12 月，共有 28 岁以下青年团员 81 人，其中青年党员 21 人。

多年来，团委紧紧围绕全处中心工作，扎实做好“推优”工作，深入开展各种文体活动、志愿服务活动以及青年文明号创建活动等，丰富团员青年业余文化生活，引导团员青年树立正确的世界观、人生观和价值观，不断提高团员青年综合素质，充分发挥了团员青年的生力军和突击队作用。1995 年开展创建“青年文明号”活动以来，管理处先后有设计室、万福闸管理所、接待中心、邵仙闸管理所、科研所、第二抽水站管理所、宜陵闸管理所 7 个青年集体荣获“省级机关青年文明号”称号；2001 年，万福闸管理所荣获“江苏省青年文明号”称号；2002 年，邵仙闸管理所团支部荣获“江苏省五四红旗团支部标兵”称号，站区团支部荣获“省级机关五四红旗团支部”称号；2004 年，邵仙闸管理所团支部荣获“全国五四红旗团支部”称号；2019 年站区团支部被评为“江苏省五四红旗团支部”；2010 年，接待室荣获“江苏省青年文明号”称号；2014 年科学研究所荣获“江苏省青年文明号”称号；2011 年、2013 年、2015 年、2017 年万福闸管理所连续 4 次荣获“全国青年文明号”称号。

第三节 队伍建设

随着江都水利枢纽工程的逐步完善，管理处的职工队伍随之逐步壮大，结构逐渐合理，人员素质不断提高。

(一) 职工队伍

管理处的职工队伍是在枢纽工程"边建设、边投产、边配套、边运行、边提高"的建设过程中发展壮大起来的。1963 年 2 月 25 日，省编制委员会核定全处事业编制 48 人，其中工人 36 人，干部 12 人。同年 3 月 30 日省水利厅党组研究批复，同意从一站施工单位——省水利厅基建工程队中，调配干部 9 人、工人 36 人到管理处工作，组成建处初期的基本队伍。此后，又陆续从厅属有关单位调配干部、工人充实管理处力量。1964 年 8 月省水利厅在全省各地招用了 1962 年水利学校毕业的中技生 45 人到管理处工作，并陆续招用大专院校、中等专业学校毕业生及复员军人、军队转业干部、知青以及通过社会招工等充实队伍。至 1965 年底，全处职工队伍达 232 人(含原万福闸管理处人员)。

1977 年，江都水利枢纽工程全面建成，队伍随之扩大。至 1979 年底，全处人员达 503 人。1986 年江苏省编制委员会核定编制 565 人。截至 2020 年 12 月，全处职工 485 人(各单位职工人数情况见表 13-1)，其中研究生学历 7 人，本科学历 259 人，大专学历 94 人，中专学历 98 人。

表 13-1 2020 年 12 月管理处各单位职工人数情况表

单位名称	职工人数	单位名称	职工人数
主任室	6	财务科	18
办公室	27	水政保卫科	9
人事科	6	纪律监督室	4
党办	6	河湖管理科	8
工程管理科	14	万福闸管理所	31
水文站	11	江都闸管理所	31
工会	4	邵仙闸管理所	33
技能鉴定站	8	宜陵闸管理所	20
第一抽水站管理所	30	接待中心	13
第二抽水站管理所	35	水利科学研究所	21
第三抽水站管理所	44	维修养护中心	25

续表

单位名称	职工人数	单位名称	职工人数
第四抽水站管理所	37	设计院	5
变电所	19	技师工作室	5
电力试验中心	15		

(二)专业技术队伍

1963年建处时,管理处配备工程师(兼技术组长)1人,技术员2人,助理技术员2人。1964年招用了一批中技毕业生,他们在参加抽水站的安装、运行、管理中不断学习、实践,业务技术提高较快。20世纪70年代初期,已基本成为技术骨干,有的是电气、机务上的技术负责人,有的晋升为机电工程师。

1980年,国家恢复技术职称的评审工作,同年9月省水利厅水利技术职称评审委员会批复,同意管理处5人套改为工程师、17人为助理工程师。1981年经省水利厅水利技术职称评审委员会考核评定,经厅党组批准,14人晋升为工程师。1984年6月省水利厅党组研究决定3人任管理处副总工程师。1988年6月,经省水利工程技术高级职务评审委员会评审,报请省职改办批准,又有3人已具备高级工程师任职资格。1988年管理处行政聘任高级技术职务5人,中级技术职务42人,初级技术职务62人。以后逐年进行技术职务评审,1992年有1人被评为教授级高级工程师。到2002年底,全处在职技术人员达143人,其中高级技术职务9人,中级技术职务60人,初级技术职务66人。到2020年12月,全处在职技术人员达218人,其中正高级专业技术职务6人,副高级专业技术职务82人,中级技术职务35人,初级技术职务60人。

(三)工勤技能队伍

1963年建处时,管理处配备工人36人。2012年,事业单位实施岗位设置管理,管理处工勤技能岗位总量283个,现实在岗工勤技能人员275人,其中高级技师5人,技师43人,高级工146人,中级工61人,初级工20人。随着管理处技能人才培训培养体系日益完善,工勤技能队伍逐步发展壮大,到2020年底,全处在职工勤技能人员达258人,包括高级技师10人,技师41人,高级工106人,中级工56人,初级工45人。

第十四章
党的建设

第一节 党组织历史沿革

1963 年管理处建立后，成立了中共江苏省水利厅江都水利枢纽工程管理处支部委员会，直属省水利厅机关党委领导，李弈维任党支部书记，委员有尚广传、路天忠。1965 年 6 月 15 日，经省水利厅党委会报请省农林水党委批准，同意建立中共江苏省水利厅江都水利枢纽工程管理处总支部委员会，直属省水利厅党委领导。

是年，党总支下设 4 个支部，10 个党小组，有党员 62 人，占职工总数的 26.6%，李弈维任党总支代理书记(1966 年 2 月任书记)，委员有黄明学、路天忠、高锦成、邢庆先、顾西江。随着工程建设规模的不断扩大，职工队伍的逐步壮大，党员人数的逐渐增多，1971 年 6 月 20 日，中共扬州地区委员会(以下简称扬州地委)批准建立中共江苏省江都水利工程管理处委员会(以下简称管理处党委)，同年 6 月 26 日启用新印章。当时，管理处党委下设 5 个支部，有党员 95 人，李弈维任党委书记。截至 2021 年 4 月已产生八届党委会，下设 21 个支部(含 3 个退休职工党支部)，党员 409 人。

1981 年 8 月 25 日，省水利厅党组批复同意成立管理处纪律检查组，由张树本兼任纪律检查组组长。1985 年初，管理处党委根据中央纪律检查委员会有关精神，为改善党的领导，维护党纪党规，切实搞好党风，发扬党的优良传统，经省水利厅党组批准，于是年 1 月 31 日成立第一届管理处纪律检查委员会(以下简称管理处纪委)，书记为李义楼。1987 年、1996 年、2005 年、2012 年、2017 年先后选举产生了第二、第三、第六、第七、第八届管理处纪委。

第二节　党建工作主要做法

(一) 构建常态化机制,构筑全面从严治党新高地

强化班子建设。切实落实全面从严治党主体责任,把全面从严治党的要求落实到党的建设全过程,年初签订《党建工作责任状》《全面从严治党　党风廉政建设责任状》,制定《党建工作责任清单》等措施,强化领导干部"一岗双责"的责任意识;每月召开党委中心组学习会,结合各阶段重点,开展专题学习,每次安排1位处领导和2～3位中层干部交流发言,做到会前有准备,会中有交流,会后有总结;坚持联系点调研制度,制定并实施《征求群众意见建议长效管理办法》,处领导带着单位发展的热点难点问题,深入联系点开展调研,针对基层诉求及调研活动中收集到的意见与建议,以书面的形式提出整改措施和办法。

坚持政治引领。深入贯彻落实党中央部署要求,2013年,深入开展党的群众路线教育实践活动,处党委在严格程序、落实好"规定动作"的同时,积极探索"自选动作",制定了以"1张计划表、2次大讨论、3本辅导书、4个学习会"为抓手的处教育实践活动实施方案,确保责任落实到位、目标落实到位、宣传落实到位。2015年,深入开展"三严三实"专题教育,编制印发《学习"三严三实",践行"三严三实"》宣传手册,开辟专题教育网页,邀请省委党校教授为全处党员干部作专题辅导,进一步加深对"三严三实"的理解,推动专题教育与实际工作更好的结合。2016年,扎实开展"两学一做"学习教育,借助新媒体优势,实时更新传达学习教育最新精神,确保学习教育覆盖工程一线的每一个党员。2017年,扎实推进"两学一做"学习教育常态化、制度化,设计制作并发放《"以学促做　以做带学"推进"两学一做"学习教育常态化制度化》图解手册,方便全处广大党员干部开展自学,落细学习要求。2019年,深入开展"不忘初心,牢记使命"主题教育,采取处党委带头学、党委理论学习中心组集中学、专家辅导专题学、个人自学的方式,推动学习教育贯穿全过程,处党委共完成7个调研课题,并召开专题研讨交流会,使调研成果成为解决问题、推动工作的具体行动,管理处主题教育工作得到了省水利厅第二巡回指导组的充分肯定。2021年,认真组织开展党史学习教育,制定印发实施方案,成立党史学习教育领导小组和处党委党史学习教育巡回指导组,为党史学习教育有序推进提供保障。

压实政治责任。压实主体责任,层层签订责任状和承诺书,出台纪委议事规则和党风廉政监督员、支部纪检委员管理办法,确保责任传递到每一个网格。出台处《廉政风险防控工作实施方案》,编印《廉政风险防控手册》,排查出145个风险环节、286个风险点,制定防范措施并组织贯彻落实。严格执行民主集中制,坚持"三重一大"事项集体讨论研究决定,保证决策民主科学规范;强化工程维修养护项目实施管理,创新执行施工单位结算报审、管理所项目清算初审、处职能科室结算核审的"三级审定法"。打造"清风流韵、崇德倡廉"廉政文化品

牌，建成邵仙“畅廉”文化园。开展主题教育，举办廉政讲座，强化监督执纪问责，对“三重一大”事项开展行政监督，开展作风建设督查和明察暗访，形成监管责任无盲点，管理处被评为“江苏省廉政文化建设示范点”。

（二）推行标准化管理，开拓全面从严治党新模式

支部工作标准化。2018 年，管理处制定《基层党支部标准化建设考核表》，从党的组织建设、党员教育管理、党内组织生活、发挥作用途径、工作运行机制、党风廉政建设、支部创新工作及业绩 7 个方面，对党支部标准化建设提出具体要求；2019 年，在认真学习贯彻《中国共产党支部工作条例（试行）》的基础上，结合实际，制定了《党支部标准化规范化建设指导手册》，对基层党支部党建工作范围、内容、标准进行了系统的梳理，明确了基层党建工作方向，为基层党组织建设提供了一套“规定动作”清单。

党建考核标准化。对党建考核工作的完善分为四个阶段。第一阶段侧重于纯党建工作的考核，由 8 个部分组成，共 100 分；第二阶段的党建考核，管理处进行了重新思考和创新，分数为 90＋10 分，其中基础分 60 分，重点工作 30 分，10 分为加分项，重点工作和加分项体现了不同时期、不同季度不同的工作要求，提高了考核的针对性；第三阶段为 2018 年制定的《基层党支部标准化建设考核表》，提出了标准化的概念，从党的组织建设、党员教育管理、党内组织生活、发挥作用途径、工作运行机制、党风廉政建设、支部创新工作及业绩 7 个方面，对党支部标准化建设提出具体要求，体现了党建基本要求和融合的理念；第四阶段是 2019 年开展的“考评积分、星级评定”党支部创建工作，制定了《党支部“考评积分、星级评定”工作考核指标体系表》，含政治建设、思想建设、组织建设、作风建设、纪律建设和党风廉政建设、精神文明建设、群团工作、特色亮点、工作业绩 9 个大项目 31 个子项目，共 90 分，另外设置了 10 分作为加分项，总分 100 分。既把党的十九大提出的“六大建设”以及后来的意识形态建设，学习强国要求，“不忘初心，牢记使命”主题教育等最新要求融入其中，又把之前体现融合和创新的做法融入其中。

党员之家标准化。对照江苏省级机关“党员之家”标准建设指导意见，按照“以点带面，逐步推进”的方式，对“党员之家”中的标识标牌、制度墙、电子显示屏等规范性要求提档升级，建设标准“四有”，即有党员活动的固定场所、有党内活动的固定标牌、有基本电教设备、有学习资料。“党员之家”整体上以红、黄、白三色为主色调，门口、室内醒目处统一设置省级机关“党员之家”标识，主墙面悬挂党旗、入党誓词、党员义务、党员权利、党支部基本任务、党支部工作挂图；其他墙面悬挂基层组织生活相关制度，包括“三会一课”、组织生活会、民主评议党员、谈心谈话、主题党日制度以及发展党员工作流程图等，配置会议桌椅、书架（橱）和一定数量的图书。处属各党支部均建立了既统一风格又有特色的党员之家。

（三）打造品牌化工程，取得全面从严治党新突破

凝练支部工作法。2013 年开始，把打造“一支部一品牌”的要求写进了年度党建工作责任状。在开展“两学一做”学习教育时，处党委以激发党建活力为目标，丰富“一支部一品牌一工作法”，并进行以点带面、落地生根，从思路变为现实，从纸上落到墙上、落到实践上，18

个在职党支部均形成了具有自身特色的工作法和活动阵地。处党委在厅系统党建工作会议上进行了典型交流，得到厅机关党委、省级机关工委的充分肯定，也得到兄弟单位的认可并借鉴推广。

争创党建新品牌。开展全省党员教育实境课堂、支部书记工作室、“两聚一高”行动先锋队、“服务高质量发展先锋行动队”等创建工作，得到江苏省委组织部、省级机关工委的充分肯定。管理处成功创建“江苏省党员教育实境课堂示范点”，打造了集重要水利水情教育、先进党建文化教育、特色水文化教育、廉政文化示范教育、法制示范教育、人才培训等独特教学资源于一体的党员教育实境课堂。第四抽水站管理所党支部被江苏省委省级机关工作委员会选树为“省级机关党支部书记工作室”，以“五微”平台为载体，创新工作方式，教育力求实效，并以“师带徒、徒促师”的互助提升新形式，打造出一支干工作、学业务、钻技术的优秀职工队伍。万福闸管理所党支部被命名为“省水利厅党支部书记工作室”，号召传承并创新老一辈水利人的劳模精神，提出“弘扬劳模精神，培育新时代工匠能手”的口号，涌现出“全国五一劳动奖章”“全国水利技术能手”“江苏省五一劳动奖章”等一批先进人物。第一抽水站管理所党支部被确定为“服务高质量发展先锋行动队”，坚持不忘初心，营造匠心，主动关心，管理精心，以四心合力服务高质量发展。

丰富活动新载体。创新开展“旗帜鲜明讲政治”主题党课活动和“五个一”党员政治生日活动。主题党课一改往日会议室里学文件、上党课的形式，将“室内课堂”转变为“流动党课”，把“一人主讲”变“多人互动”，把党课搬到经营项目部、搬到运行现场、搬到船民船头，与会党员谈看法话体会。党员政治生日活动有效结合党员入党日，采取“五个一”的形式开展，即建立一本党员“政治生日”台账、赠送一份“政治生日”礼物、重温一次入党誓词、进行一次谈心谈话、开展一次集中学习，是管理处贯彻从严治党向基层延伸，探索创新加强基层党组织建设和党员队伍教育管理的新途径。组织开展“马克思主义·青年说”，学习十九大精神党内法规知识竞赛，优秀共产党员事迹报告会，“亮身份，树形象”，党员大家讲，“在党为党，在岗有为”征文演讲比赛，支部书记“讲党课，述党建”等活动，营造了浓厚的党建氛围。近年来，处党委在上级开展的各类党建活动中获省级机关工委表彰一等奖 2 项、二等奖 1 项，获省水利厅表彰一等奖 12 项、二等奖 9 项、三等奖 7 项。

（四）搭建特色化平台，探索全面从严治党新路径

搭建智慧党建平台。积极顺应“互联网＋党建”新趋势，研发集 PC 端、大屏端、移动端三位一体的党建信息平台，实现了一个系统、三端应用，覆盖处党委、党支部、党小组、党员四级管理，具备可移动、可复制、可推广、可共享、可升级五大优势，真正实现了基层党建工作条条与块块的融合，线上与线下的互动。PC 端主要用于电子台账管理，大屏端用于支部党员之家的教育展示，移动端则更注重对党员的教育管理全覆盖和对党建工作的实时动态监管。实现了以下“四大功能”：一是任务智能下发，实现责任“一点即明”。“智能党建”构建了纵向贯通管理处、支部、党小组、党员四级组织的党建管理体系，实现信息共享，指令通达。利用“智能党建”系统，既可以直接查看基层党支部任务完成、活动开展、组织生活等各项工作是否规范，及时纠错纠偏，又能够精确查找每名党员学习和参与组织活动的情况，进

度即时反映，动态跟踪督导，让党建任务落到实处。二是阵地智能搭建，实现内容“一点即晓”。搭建了“移动式”学习阵地。及时发布水利要闻、应知应会、网络学习等内容，党员能够随时获得针对性的信息和资源。搭建了“场景式”展示阵地。活动图片、会议内容、学习情况可实时上传共享，党建活动轨迹全程可视。搭建了“交互式”交流阵地。党员随时开展点对点的沟通交流，及时了解思想动态、表达自身诉求。党员承诺和党员政治生日的滚动播放功能，时刻提醒党员牢记使命，做好表率。通过党员在线学习和党组织信息动态展示等形式，让流动党员“离乡不离党”，“人走千里一线牵”。三是工作智能考评，实现考核“一点即评”。把“三会一课”、主题党日、理论学习、党建活动等要求作为支部考核的重要指标，各支部开展或参与各项活动通过手机记录后自动计入支部任务完成进度，并利用系统内设的评分模板，对各支部及党员自动评分，作为考核评优的重要依据。四是台账智能生成，实现成果“一点即用”。“智能党建”为党建工作的开展提供了强有力且高度集约的信息采集和数据生成平台。通过电脑端的管理后台，运用“大数据”“云计算”等新技术，可以一键生成支部学习、“三会一课”、党建活动、党费缴纳、党员花名册、群团管理等台账，党建工作记录一目了然，规范整洁。既便于总结、考评、应用，又为党委决策提供了精准的信息资源。同时，“智能党建”系统对党支部工作流程各环节跟踪记录和动态管理，实现对各党支部落实党建主体责任、支部书记履行“一岗双责”、普通党员参与组织生活的实时监督，工作责任层层传导、层层压实、层层压紧。

完善五微学习平台。借助新型媒体优势，打造微视频、微信群、微教材、微课堂、微感言平台，在集中学习、专题培训、交流研讨、知识竞赛等方式的基础上，通过“微视频、微信群、微教材”，进一步丰富学习教育形式，将习近平新时代中国特色社会主义思想、“不忘初心，牢记使命”主题教育，浓缩成“一句话、一段文”，让党员利用手机就能学，提供了快捷便利的微型学习平台。“微课堂”实现了运行班组在哪里，党员学习就覆盖到哪里。“微感言”实现党员“面对面”交流，拉近了党员之间、党员与党组织之间的距离。

拓宽文明创建平台。坚持党政工团齐抓共管，将组织网络延伸到班组、覆盖到职工。积极开展理想信念教育、社会主义核心价值观教育和“四德”主题教育，组织“最美江都水利枢纽人”评选活动。每年开展道德讲堂、诚信守法、勤俭节约、文明有礼培育、普法志愿者、道德经典诵读、“我们的节日”、邻里守望、城乡结对共建、义务植树等30多项创建活动。深化水利职业道德建设，在全省水利系统率先启动《岗位行为规范》编写工作，最终形成18个岗位、133条行为标准的行为规范。举办干部素质教育培训班、党支部书记培训班，深入开展“四个一”活动，即每周一题、每月一课、每月一试、每年一赛，加强技能培训和师徒结对，不断提升职工队伍素质。

第三节　党建工作主要成效

党建抓得实不实、效果好不好，说一千道一万，最终要靠发展的实际成效来检验。发展实效是检验党建成果含金量的“试金石”“度量尺”。党建工作抓实了，就是生产力；抓细了，就是凝聚力；抓强了，就是战斗力。江都水利枢纽管理处近年来坚持抓基层基础，树特色品牌，基层党组织的凝聚力、向心力和战斗力不断提升，为水利事业发展提供了坚强的组织保障，管理处各项工作不断实现新的跨越，取得了新成效。

（一）激发了党建活力

管理处积极开展全省党员教育实境课堂、支部书记工作室、“两聚一高”行动先锋队、“服务高质量发展先锋行动队”等创建工作，得到江苏省委组织部、省级机关工委的充分肯定。管理处成功创建“江苏省党员教育实境课堂示范点”，打造了集重要水利水情教育、先进党建文化教育、特色水文化教育、廉政文化示范教育、法制示范教育、人才培训等独特教学资源于一体的党员教育实境课堂。第四抽水站管理所党支部被江苏省委省级机关工作委员会选树为“省级机关党支部书记工作室”，万福闸管理所党支部被命名为“省水利厅党支部书记工作室”，第一抽水站管理所党支部被确定为“服务高质量发展先锋行动队”。近年来，处党委在上级开展的各类党建活动中获省级机关工委表彰一等奖 2 项、二等奖 1 项，获省水利厅表彰一等奖 12 项、二等奖 9 项、三等奖 7 项。

（二）推动了中心工作

管理处坚持将党建工作与中心工作同谋划、同部署、同考核，重点解决党建与发展“两张皮”的问题，坚持把“围绕中心、服务大局”要求落实到党支部，通过设定先锋岗、成立“共产党员先锋队”等，纵深推进精细化管理，将精细化管理向工作细节扎根、向个人行为延伸，力促管理从定性到量化、从粗放到集约、从经验型到科学型转变，实现管理水平提档升级，确保工程效益最大化。近年来，管理处积极开展达标创建，先后高分通过国家级水管单位考核验收、水利安全生产标准化一级管理单位评审；不断完善信息化体系，编制信息化建设方案，架构“1 个中心、3 个分中心”。大力动员组织基层党支部和党员在改革发展稳定的主战场上当先锋、创佳绩，使党建规范化抓得更实在、更有成效。

（三）提升了文明形象

管理处找准文明创建与党建工作的结合点，坚持高起点规划、高标准要求、高质量落实，全力汇聚创建新动力，着力拓展创建新内涵，大力提升创建新成效，文明创建不断实现新跨越，提升了干部职工的素质和单位形象。坚持党政工团齐抓共管，每年开展道德讲堂、经典诵读、“我们的节日”、“文明新风户”评选、迎新春联欢会以及义务奉献、学雷锋、水法宣传、

“两湖”保护等 30 多项创建活动。做好网络文明志愿者服务，实时更新“江苏省文明单位在线”专题网络，深入挖掘水文化内涵，编制处《水文化发展规划（2013—2020 年）》，创新开展“十个一”水文化系列活动，逐步形成“源头”特色文化品牌。管理处连续六次被评为“全国文明单位”，连续两次被评为“江苏省文明单位标兵”，多次荣获“江苏省文明单位”，并先后荣获“全国五一劳动奖状”“模范职工之家”等一系列荣誉称号。

第十五章

水利行业节水机关建设

根据江苏省水利厅节水机关建设要求，管理处紧紧围绕水利部《关于开展水利行业节水机关建设工作的通知》和水利厅《关于开展全省水利行业节水机关建设工作的通知》等文件精神，成立专门组织机构，完善节水规章制度，广泛开展节水宣传教育。同时，切实加强节水建设与管理，在原有基础上完善节水设施，安装智能计量水表，进行水平衡测试，建造雨水集蓄池，开展非常规水源利用，积极建设节水型机关，高质量完成了水利行业节水机关建设任务，满分通过考核验收。

第一节　建设概况

（一）基本情况

管理处节水机关建设的范围为江都第一抽水站至第四抽水站核心工程区。该区域东西直线距离 1.0 km，占地面积约 15 万 m^2，其中绿化面积 12 万 m^2，房屋占地、硬质地面面积 3 万 m^2，主要包括办公区、工程区以及部分展览接待区三大功能区。

节水机关建设是一项系统性工程，管理处在摸清建筑、设备和绿化设施的原始状况、用水规律并进行节水诊断的基础上，根据水利行业节水机关建设标准，开展节水机关建设工作。建设范围内主要楼宇包括四座抽水站及相应站所办公区、变电所、机关办公楼、南水北调数据中心（调度中心）、财务档案楼、展览馆、配套室外公共卫生间以及周边的绿化等。

（二）供排水管网

管理处始建于 20 世纪 60 年代，供排水管网较为复杂，现供水主管包括 S1-001、S1-002 表分别计量的东西两路，接市政自来水。西路（S1-001 表及以下）自第一抽水站西侧向东至第三抽水站副厂房西侧，管径 DN200，HDPE 管材，长约 650 m，供应一站至三站区间用水。东路（S1-002 表及以下）自管理处四站岗亭至第三抽水站副厂房西侧，管径 DN200，水泥管 350 m，镀锌钢管 600 m。各楼宇及用水单元支管通过管径 DN100、DN50 的镀锌钢管、HDPE 管连接，供消防用水和卫生间用水等。楼宇内部为 DN50-D15 的 PPR 管。办公楼前广场部分雨水收集，进入雨水集蓄池，其余排入河道。盥洗及卫生间排水、机关办公楼二次利用后的灰水以及所有污水通过专用管道收集排入城市污水管网。

（三）主要用水单元

管理处节水机关建设范围内主要有用水单元 9 个，具体用水单元包括江都第一抽水站管理所、江都第二抽水站管理所、江都第三抽水站管理所、江都第四抽水站管理所、变电所、机关办公楼、调度中心、展览馆、财务档案楼等。

第二节 用水情况

（一）用水计划

管理处是江都区计划用水户，2019 年江都区水务局下达管理处用水计划 32 000.00 m^3，为强化用水管理，管理处下达节水机关建设范围内用水计划 7 800.00 m^3。2019 年管理处实际用水量 28 911 m^3，建设范围内实际总用水量 5 770.66 m^3，完成年度节水指标。

2020 年江都区水务局下达管理处用水计划 25 000.00 m^3，建设范围内用水计划 5 400.00 m^3。2020 年计划下达数比 2019 年少三成。2020 年实际用水 4 599.02 m^3，小于同期计划用水量。

管理处节水改造完成后，经过试运行，稳定运行，计算出 2020 年人均用水量 13.35 m^3/(人·年)(4 599.02 m^3/337 人)，达到江苏行业用水定额先进值标准。

（二）用水计量

依据《公共机构能源资源计量器具配备和管理要求》(GB/T 29149-2012)，管理处根据实际建设情况，按照用水单元和功能分别安装配备相应表计，改造安装智能水表，满足按分户、功能分区的计量要求。安装一级表智能远传超声波水表 2 块，二级表 22 块，一级、二级计量器具配备率 100%。管理处建立了用水实时监控系统，实际运行管理中辅助以人工巡查，做到用水原始记录完整，有漏损及时发现。2020 年 5 月稳定运行后，利用智慧节水监管平台实时监控管网漏损，根据数据统计，管网漏损率为 0.24%，满足用水管网漏损率≤1%的要求。

（三）排水管网

各用水单元产生的污水主要经"微型生活污水净化装置"等处理后采用压力流和重力流相结合进入市政污管网。第一抽水站及周边污水管由迎宾大道东侧接引，经水文亭侧向西接入建都路市政污水管网；第一抽水站东各排污口污水经提升至抽水站北东西向压力管道，送排至江都体育场处龙川桥下市政排污箱涵。管理处办公室负责日常运行管理，包括日常维护、运行、安全保卫，机构健全，各工种人员齐全，运管有保证。

第三节　建设过程

（一）强化体制制度建设

管理处致力于转变干部职工水资源"取之不尽，用之不竭"的传统观念，牢固树立惜水、节水意识，要求各单位切实强化节约用水宣传工作，做节约用水的示范者、推动者。处党委高度重视节水机关建设工作，成立节水工作领导小组与节约用水办公室，印发《关于成立节水机关创建工作领导小组的通知》，配强精干队伍，精心制定方案，狠抓工作落实，有力促进整体工作深入推进。节水办公室制订了节水机关建设工作方案，指导各部门共同开展节水机关建设工作，组织协调各部门资源，为节水机关建设工作实施提供基本保障。节水工作坚持按制度办事、用制度管人，不断推进规范化、制度化、科学化建设。制定了《节水巡回检查》《节水设备维护》《用水计量管理》等 13 项制度，形成了具有自身特色且行之有效的制度体系，确保各项工作有序开展。

（二）致力节水设施打造

检测每个用水设备和器具的耗用水量，与相应定额相比较，更换老旧阀门，推广使用节水龙头，保证每个用水设备和器具耗用水量满足定额要求，做到办公场所全部使用节水设备、器具；绿化浇灌使用喷灌、微灌和滴灌设施；更换老旧阀门，减少漏损，确保用水管网漏损率达标。安排专人定期检测和维护用水设备和器具，发现问题及时处理。管理处积极开展非常规水源利用，包括建设雨水集蓄设施和建设灰水、纯净水尾水、空调冷凝水等水处理再利用装置。为利用好硬质屋顶和硬质地面雨水，在充分调研楼面结构和管网布设的基础上，考虑施工便捷、收集足够、使用方便，新建办公区雨水集蓄池 1 处，用于集蓄办公楼前广场、路面及办公楼屋面雨水，通过水泵加压后作为绿化喷滴灌用水和其他非饮用水源，提供办公楼前 6 000 m^2绿地喷灌及主干道两侧滴灌用水。

建设灰水、纯净水尾水、空调冷凝水等水处理再利用装置并用于景观、绿化。根据办公楼用水情况布置，充分利用灰水、纯净水尾水、空调冷凝水等，经处理后用于冲洗蹲便器、小便斗，也用于景观、绿化，达到节约用水的目的。为了节约用水，达到水资源消耗量最小化，管理处积极推动实施工业用水的循环利用。通过改造江都四站、江都二站主机组电机上下油缸内的润滑油冷却系统，使冷却水循环流动达到节水目的。

（三）实现节水精细管理

管理处制订了严格的内部用水计划和定量管理制度，编制内部管理手册，安排人员定期巡检用水器具。用水计量设施实现手机端实时监控，迅速了解用水情况，每月对比用水计划，及时发现并解决问题。

建立“江苏省江都水利工程管理处智慧节水监管平台”，实现管网自来水用水、雨水利用等的远程监测、统计和报警管理。系统用数字讲话，将传统的节水管理从模糊概念变成清晰数据，为管理人员提供更便捷、更科学的决策支持，从而实现科学管理、精细管理、高效管理。

（四）构筑节水宣传阵地

为切实强化节水宣传，做好节水宣传这篇大文章，管理处积极筹措资金，打造节水教育基地，建设节水展园。基地包括室内和室外两部分。室内展厅 75 m^2，主要包括管理处机关组织建设介绍、世界及中国水资源情况介绍、水法律法规介绍、智慧节水监管平台数据中心、宣传互动平台、管理处给水管网图模型和用水器具展示。室外展区 1 500 m^2，包括雨水集蓄循环系统展示、节水教育文化长廊、水循环模型和工业尾水循环利用以及节水常识的宣传等。管理处节水教育基地建设秉承理性认知与感性互动有机融合的理念，注重利用先进的宣传手段，使抽象的理论宣传具体化、可视化，增强了宣传的趣味性、互动性、认同性。在室内展厅设置模拟管道，水管网一目了然；在节水展园设置雨雾气循环展示台并模拟雾喷场景，可以直接感受大自然的风云变幻；在长廊进行大雨、中雨、小雨模拟，可以直观地看到雨情变化；通过手压井对雨水、灰水集蓄利用进行直观展示；在园内设置喷滴灌演示区，植物浇灌用水方式以及海绵城市原理一目了然。

第四节　节水宣传

（一）策划“七个一”宣传套餐

管理处以“七个一”为抓手，即一个节水信息化平台、一套节水宣传资料（画册、海报、标语、标牌、宣传二维码、小物件）、一系列节水科普活动（进小区、进学校、进广场）、一个节水教育基地（节水集中展示及宣传栏）、一个节水宣传视频、一张节水展示计划表、一期节水专题宣传报道，丰富宣传载体，强化节水教育。

（二）打好“六进”组合拳

利用“世界水日”、“中国水周”和“国家宪法日”宣传契机，面向社会广泛宣传《中华人民共和国水法》《江苏省水资源管理条例》《江苏省节水条例》等法律法规。通过张贴节水标志、讲解节水知识、举办节水专题培训、开展节水讲座、发放宣传资料、播放节水视频等多种形式，积极开展节水知识“六进”活动。与引江社区、禹王宫社区等建立了定期、定点、长效宣传机制，每年宣传教育对象10万余人次。坚持节水护水从娃娃抓起的理念，广泛深入开展青少年水情水法宣传教育活动，与扬州市树人学校、江都区实验小学、扬州市报业传媒集团小记者中心等建立了稳定的合作关系，取得了积极的成效。联合扬州市江都区人民政府、江都区水务局，在公园开展“世界水日，你我同行”水周广场主题活动；志愿者走进江都区仙女镇镇北社区，开展“春风绿仙城，节水进万家”活动。组织开展“节约用水，从我做起”“节水优先　水利先行”“美丽中国之节水篇”等节水专题培训和讲座。通过开展形式多样的宣传活动，推动节水“六进”深入开展，向广大群众宣传水法律法规和节水护水知识，树立“依法治水”理念和“节水、护水、爱水”意识，增强全社会水法制意识。

（三）唱好“三个平台”节水戏

管理处充分运用互联网、新媒体和处门户网站三大平台实时报道、推送公众号文章，拍摄抖音小视频等，开展有针对性、互动性、便捷性、实效性的宣传活动，向江都人民发送节水短信；向《中国水利报》投稿，《节水护水润明珠》等多篇文章被采用；在门户网站和微信公众号推介节水建管成效，播放节水宣传片和节水宣传标语，参加节水网络答题，定期发送节水信息，对浪费水现象进行曝光；利用微信公众号宣传节水的重要性，普及节水知识，宣传经验做法。

第十六章
水文化建设发展

第一节　水文化发展历程

（一）水文化初期状况

江都水利枢纽水文化在发展初期，以物质水文化奠定基础，从 20 世纪 50 年代，毛泽东主席发出“一定要把淮河修好”的伟大号召后，中国大地上掀起了如火如荼的水利建设。在江都水利枢纽建设初期，水文化就伴随工程产生，并受到了时代的深刻影响。与新中国同期的水工建筑物留下了深厚的时代风格，是物质水文化最典型的代表。在工程建设时期留下的奠基石，工程建设过程中的建设资料，珍贵的领导视察照片、视频，建设场景照片，工地使用的各类老物件等生活用品，成为水利人在治理水、管理水、保护水、利用水的过程中，形成的具有文化意义和文化内涵的物质表现。水利人在与水互动活动中形成的水文化，体现在治水、管水、理水、护水等活动过程的行动主体上，产生了水利工程运行管理总的生产方式，影响着后期水利迭代的生产方式。制度水文化的发展是伴随着水利枢纽工程建设和管理发展的，例如江都水利工程管理处出版的《江都排灌站》工程管理书籍，是制度水文化的代表。同时精神水文化也在悄然生长，表现在水利职工在与水的互动过程中创作的文化作品，以工程建设竣工为主题的庆祝联欢活动，以工程建设工作回顾、经验总结等形成的文字汇报等，长期形成一定的水文化心理积淀。

（二）水文化自主发展

《治淮》杂志1989年刊发的《应该开展对水文化的研究》被视为中国水文化研究的开端，表明人们逐渐认识到水环境的治理不仅与技术、工程相关，也与文化观念相关，而这背后更深的意蕴在于用水理念应该由“人定胜天（水）”转变为“人水和谐”。水文化在局部地、零星地、初步地发展。物质水文化表现在枢纽工程建处周年立碑立雕塑，如江都水利枢纽工程“源头”石碑，为建处40周年而立。精神水文化表现在重大治水活动后形成的精神指南。在江都水利枢纽工程运用的历史时刻，尤其是“98抗洪”，在这场抗洪抢险斗争中，形成了万众一心、众志成城，不怕困难、顽强拼搏、坚韧不拔、敢于胜利的“抗洪精神”。制度水文化表现在20世纪70年代初期，水利行业标准大批量出台，自1970年出现第一部水利行规后，1972年出台水利行规21部，1973年出台水利行规36部。江都水利枢纽工程规章制度也建成体系，编制汇总了系列工程管理制度。行为水文化表现在与精神文明建设相融合，积极参加从“五讲四美三热爱”活动到以创优质服务、优良秩序、优美环境为主要内容的创“三优”活动；从创建文明家庭、文明楼院到创建文明小区、文明城市等群众性精神文明创建活动，对水利职工行为产生了规范引导效应。

（三）水文化统筹发展

自水利部颁布《水文化建设规划纲要（2011—2020年）》和江苏省人民政府办公厅颁布《江苏省“十二五”文化发展规划》后，水利枢纽工程水文化进入快速发展期，建设有其自身的发展规律。从20世纪初开始，枢纽型水利工程水文化在探索水文化发展中，开始制定相关水文化发展规划，或者在“十二五”规划中列入了水文化发展规划，将人们对水文化的主观需求与客观规律结合起来，辩证地处理好各种关系，系统地统筹探索水文化发展，科学规划、统筹安排，使其得以发挥最大效用。水文化发展牢牢把握社会主义先进文化的前进方向，始终坚持以中国特色社会主义理论体系的最新成果为指导，坚持为人民服务、为社会主义服务的方向，坚持弘扬主旋律，努力构建核心价值体系，发展面向水利行业实践、面向当前社会发展、面向中国未来发展的先进水文化。这一时期，枢纽型水文化逐渐展现出以水工程为形质、以水文化创新为灵魂的美学创新，注重将水工程的美学内涵与当地的文化风格相结合。在此基础上把水工程串联起来，沟通城市水系，挖掘城市内涵，形成生态与文明相结合的水文化长廊。依托水利风景区资源丰富、自然文化特点突出的水域和水工程，在水利风景区的发展中贯穿水文化，将历史与现代文化有机结合，形成各地枢纽工程特色的水文化风格。

（四）水文化个性发展

枢纽型水工程水文化发展始终贯穿着“水”这一重要的灵魂，在调水、泄洪、排涝、灌溉、通航、发电、改善生态环境等水活动中秉承“人水和谐”的建设管理理念。在新时代，水文化的生产和发展也不再固守组织化模式，而是趋向个性化，在水文化“品牌”建设上不断实践探索。江都水利枢纽水文化日益具有广泛性和多样性。主要表现在不同的水利枢纽工程根据自身优势，整合资源，不断挖潜，侧重不同维度的水利工程利用。注重水工程的功能性利用，建设高标准、规范化的防洪抗旱工程，力争使大江大河的防洪工程和流域水资源调配工程尽快达到规划的设计标准，形成工程与非工程体系，并把工程建设与水土保持、生态保护、河湖管理等相结合，总体统筹、兼顾全局，发挥防洪工程的整体效益。注重水利工程的哲学性利用，通过治水实践得到的科学治水的辩证思想与启发，创新观念，从而引领科技的进步、文化的传承和社会的发展，为水文化注入新的活力。注重水利工程的文化性利用，挖潜文化内涵，丰富文化成果，以水文化扩大水工程的影响力。注重水利工程的生态性利用，把水文化建设与周边的道路、绿化、景观、治污、建筑、产业以及城乡环境改造等结合起来，推进水生态景观建设，不断提升周边地区的综合承载能力和文化服务功能。注重水利工程的美学性利用，以艺术灵感激发水景观创作，给人以美的享受和陶冶情操的生态文化空间，使人们获得精神世界的提升和崇高道德的审美体验。

第二节　水文化发展脉络

（一）源头水文化之基

江都水利枢纽水文化以水利枢纽工程为基础，在工程建管实践中，不断凝练和升华水文化。工程建设思路始于 20 世纪 50 年代初。1951 年，毛泽东主席发出“一定要把淮河修好”的伟大号召。1952 年，他在视察黄河时又说：“南方水多，北方水少，如有可能，借点水来也是可以的。”1958 年，江苏省水利厅在《江苏省水利规划纲要》中提出“扎根长江、江水北调、引江济淮”规划。在周恩来总理的亲切关怀下，经前后 7 年论证，3 次选址，江都水利枢纽工程于 1961 年开工建设，至 1977 年竣工。

江都水利枢纽工程是新中国自行设计，全套设备自行制造和安装的大型电力排灌工程群，工程于 1961 年 12 月挥土动工，历经 17 载建设，工程共有 33 台机组，现总功率 55 800 kW，设计抽水流量 400 m^3/s，最大抽水流量 508 m^3/s，自流引江水 550 m^3/s。一个由 4 座大型电力抽水站、5 座大型水闸、7 座中型水闸、3 座船闸、2 个涵洞、2 条鱼道以及输变电工程、引排河道组成的集调水、排涝、泄洪、通航、发电、改善生态环境于一体的大型水利枢纽巍然屹立于世界东方。它既是伟大治淮的重要节点工程，又是江苏江水北调和南水北调东线的源头工程，从此，江淮两川实现了跨流域调水。目前仍是我国乃至远东地区规模最大的电力排灌工程。在工程建设过程中，水文化概念也随之萌发。充分利用科学技术、通过工程手段建造水利工程，充分发挥工程的水利作用，控制、调节、治理和利用水的自然属性。工程继承并拓展了邗沟水域水利工程的社会与经济作用，集流域调水、防洪、排涝、灌溉、航运等综合效益于一体，为苏中、苏北区域经济发展注入了新的活力。

（二）源头水文化之脉

江都水利枢纽工程坐落于中国运河名城扬州，襟长江枕淮河，北贯京杭大运河及邵伯湖、高邮湖，东连新通扬运河及三阳河，有着丰厚的水文化历史底蕴。江都水利枢纽水文化与淮扬水文化有着不可分割的联系。在江都水利枢纽工程这片水域，留下了历朝历代的治水史诗。公元前486年吴王夫差挖邗沟，筑邗城。公元605年隋炀帝下令疏通扩大邗沟旧道，宋代始称邗沟为运河，元代开通京杭运河，邗沟成为其中一段，明末分黄导淮，河道成为洪水走廊，至清朝其漕运地位凸显，如今也是江苏江水北调工程和南水北调东线的重要输水干道。通扬运河始建于西汉文景年间，是中国最早的盐运河。明朝起，通扬运河成为淮河洪水减水通路，清代到民国通扬运河经几次修筑，保持通航至今。新通扬运河于1958年开挖，又经1968年、1979年两次拓浚，是江都水利枢纽工程发挥自流引江、排涝、灌溉、航运作用的重要河道。三阳河是山阳渎的一部分，隋文帝时期开凿，隋炀帝重新开凿邗沟以后，成为其辅助河道。1973年三阳河重新开挖疏浚，作为里下河水网西部的一条南北向河道。

（三）源头水文化之源

“江淮”润一方水秀，“治水”留万古英明。兴修水利是历代要政。江都地区水系发达，水资源丰富，治水历史悠久，遗存颇多。东晋太元十年（385），太傅谢安在广陵步丘之北筑埭，兼备旱潦，百姓追思其功，将其比作周代召伯，称埭为“邵伯埭”，埭旁之湖名“邵伯湖”；淮水归江闸坝称“归江十坝”，是江淮流域明清治水的重要物质载体；黄河夺淮，运堤常淹，公元1414年，平江伯陈瑄筑“归海五坝”，公元1821—1850年，张东甫筑三阳河圩堤，以防泄洪成灾。东汉张纲，北宋罗适，清朝张鹏翮、嵇曾筠、嵇璜、鲍漱芳、魏源，民国丁文莹，在江淮治水历史上都留下了浓重的一笔。中华人民共和国成立以后，在总结历代治水经验的基础上，江都水利枢纽工程顺应时代发展要求，开创了江淮流域治水的伟大实践和崭新篇章。

江都一方治水吸引了历代众多文人墨客，可谓人文荟萃。文人墨客在“吟江唱淮”中留下了许多传世佳作、墨宝丹青，更有撰文立碑者，记载因水而起的兴衰成败，这对研究历代治水起到了重要的作用（详见表16-1、表16-2）。江都水利枢纽的万福闸、太平闸、金湾闸等是淮河入江水道归江控制的重要工程。所涉水域有芒稻河、廖家沟、金湾河、邵伯湖、高邮湖等。明朝分黄导淮，淮水首次由芒稻河入江。芒稻河也是清代排泄淮水入江的主要口门。乾隆八年（1743）开壁虎河至廖家沟，南流向东，与芒稻河汇合，入夹江，向东南流至三江营入长江，此河流域至今仍流传着很多治淮佳话。高邮湖、邵伯湖也留下了很多筑堰治水、修堤御洪的历史记载。江淮地区历代治水先贤，因势利导，基于实际的治水实践与经验，是江都水利枢纽水文化之源。

表 16-1 江都水利枢纽水域水利工程遗址一览表

名称	年代	相关人物	备注
邗沟	前 486 年	夫差	《左传・哀公九年》：秋，吴城邗，沟通江淮。《水经注》：中渎水自广陵北出，武广湖东，陆阳湖西，二湖东西相直五里，水出其间，下注樊梁湖。旧道东北出，至博芝、射阳二湖，西北出夹耶，乃至三阳矣。
邗沟西道	197 年 605 年	陈登 杨广	陈登裁弯取直，因改河道在西，历史上将此称为邗沟西道。隋大业年间，杨广拓邗沟，从淮安至扬子津入江，“渠广四十步，渠旁皆筑御道，树以柳”。使邗沟重回西道。
山阳渎	587 年	隋文帝	隋灭梁，与陈划江而治，贺若弼献“灭陈十策”，隋文帝从今湾头，开运河，利用运盐河向东至宜陵，转北经樊汊，入高邮、宝应三阳河，达射阳湖至末口入淮。
通扬运河	前 179— 前 141 年	刘濞	始凿于西汉文景年间（前 179—前 141），其前身是西汉吴王刘濞时开凿的一条西起扬州茱萸湾（即今湾头镇）、东通海陵仓（今泰州）及如皋蟠溪的运河。刘濞之后，历代又逐渐将其向东南延伸，最终直达南通，是中国最早的盐运河。
欧阳埭	345— 356 年	—	今仪扬河运口古堰。《水经注》：江都水断，其水上承欧阳埭，引江入埭，六十里至广陵城。《甘棠小志》：仪征入江之路，晋欧阳埭古道也。
邵伯埭	385 年	谢安	步丘（邵伯）地势西高东低，每年春夏湖水涨，东浸民田，西又苦旱，谢安筑埭界之。百姓比之召（邵）伯，邵伯埭、邵伯镇、邵伯湖，皆以谢安得名。
平津堰	808 年	李吉普	唐元和三年，淮南节度使李吉普筑江都等处漕河的平津堰，“泄有余防不足”，以保持官河水位。
绍熙堰 （邗沟湖堤）	1006— 1194 年	李溥、张纶、 陈损之	1006 年，江淮发运使李溥主持沿湖东筑长约 35 里①石堤，邗沟中段始有堤防；公元 1017—1021 年，发运副使张纶修筑漕河堤 200 里，高邮以北始有长堤；公元 1194 年，淮东提举陈损之自扬州江都至淮安楚州筑堤 360 里，名绍熙堰，淮扬之间始有长堤。

① 1 里=0.5 千米

续表

名称	年代	相关人物	备注
邵伯越河	1600—1632年	刘东星、顾云凤、杨洵	明成化十四年(1478)太监汪直建议，于邵伯、高邮、宝应、白马四湖“筑重堤于老堤之东，积水行舟，以避风浪”。明万历二十八年(1600)，总督漕河尚书刘东星命郎中顾云凤、扬州知府杨洵开挖邵伯越河，北起露筋，南迄三沟闸(今昭关坝)，明天启三年(1623)，修筑露筋庙湖口石堤。至此，东西运堤形成。
邵伯南越河	1699—1878年	—	清康熙三十八年(1699)，邵伯更楼(今南塘)决堤，次年堵塞决口，开南越河，公元1743年，开母家港以南越河，公元1806年拓浚，1832年开凿普贤墩以西越河。公元1878年(光绪四年)大修运河东西堤，自江都六闸至宝应黄浦，长160余公里①。
邵伯古堤	1714年	—	邵伯古堤是位于江都邵伯镇甘棠社区以西的运河故道东岸的一段古运河河堤，始建于宋代，用于防止邵伯湖湖水外泄，保持运河水位。明代以后，运河成为淮河的入江通道，河床逐年淤垫升高，运河逐渐成为悬河，对运河以东地势低洼的里下河地区形成巨大威胁，此段大堤作为防洪屏障被不断加高加固。
邵伯船闸	1934年	—	民国时期扬州运河淤积，为解决航运、灌溉及减轻水患，实施导淮工程，新建邵伯船闸，保持航运水位。
茱萸湾古闸	1902年	—	位于湾头老街的西街和北街交会处的茱萸湾古闸始建于清代，闸北、西岸的券门上石额分别刻有阮元题“古茱萸湾”及“保障生灵”，是扬州大运河申遗后续申报遗产点，而位于闸区的西街、北街等老街，还保留着原有的历史风貌，闸东为避风塘。
归海五坝	1676—1984年	靳辅、张鹏翮	南关坝、中坝、车罗坝、新坝、昭关坝。
归江十坝	1699—1972年	康熙、高斌、百龄、陈凤翔、徐瑞	土山坝、拦江坝、东湾坝、西湾坝、金湾坝、凤凰坝、新河坝、壁虎坝、老坝、沙河坝。

① 1公里=1千米

表 16-2 江都水利枢纽水域水文化古迹遗存一览表

名称	年代	遗迹简介
《露筋之碑》	北宋	此为书法家米芾为礼赞江都境内露筋祠所写。《露筋之碑》记载的是古代江都人民建祠纪念露筋女的事迹。宋绍圣元年(1094),米芾东归,经过露筋祠下,以行草书写下《露筋之碑》,并刻石勒铭,赞颂封建时代妇女忠贞自守的节操。相传露筋女死后,贞女的形象逐渐变成了朝廷漕运和运河船民们的护佑女神,江都地区兴建露筋村以纪念她。
《罗君生祠记》	北宋	宋元丰年间,江都县令罗适,清廉勤政,凡民有讼,曲直自决,不以属吏;兴水利,济贫困,民感其德,于邵伯玉皇阁侧建生祠(又称明王庙)与谢公共享不朽。秦观撰《罗君生祠记》,勒于石。碑现存于邵伯中学。
斗野亭	北宋	斗野亭现位于江都水利枢纽下属的邵伯闸管理所区域,始建于宋熙宁二年(1069),因亭的位置“于天文属斗分野”而得名。斗野亭雄踞高丘,面临邵伯湖,凭眺湖光浩渺,远观帆影点点,近看田间炊烟。数百年来,斗野亭吸引了诸多文人墨客。流连于此,既可饱览大运河风光,又可欣赏名家之墨宝。
《谢太傅祠碑文》	明朝	明朝沈珠为纪念谢安在治理江都时的功绩而专门为其做记。谢安能处大事,决大疑,当大难,成大功,咸不动声色。其治水时,筑埭为界,解一方水患,论其功绩盖比之召公,所以又称邵伯,镇与湖皆以其命名。
《芒稻闸上谕碑文》	清朝	此为乾隆皇帝为解决河官排水与盐官蓄水之争而发的上谕。乾隆下诏“芒稻闸应永远不许再下闸板”。解决了下游百姓民生安全的问题。上谕一出,从此河盐两官之争得到化解。同时此碑文亦具有较强的历史价值。
《重建万福桥碑记》	清朝	清道光二十九年(1849),扬州官民集资建木桥横跨廖家沟,后因清围剿太平天国而毁。公元 1867 年,扬州盐运使程恒生、扬州知府孙思寿为交通之便重建万福桥。程恒生撰写《重建万福桥碑记》。碑文现存于江都水利工程管理处万福闸管理所。
邵伯铁犀	清朝	清朝康熙年间,淮河水灾,邵伯镇南更楼决堤,康熙皇帝见到奏章,大为震惊,责令漕河总督张鹏翮迅速堵塞决口。因决口太深,一时难堵,故避开决口,开越河一道,自仓巷口向西折南至南大王庙接运河,又筑南北二坝。康熙四十年,朝廷在淮河下游至入江处设置了镇水动物形象,安放于水势要冲,邵伯铁犀便是保存比较完好的一只。邵伯铁犀也体现出古代人对于治水的决心与智慧。

(四)源头水文化之魂

中国古代先贤不仅大力兴建水利,更将对水的认识纳入思维体系之中,并占据了很重要的篇幅。首先，大禹治水的精神是大仁、大智、大勇，这种精神传达着“天人合一”“神人合一”“人定胜天”的中国文化底蕴。孔子通过“子在川上曰：逝者如斯夫！”表达了对时间、人生的感叹。“不舍昼夜”赋予水面对流逝的大勇精神。孔子还在《论语·雍也篇》中说：“仁者乐山，智者乐水。”老子“上善若水”四个字给予水至高地位与评价。老子曾有言“天下莫柔弱于水，而攻坚强者莫之能胜，以其无以易之。”通过对水的认识给中国古代哲学赋予了强大的辩证逻辑。而袁宏在《三国名臣序赞》：“形器不存，方寸海纳。”接着李周翰批注：“方寸之心，如海之纳百川也，言其包含广也。”从而形成海纳百川的中华文化的庞大气象。清代名臣林则徐自书就任两广总督府对联：“海纳百川，有容乃大；壁立千仞，无欲则刚。”“有容乃大”，出自《尚书》；“无欲则刚”，出自《论语》。将水与中华文化的源头紧密相连。古代先贤不仅将水与哲学、文化血肉相连，还体现在治国方略中。《荀子·王制篇》将君与民之间关系比喻为：“君者，舟也；庶人者，水也；水则载舟，水则覆舟。”后世唐太宗继承了荀子思想，在《贞观政要·论政体》一文中说：“君，舟也；人，水也。水能载舟，亦能覆舟。”从而形象地将君与民的关系打造成舟与水的典范而成为中华智慧。水孕育出中华五千年浩浩荡荡、生动多彩的中华文化，塑造了中华文化的基本性格。江都水利枢纽人继承发扬了水的品格，也发展出了独特的水文化，形成“引源、厚泽、卓创、致远”的“源头”精神。“引源”取引江源头、引源头之水之意。准确界定江都水利枢纽作为江苏省江水北调、国家南水北调东线源头工程的地位，体现了其作为源头工程，在抽引江水北送方面发挥的重要作用。“厚泽”内涵为“厚实和顺，容养万物，润泽一方”。“厚”取深、重、多之意，表现源头工程“上善若水，水善利万物而不争”的厚德之性；“泽”呈现了工程通过发挥调水、排涝、泄洪、通航、发电、改善生态及环境等系列功能，润泽广袤江淮大地的经济和社会效应。“卓创”指追求卓越、勇于创新，高度概括了单位职工的工作态度、性格特点，展现了管理处50多年来发展的卓越成绩，以及在今后发展过程中要永葆争创“工程管理一流、经济实力一流、职工队伍一流、单位环境一流”的奋进之势。“致远”表明为实现“效益充分发挥、管理规范精细、调控科学高效、机制良性顺畅、环境优美宜人、氛围文明和谐”的发展目标，以及“江水北调促发展、防洪排涝保安澜、管理领先树典范、江淮明珠誉四方”的美好愿景，任重而道远。进一步引申为乘风破浪、奔向远方，凸显实现远大理想、成就事业抱负的坚强决心。

第三节　水文化与水工程有机融合

（一）工程设计中的建筑美学运用

水利建筑属于建筑范畴，江都水利枢纽工程在建设以及不断的加固改造建设中，实现从单纯注重功能和工程安全向注重功能、效益、质量、美观的综合性体现转变，按照客观规律对水体进行创作，注重水利工程与现代建筑艺术同步发展，赋予其“美”的感染力。

1. 对称几何造型与空间

江都水利枢纽抽水站从总体平面分布上来看，由四座大型泵站等分排列于四块近似长方体绿洲之上，为上下左右轴对称。每一个具体建筑采用中轴对称均衡设计，通过墙体对称开窗布局，在外观上具有装饰作用，与内部圆锥体机组对称线性排布，形成套镶几何组合，视觉上具有丰富的尺度层级。水工建筑与外部园林式栏杆的线性韵律辉映，视觉上规整且具有形式庄严感，并通过开窗方式、墙柱关系的进退等手段，与泵房顶部规则几何图形组成韵律设计，进一步丰富了建筑造型细部，强化建筑视觉效果。

2. 集结时代元素塑造建筑

四座泵站主体建筑不仅通过空间和形体、比例和尺度、色彩和质感等方面的设计构成艺术形象，并且在墙体外观装饰中保留了时代审美情趣。江都第三抽水站兴建于 20 世纪 60 年代，在其泵房西南角矗立着“三面红旗”，墙体刻有“世界人民大团结万岁”“伟大的中国共产党万岁”等红色标语。更新改造坚持“整旧如旧”原则，充分保留具有时代印记的雕塑、标语及水刷石、彩色水磨石、红砖以及引桥栏杆顶端的红五星造型，凸显时代特征。江都四站建站于 20 世纪 70 年代，加固改造依旧采用具有当时建筑特色的斩假石，以及回形纹水泥廊架，工程外观尊重历史，具有显著的时代特色。

3. 配套建筑力求异质同构

核心工程区四座大型泵站分别坐落于水域四座绿岛之上，配套工程、办公等设施合理分布其中，总体平面设计满足建筑物之间的内在联系，合理划分功能区，保持内部交通的简洁流畅。办公、生活等配套建筑效仿扬州园林布局设计，大量使用总图形态进行递归，利用分形生成建筑群的复杂韵律感。如配套设施造型普遍采用水乡黛瓦青砖建筑造型，高度不得超过三层，利用非线性排布，与地域环境以及水环境相融合，达到“异质同构”效果。不仅如此，园林中的亭台楼阁等建筑物相互之间在造型上相似迭代的特征也极其明显，建筑在生成方式上注重与扬州地域特征产生呼应，设计更具有机性，更符合当代审美要求。

（二）水利景观中的水脉人文保留

江都水利枢纽工程所辖水闸工程，由于地处水运交通枢纽和商贸重镇，擅舟楫之便，得人文之胜，具有诸多深厚的历史底蕴。因淮河、运河留下的水脉人文佳话众多。该处注重在工程建管中把握水脉，让丰富的水利人文得以保留。

1. 万福闸——讲述淮河归江沿革

治淮在历史上经历了明代“分淮经运河入江”，清代“导淮入江”“淮水归海归江”等阶段。坐落于淮河入江水道上的十座水坝统称“归江十坝”。江都水利枢纽所辖水闸中，万福闸、太平闸、金湾闸是“淮河归江十坝”功能在当代水利的演变。在万福闸管理所建管中注重保存水文化基因，把归江文化融入水利工程建设。“归江史话”长廊以归江十坝为主线及其因淮河入江水道演变形成的“七河八岛”为创作主线，万福闸上下游翼墙以治淮为主题，铭刻治淮人物创作《溯淮》《万福怀古》，以十九座现代杰出治淮工程石雕装饰翼墙围栏，让厚重的水利史与水工程相交融。

2. 邵伯闸——重现运河古迹风韵

早在东晋太元年间，邵伯就有谢安筑埭的记载，所筑之埭见证了千年古运河的兴衰，具有深厚的水文化历史。邵伯节制闸曾经是邵伯船闸的配套工程，如今位于邵伯运河故道上，其前身建设经费来源于英国返还的“庚子赔款”，先为邵伯节制闸，隶属江都水利枢纽工程。在当代加固改造中，为了与邵伯千年古镇环境相融合，闸体采用仿古建筑，与河岸护堤及沿古街两边现存的“清朝”四部尚书董恂故里、徐家大楼、王氏大楼、四角楼等明清古宅相互呼应。节制闸身侧是始建于宋熙宁二年的斗野亭，面临邵伯湖，凭眺湖光浩渺，数百年来，吸引了诸多文人墨客来此观景赋诗，孙觉、苏轼、苏辙、黄庭坚、秦观、张耒等均来此作诗，堪称绝妙。斗野园内保存着清康熙三十八年时，因黄河、淮河大水，河道总督张鹏翮安置在淮河、黄河、运河等处用以镇水的 16 具铁犀之一，水文化遗存保护完好。

3. 芒稻闸——酝酿漕运文化积淀

嘉靖时，淮水还未流向扬州通道，明万历二十四年“分黄导淮”，淮水由芒稻河入江，创淮水入江之始，遂成为明代排泄淮水入江的主要门户，而享盛名。清雍正十年，江南河道总督嵇曾筠奏请官辖蟒导河闸(芒稻闸前身)，当时的芒稻闸即有“归江第一尾闾”之名，也是江淮流域漕运之路的重要隘口。清乾隆年间曾发生了著名的“漕盐之争”。芒稻闸以芒稻闸历史为背景打造了水文化墙，讲述官辖芒稻闸以及“漕盐之争”始末，重现芒稻闸上谕碑之风，铭记此段治水佳话。同时，以《后汉书・郡国志》记载杜、康两位仙女治水救人传说为主题，兴建仙女游园。园内仙女像坐落在花草成荫、参天树木之中，守护着古老运河的平静与安澜。

(三) 文化创设中的水利主题展示

在水利景观创设中注重水文化重要因子，并将生态文明理念注入其中。通过水域空间营造、建筑设施表达、水工建筑美化、文化体验设计等，使水利工程和水域环境具有独特的人文特色和艺术美感，让新建水文化景观成为水利精神、民族精神的展示传承载体。

1. 创新发展枢纽特色源头文化

江都水利枢纽工程是江苏省江水北调龙头和国家南水北调东线源头，伴随着 50 多年的建设发展，形成了具有“源头”特色的水文化。江都第一抽水站出水口附近，建有源头广场，内置“源头”巨石，基座刻有同名赋文。“流韵”雕塑与其相望，共同寓意此处为南水北调水上公路起点。“流韵”雕塑具有丰富的设计内涵，与江都一站正门两侧“引源、厚泽、卓创、致远”相辉映，具有江都水利枢纽工程专属象征意义。在相距不远的江都西闸管理所内，建有“南水北调第一闸”文化石。与文化石遥相呼应的是江都东闸管理所内兴建的“临江都闸怀古”文化墙。为了直观地展示南水北调东线工程，在南水北调东线一期工程数据中心内设展示厅，通过声光电形式陈展工程功能、作用，建管经验等。

2. 注重当代水利人文保护记录

日本侵华万福闸遇难同胞纪念碑屹立于万福闸西首，1995 年为纪念抗日战争胜利 50 周年而建，白色大理石镶嵌书状碑体，碑文记录“万福血案”始末，碑侧排列雪松，庄严肃穆，此处是扬州地区重要的爱国主义教育基地。“江石溪纪念碑亭”是纪念江都籍爱国人士江石溪而建，银杏树掩映碑亭结合的主体建筑，被两层白玉栏杆环绕，坐立高台，为典型的仿古建筑，抱柱悬挂楹联，以祭英魂。江都水利枢纽科普园建于 2015 年，科普园与管理所环境融为一体，分为“归江史话”“古代水利”“闸门启闭”“水文观测”“科技创新”五部分，在园内参观可纵观百年治水史。与地方政府联动，以万福闸鱼道为主题，打造跑鱼河公园，给广大市民提供了亲水活动空间，传递人与自然、城市与水利的和谐统一理念。

3. 生态文明打造水陆生态群落

江都水利枢纽植物园在尊重植物自然状态的原则上，依托江都水利枢纽各节点工程，营造大面积绿化带。主题植物园分布其中，形成良好的绿色空间。同时，依据泵站群据点位置，加强河道、河堤的人性化设计，河道景观设计充分考虑到观赏者可能到达的角度和位置，因地制宜，把沿岸水文亭、亲水平台、亭台楼榭等布局打造成“流轴景”“对岸景”。顺应回归自然水域景观，建设发展主流，由 110 棵树龄 50 年以上银杏树组成的“黄金大道”是生态景观的典型代表。此外，自然形成的苇荡、人工种植的柳岸，丰富了水利工程整体空间造型，防止水土流失，并为生物、动物的生长和生存创造了必要条件。

（四）水利工程中的文化故事讲述

实施文艺创作品牌机制，鼓励广大文艺创作者坚持思想精深、艺术精湛、制作精良相统一，生产传承优秀传统文化、弘扬社会主义核心价值观的优秀文艺作品。与中央、江苏省等国家级、省级媒体合作，创作江都水利枢纽主题宣传，深入挖掘江都水利枢纽建设发展中的“源头”故事。用人物折射大时代，小中见大，将个人命运与波澜壮阔的时代变迁联结在一起。通过讲述工程的建设过程让受众感受创业的艰难不易，再现老一辈水利人日常工作场景，传承发扬江都水利枢纽文化。讲述一个个先进集体，对比不同时期的水利工程发展，教育引导广大干部群众不仅要传承艰苦奋斗的创业精神，更要与时俱进，奋勇创新，始终弘扬江都水利枢纽“源头”精神，永远感党恩、听党话，坚定不移地跟党走。讲述江都水利枢纽历代工匠精神，铭记劳模，崇尚劳动，学习榜样，继承“工匠精神”，弘扬“源头精神”，激发受众蓬勃的爱国主义热情。讲述“南水北调”的故事，体现江淮儿女始终秉承党的治水理念，展现江淮儿女始终牢记党的嘱托，始终勇担“确保一江清水向东流”的责任。通过用身边人说身边事、用身边事育身边人，在讲述传播丰富感人故事的过程中，使受众潜移默化得到“源头精神”的熏陶，让聆听者既能见证在党执政下江都水利枢纽翻天覆地的变化，又能感受党领导的中坚力量，感受江淮儿女艰苦奋斗、矢志创新的力量，从而推动党员干部群众珍惜今日幸福生活，为明天的美好生活而不懈奋斗。

第四节　水文化建设实践成果

（一）精神水文化丰富凝练

系统地梳理和把握江都水利枢纽文化内涵，凝练 50 多年来的发展理念和治水实践，形成了具有“源头工程”特色的水文化精神。

1. 科学凝练管理处精神

“源头精神”是党和政府带领江淮人民在改造和利用大自然，建设江都水利枢纽工程，实施南水北调国家战略的过程中形成的一种精神。这种精神产生于改天换地的历史实践活动中，熔铸于改革开放的历史发展进程中，是中国精神在江淮大地的生动体现。体现了人民至上的担当精神，求真务实的创业精神，团结奋斗的拼搏精神，永争一流的进取精神。江都水利枢纽的建设过程彰显党和政府一切为了人民的政治情怀，体现了党和政府全心全意为人民服务的精神。在江都水利枢纽建设管理中，不断发现问题、解决问题的过程，体现为实事求是、科学决策的工作态度，也表现为脚踏实地、恪尽职守的工作作风。在坚持自主创新过程中，体现了在困难面前精诚合作的团队意识和齐心协力的战斗本领，也表现为在挫折面前百折不挠、顽强奋斗的无畏气概。在不断发展中体现了在荣誉面前不甘落后、勇于争先的意志品质，也表现为在成绩面前永不满足、精益求精的价值追求。在当代，源头精神科学凝练为“引源、厚泽、卓创、致远”八个字。

2. 充分展示“源头工程”形象

为巩固树立“源头工程”形象，管理处向社会征集创作了处歌《江淮明珠》《追梦江淮》，其主题明确，曲调优美。歌曲唱出了江都水利枢纽人的理想和追求，激励广大职工不忘责任、坚守情操、不断追求卓越。同时，通过形象识别，强化“源头工程”形象，设计具有特色的处标识，以明快线条，简洁元素体现了单位理念和精神。并将处标识广泛运用于对外宣传和事务用品、环境布置等方面，建立统一规范的视觉形象系统，向社会展示管理处管理理念、价值观念、审美意识等文化内涵。

（二）物质水文化审美提升

水利景观中的水脉人文留存。万福闸——讲述淮河归江沿革。江都水利枢纽所辖水闸中，万福闸、太平闸、金湾闸是“淮河归江十坝”功能在当代水利的演变。在万福闸加固建管中注重保存水文化基因，把归江文化融入水利工程，建设“淮河归江文化园”。邵伯闸——重现运河古迹风韵。邵伯节制闸位于邵伯运河故道上，在加固改造设计中注重与邵伯千年古镇环境相融合，闸体采用仿古建筑，与河岸护堤及沿河古街相互呼应；复建斗野亭，修复清代镇水铁犀。芒稻闸——酝酿漕运文化积淀。清代芒稻闸有“归江第一尾闾”之美名，现代芒稻闸以历史背景打造了水文化墙，讲述官辖芒稻闸以及“漕盐之争”始末，同时以《后汉书·郡国志》记载杜、康两位仙女治水救人的传说为主题，兴建仙女游园。创新发展特色源头文化。江都第一抽水站附近建有源头广场，设置“源头”巨石，基座刻有同名赋文；“流韵”雕塑与其相望，寓意此处为南水北调东线水上大动脉起点；江都西闸建有“南水北调第一闸”文化石，与之遥相呼应的还有江都东闸的“临江都闸怀古”文化墙。以水文化历史为底蕴，深度融合物质水文化发展，提升文化审美。

（三）制度水文化内涵拓展

制度的制定和执行是文化的内在反映。通过建立一整套完善规范的制度，提高组织的协调性和管理的有效性，从而更加深入细致地开展水文化建设工作。自 1964 年起，江都管理处围绕水利单位核心业务开展制度体系构建，随时代发展，初步形成了具有水利单位文化特色和文化内涵的水文化制度。主要包括水利规划与水工程管理制度、水利行政管理制度、水利风景区建设制度、廉政制度建设等，并不断发展完善，梳理成册。目前，江都水利枢纽工程有站区、闸坝《规章制度汇编》《技术管理细则》《精细化管理指导书》等工程制度汇编材料，以及处《行政规章制度汇编》《财务制度汇编》。2014 年在《江都水利枢纽管理现代化规划》的引领下，着力推进《江都水利工程管理处水文化发展规划》的编制工作，推进江都管理处泵站、水闸精细化管理的实施工作，形成以规章制度为基础，发展规划为引领，相互支撑、配合的管理制度。建立科学有效的监督体系，为保障制度执行提供组织保障和坚强堡垒。完善组织机构监督，由分管领导负责，成立全处层面的监督委员会，监管各个职能部门，实现统一领导、统一方案、统一要求，达到整合资源、协调力量、齐抓共管的目的。健全部门协调机制，完善工作例会制度、信息通报制度、联合执行制度、目标考核制度等。通过制度的健全与执行，形成工作合力。加强规章制度培训、教育和管理，使工作人员熟悉法规、明确任务、主动参与、严格执行。

（四）行为水文化外延创新

一是水工程设计文化建设体现美学。重视对水利工程文化功能和美学价值的考量。坚持水利工程与生态环境、发展规划和人们的精神追求相和谐，突出地域与水域特色，实现科学技术与文化元素的协调与统一。二是水工程细节文化建设体现风格。在水工程建设和改造过程中，要做到传承历史与时代创新相结合，整体规划与重点布局相结合，工程风格与城市文化相结合，彰显水利特色与活力，体现水文化的主题与灵魂。三是水工程建管人员素质文化建设体现管理。提高水工程建设与管理人员的素质，倡导“高度负责、严格要求、持之以恒”的工作作风，定期开展培训和考核工作，提升参建人员与管理人员的技术水平与人文素养。四是水工程监督文化建设体现内涵。加大对参与工程建设、改造和维修的施工单位在施工过程中的质量监督，确保实施项目符合设计文件和国家规定的验收规范、质量标准的要求，并将体现水文化的特色与内涵作为基本的监督考核指标。五是水工程安全文化建设体现预防。切实贯彻“安全第一，预防为主，综合治理”的方针，加强施工现场和泵闸运行现场安全监督管理。配备足够数量的专（兼）职安全员；定期组织对经营工地、在建工程工地的安全生产检查；设立安全生产专项资金，用于安全监督管理。六是水工程廉政文化建设体现教育。采取多种形式开展廉政建设的宣传教育活动，建立党风廉政监督员制度。充分发挥党风廉政监督员的作用，实现教育、监督与管理的统一，推进廉政文化进基层。

第十七章
水利风景区建设管理

江都水利枢纽水利风景区自 2001 年被授予首批"国家水利风景区"以来，在江苏省水利厅的正确领导和厅水利风景区建设与管理领导小组的关心指导下，坚持以人为本、统筹兼顾、因地制宜、可持续发展的原则，突出"维护水工程，保护水资源，改善水环境，修复水生态，弘扬水文化，发展水经济"的理念，充分发挥水利资源优势，切实加强景区建设与管理，持续打造具有"源头"特色的一流水利风景区。

第一节　水利风景区资源分布

江苏省江都水利枢纽水利风景区景观资源丰富，主要包括水文景观、工程景观、生物景观、地文景观等。

（一）水文景观

江都水利枢纽水利风景区水系范围内京杭大运河纵穿腹地，由北向南沟通白马湖、宝应湖、高邮湖、邵伯湖，汇入长江，全长 143.3 km。境内有长江岸线 80.5 km。除长江和京杭大运河、淮河入江水道以外，主要河流还有老通扬运河、新通扬运河、三阳河等。

1. 长江

长江是亚洲第一长河，全长约 6 300 多 km，是中国、亚洲第一和世界第三大河流，也是世界上最长的完全在一国境内的河流。从源头青海格拉丹东到湖北宜昌为长江的上游流域；从宜昌到江西湖口则是长江的中游流域；从湖口到上海的长江入海口，为长江的下游流域。整个长江水系的流域面积达180万km^2，占中国陆地面积的18.8%，和黄河一起并称为“母亲河”。

为了高速发展农业生产，造福于民，江苏人民于万里长江的下游、江淮交汇的苏北地区兴建星罗棋布的水利工程。作为南水北调东线工程的源头，江都水利枢纽工程从淮河入长江水道口三江营取水，成为连接长江和淮河下游水系的一项大型水利骨干工程。

2. 京杭大运河和高水河

京杭大运河是世界上里程最长、工程最大的古代运河。大运河南起余杭（今杭州），北到涿郡（今北京），途经今浙江、江苏、山东、河北四省及天津、北京两市，贯通海河、黄河、淮河、长江、钱塘江五大水系，全长约1 797 km。京杭大运河全程可分为七段：通惠河、北运河、南运河、鲁运河、中运河、里运河、江南运河。流经扬州的是里运河段。

高水河位于扬州市江都区和邗江区境内，南起芒稻闸，北至邵伯节制闸，与里运河（京杭大运河扬州段）衔接，全长15.26 km，是江都水利枢纽抽引江水、实施南水北调、向北送水的通道，亦是淮水入江的通道之一。

站在芒稻闸上，极目远望，处处有景。上游，高水河正与悠远的大运河连接起来，成为江水北调的主要输水干线。下游，是古老的芒稻河，既是淮河入江重要通道、江都抽水站抽排里下河涝水必经之路，又是江水北调引水通道、苏北通江航运之路。

3. 淮河入江水道及芒稻河

淮河入江水道分为上、中、下三段。上段由三河闸至施尖入高邮湖，长56 km。由天然河道三河和人工河道金沟改道段组成。中段从高邮湖施尖经新民滩、六闸到邵伯湖，长55 km，为湖区行洪。下段从六闸至三江营，长47 km，由运盐河及金湾河汇入芒稻河；太平、凤凰、壁虎、新河汇入廖家沟；芒稻河与廖家沟汇于夹江，至三江营入长江。入江水道进口由三河闸控制，出口由万福闸、太平闸、金湾闸控制。入江水道是淮河下游的主干道，也是洪泽湖泄洪的最大口门，设计行洪流量12 000 m^3/s，承泄淮河上中游流域15.8万km^2洪水，同时承担三河闸至邵伯湖区间6 633 km^2区间汇水。泄洪流量占洪泽湖设计泄洪能力的70%左右，占洪泽湖实际排泄中等洪水的90%左右。淮河入江水道上起洪泽湖三河闸，在金湖县开辟金沟改道段，直接由三河南下高邮湖入邵伯湖，水道158 km，堤防总长449 km。保护淮河下游地区3 000万亩耕地、2 000万人口的生命财产安全。

淮河入江水道上的芒稻河自芒稻闸下至夹江，长约10 km，为国家重点工程南水北调东线工程的调水源头和输水通道，也是淮河入江水道的泄洪通道。

4. 老通扬运河

老通扬运河始凿于西汉文景年间（前179—前141），其前身是西汉吴王刘濞开凿的一条西起扬州茱萸湾（即今湾头镇）、东通海陵仓（今泰州）及如皋蟠溪的运河。刘濞之后，历代又逐渐将其向东南延伸，最终直达南通，是中国最早的盐运河。万历二十三年，杨一魁分黄导淮，通扬运河成为减水通路，清代到民国，通扬运河几经修筑，保持通航至今。

5. 新通扬运河

新通扬运河于1958年开挖。西起扬州市江都区芒稻河，经江都、海陵、姜堰至海安与通榆运河相接，1968年、1979年因兴建江都水利枢纽工程两次拓浚；河长90 km，宽55 m至

110 m。1964 年在西端建江都西闸，1978 年建新江都东闸与江都水利枢纽相配套，新通扬运河是自流引江水至江苏里下河地区灌溉，里下河地区抽排涝水的主要干道，同时也是南水北调东线工程第一级泵站供水、跨流域调水以及沿线航运的多功能河道，因与通扬运河相邻而得名。

6. 三阳河

古作山阳河，是山阳渎的一部分，隋文帝时期开凿。南自江都宜陵，沿线向北，穿过樊川、高邮三垛至临泽临川河段，长 200 多里。山阳渎最初开凿是为了运送士兵，隋文帝时期作为邗沟的主航道使用，隋炀帝重新开凿邗沟以后，成为辅助河道。1973 年江都水利枢纽兴建中，重新开挖疏浚三阳河，三阳河成为里下河水网西部的一条南北向河道。新三阳河南起扬州市江都区宜陵镇新通扬运河北侧的宜北闸，至宝应县东南部夏集镇的杜巷、接潼河，转向西流，止于南水北调宝应抽水站，全长 66.5 km。如今，它也是南水北调东线第一期工程的重要组成部分，具有引水、灌溉、排涝、航运等功效。

（二）工程景观

景区内工程景观丰富，包括江都一站、江都二站、江都三站、江都四站、江都抽水站变电所、江都东闸、江都西闸、送水闸、芒稻闸、万福闸、太平闸、金湾闸、宜陵闸、宜陵北闸、三里窑闸、五里窑闸、运盐闸、邵仙闸等，此外还有绿化防护工程，景区沿线实施高标准水土保持和绿化防护工程，河坡全部护砌，防止冲刷。沿线以杂交狗牙根草种涵养水源，青坎上栽种柳树，迎水坡间隔栽种观赏性较强的花卉灌木。黄金大道沿岸、江都抽水站引河两侧、高水河沿岸均设置滨水游道。其中黄金大道沿岸的滨水游道长约 500 m，江都抽水站引河两侧游道长约 3 km，高水河沿岸游道长约 1.5 km。护坡工程：江都水利枢纽工程沿线河坡均实施了护坡工程建设以解决河道冲刷的问题。其中高水河沿岸、江都一站、江都二站、江都三站、江都四站、芒稻闸均采用砌石护坡，江都东闸、江都西闸、送水闸采用预制块做成生态护坡。跨河桥梁：淮河入江水道上建有万福大桥，新通扬运河上建有龙川大桥等跨河桥梁。

1. 万福大桥

万福大桥位于扬州市区新万福路上，是扬州市区首座双层大桥，桥宽 22 m，上层为机动车道，下层供非机动车和行人通行，实现人车分离。大桥建成后，成为新万福路上既美观又实用的景观桥。

万福大桥自万福闸以南 240 m 处跨越廖家沟，介于广陵大桥和万福闸之间，该桥梁总体风格为亭台楼阁，整个底座似“凯旋门”，上面还有城阁。两座塔楼耗资 4 亿，具有餐厅等多项设施，拥有休闲娱乐等功能。塔楼登高，可以遥看整个城区景致，模仿园林景廊设计，移步异景，在夜景照明的映衬下，月牙弯弯，水天一线，呈现“九成云外凭栏眺，万福灯火水连天”的美景。

万福大桥的设计传承了扬州建筑的文化底蕴并作了创新。建筑以城门、阁楼及鼎的原型为基调，以结构支架为基础，赋予景观桥梁更多的文化地域性与可辨识度。设计在大量的古典建筑中，将传统符号抽象化，并引用了现代技术的玻璃钢架等，又使之充满现代气息。

上下呼应的双拱，既起到观光作用，又点缀了“月亮城”的湖光倒影，夜色下更能体验宜居城市的江南雅韵。

2. 龙川大桥

龙川大桥位于江都东闸东侧，新通扬运河河口处，横跨新通扬运河、引江河及送水河，连接新老城区。龙川大桥两侧栏杆嵌有石雕“龙头”，桥上路灯为龙头造型(此处非笔误，路灯后来改造过了)，桥两头的左右分别矗立着一块石碑，上面镌刻着江泽民同志亲笔书写的“龙川大桥”四个金光闪闪的大字。

(三) 生物景观

景区林草覆盖率达 95%，种植各类植物 180 多个品种、200 多万株，常见的有银杏、雪松、龙柏、垂柳、水杉、鸡爪槐、香樟、桂花等。区内野生动物种类繁多，常见白鹭、夜鹭、红嘴鸥、喜鹊、麻雀、斑鸠等鸟类，景区还有多种鱼类。

1. 江都水利枢纽植物园

植物园坐落于水利枢纽风景区，总面积 120 万 m^2。以水利枢纽园林绿化植物为基础，以建筑单元绿化为主体，以银杏大道、松柏大道为主线，设置了香樟园、槭树园、竹景园、喜树园、水生植物园等 5 个品种园和科研实验区、科普展示区，目前已收集木本植物 54 科 186 个品种。其中：

竹景园位于江都水利枢纽迎宾馆西侧，内有孝顺竹、凤尾竹、淡竹、早园竹、黄杆乌哺鸡竹等近 20 种竹类。

水生植物园位于江都水利枢纽园中园后侧，种植菖蒲、芦苇、睡莲、芡实、水葱等水生花卉，形成水中花海。

喜树园位于江都水利枢纽明珠阁北侧，数十棵参天喜树，遮天蔽日，为炎炎夏日带来丝丝凉意。

槭树园位于江都水利枢纽园中园内，多植三角枫、鸡爪槭、蓑衣枫等槭树科树木，四季皆景。

香樟园位于江都三站东侧，树龄近 40 年的大香樟数十棵，挺拔屹立，四季常绿，平添一份浓浓绿意。

科研实验区是植物园的重要组成部分，主要作用是展示普及植物科学知识、展示植物进化过程，提高游客的科学知识水平，展现丰富多彩的植物资源。

科普展示区是植物园的核心，是向游客展示本植物园科技进步程度、科研成果和今后研究方向的窗口。内有多肉多浆类植物研究展示区、植物无性繁殖区等。

2. 黄金大道

黄金大道建于 20 世纪 70 年代，长 465 m，于建处伊始栽种 102 棵银杏树，距今树龄已有 50 年以上。这条大道迎接过 120 多个国家的重要来宾，因此得名“迎宾大道”。此地四季之景皆成趣，秋叶漫天洒金辉，是全国著名的林荫大道之一。每年秋日，落叶缤纷，碎金满地，景色夺目，吸引众多游人观光。被中央电视台冠以“黄金大道”之名，是江都水利枢纽工程的一张重要文化名片。

3. 松柏大道

松柏大道位于第二抽水站与江都水利枢纽实训基地之间，全长 850 m，是江都水利枢纽第二林荫大道。当从江都管理处东大门进入，步行 130 m，便行走在“松柏大道”上，宽阔洁净的松柏大道两侧苍松翠柏，郁郁葱葱，生机勃勃。各种彩叶树、木本花卉镶嵌其间，争奇斗艳。这里既是森林王国，又是天然氧吧。

4. 景区内种植的常见植物(详见表 17-1)

表 17-1 景区内种植的常见植物

植物名称	分布	植物名称	分布
银杏	黄金大道、三站、园中园	雪松	松柏大道
龙柏	松柏大道	紫藤	一站下游紫藤长廊
棕榈	迎宾大道西侧棕榈林	玉兰	迎宾馆周边
高杆女贞	办公楼东侧停车场	垂柳	景区水边的小径上
水杉	金湾闸	桂花	景区办公用房及迎宾馆周边
香樟	三站东侧	琼花	北大门、园中园
羽毛枫	园中园西园	枫香	园中园东园
鸡爪槭	管理用房东侧及实训基地对面	杜仲	数据中心南侧及金湾闸
无患子	四站东入口	龙爪槐	管理用房、数据中心、迎宾馆
木绣球	园中园西园、迎宾馆、金湾闸	竹类	四站以东竹景园
黑松	北大门门口	柿子	棕榈林
广玉兰	管理用房对面及迎宾馆周边	布迪椰子	管理用房南侧
红叶石楠	主干道及建筑物周边	海桐	主干道及建筑物周边
红花檵木	主干道及建筑物周边	栾树	变电所周边
春梅	江石溪纪念碑亭及四站东侧	紫叶李	园中园主干道
茶花	园中园西园	喜树	明珠阁
合欢	四站西侧，明珠阁下	枇杷	实训基地周边
紫薇	实训基地	石榴	实训基地对面
木瓜	实训基地对面小山坡	樱花	迎宾馆周边
桃花	景区河边		

5. 其他植物

景区除上述常见植物外，还分别种植石楠、杜英、刺槐等乔木，蚊母、栀子、法国冬青、阔叶十大功劳等灌木，麦冬、络石等地被植物，以及芦苇、睡莲等水生植物。

6. 其他动物

景区沿岸野生动物种类繁多，除白鹭、夜鹭、红嘴鸥以外，还有刺猬、黄鼠狼、野兔等常见动物，以及雉鸡、黑鹅、灰鹭、伯劳、野鸭、隼、北红尾鸲、翠鸟、大山雀、戴胜、柳莺、鹡鸰、八哥、矶鹬、喜鹊、麻雀、斑鸠等几十种鸟类。河中有丰富的鱼类。

（四）地文景观

江都水利枢纽风景区闸站相连，绿树成荫，花香四溢。于曲径通幽处，可听百鸟唱和，令人心旷神怡，登高环顾，四面皆景。北看水天一色，白鹭翩翩；东观仙城风貌，高楼林立；南见车水马龙，络绎不绝；西聆闸坝涛声，物我两忘。景区及周边地区地势平坦，其中有东闸小岛、芒稻小岛、明珠阁土坡、瞭望台土坡、七河八岛等。

1. 东闸小岛

东闸小岛位于龙川大桥下方，三面环水，植被丰富，既有人工美，又有自然美。江都东闸和送水闸矗立西端，东临江泽民同志亲笔提名的“龙川大桥”石碑，岛内地形起伏，西侧有一处防空设施，顶部为土丘，内部为防空洞，入口处有人造瀑布景观，陆地面积约 4 hm^2，可开发利用 2 hm^2。其工程重要，交通便利，地形独特，景色宜人，自然资源价值较高。目前是江都城区最中心、最具潜力的黄金三角小岛。

2. 芒稻小岛

芒稻小岛位于扬州未来 48 公里生态环中的核心区段，新城的东侧边界与江都区隔江相望，是未来扬州生态科技新城的名片。具体位置为北起横河、南抵四七湾半岛，生态科技新城选取芒稻河西岸为设计对象，在芒稻河西岸将打造“8 公里趣岸”。

3. 明珠阁土坡

明珠阁土坡位于第三抽水站与第四抽水站之间，土坡土方主要来源于枢纽建设初期河道开挖土方，高 12 m，周长 800 多 m，土坡表面植被丰富，形成了“背倚参天大树，面朝一江春水”的格局，土坡制高点建有明珠阁，可瞭望三水汇流，扬州三河六岸景观，次高点建有阅江亭。土坡游道设有休憩桌台以及石头步道，北面水域设有 30 m 长的亲水平台。

4. 七河八岛

七河八岛是一处特殊地形，由七条河流以及由其分割而成的八个岛屿组成。“七河”自西向东分别为：京杭大运河、壁虎河、新河、凤凰河、太平河、金湾河、高水河。在这七条河流的分割下，天然呈现出了八个岛屿。“八岛”自东向西分别为：聚凤岛、芒稻岛、金湾岛、自在岛、凤羽岛、山河岛、壁虎岛、新河岛。七河八岛区域水质良好，湿地功能强大，是我国生态自然环境保持最完好的湖泊、平原类型湿地景观之一。

5. 抽水站北岸观景台

观景台位于南水北调第一站江都一站出水口上游约 50 m 处。该观景台位于水中，为圆形二层建筑，通过汉白玉曲桥与水岸相连。身临一层水榭，可观杨柳依依，清水潺潺，芦花朵朵随风飘舞，移步二层水榭，可远眺龙川广场、引江桥，近观南水北调第一站出水水利景观，源头之水逆跃而上，注入京杭大运河扬州段，一路高歌向北，送去来自东线“源头”的水利情。秋日，一侧黄金大道与柳岸绿景黄绿相染，白色扶栏与此相间，黄白绿三色倒映水中，形成一处胜景，而观景台则是观赏此景的绝妙之处。

第二节 水利风景区布局

依据有利于水利风景区资源保护性开发利用，有利于合理安排各项服务设施和组织参观活动的要求，遵照综合性、整体性、区域共轭性以及区域相似性和区际差异性的水利风景区功能分区原则，按照江都水利枢纽水利风景区资源空间分布特征、交通及区位条件，江都水利枢纽水利风景区确定了“一区三园”的空间格局。

“一区”指以江都抽水站及周边水闸、河道等配套设施组成的中心区域；“三园”指万福归江文化园、邵仙漕运文化园、宜陵生态文化园。

（一）核心工程区

核心工程区总面积约 1.67 km^2，其中水域面积 0.8 km^2，陆地面积 0.87 km^2。范围主要是南北方向：龙城路—芒稻闸以南，长江西路以北，南北长约 1 000 m；东西方向：芒稻河至龙川大桥约 2 550 m。

核心工程区以南水北调东线工程的源头——江都水利枢纽工程为依托，将工程景观与自然景观、人文景观、生态景观等融为一体。在对水工程特色、水文化历史深入挖掘的基础上，准确定位景区内涵，充分利用文化载体，表现水工程文化，展示水文化底蕴。借助水工程地域、水域、人文等文化符号，人文其内，景观其外，突出个性文化与地域文化的完美结合。以南水北调东线源头、江水北调龙头为主线，融入 50 多年建设管理历史、人文积淀，从江都水利枢纽实际出发，因地制宜，因势利导，创造出具有诗情、画意、园趣、乐趣、文韵、哲理的水文化景观。同时，文化与生态有机结合，保护优良的生态资源，完善软硬件设施，让历史文化与自然生态景色交相辉映、相得益彰。

核心工程区内主要布局工程景观展示区、水生态保护区、游览区、接待服务区及教育培训区和集散区。

1. 工程景观展示区

工程景观展示区主要展现江都水利枢纽工程以及建管历史。以核心工程展示为依托，整合江都闸管理所区域，打造水利工程管理现代化样板。该区域内水文化打造立足于工程承担的抽水抗旱、防洪排涝、水力发电等除害兴利功能，体现先进设计理念，展示建筑美学、营造水利景观、注重文化传承。在水文化打造过程中，把扬州地域人文风情、河流历史、水利文化等元素融合其中，在保证生产安全不受影响的同时，打造独具风格的水利精品工程。该区域内的江都水利枢纽展览馆陈展内容跨越千年历史，浓缩治水精华，定格治水瞬间，传承治水精神。在表现手法上，以江淮地域水文化为切入点，以江都水利枢纽特色水文化为重点，贯穿国家重大水工程建管历程，着力挖掘弘扬优秀水历史和水文化，突出工程功能效益和管理经验集成，彰显新中国治水的伟大实践和现代水利发展的巨大成就。

2. 水生态保护区

水生态保护区严格加强南水北调东线水源地保护，合理开发生态资源，完善升级江都水利枢纽植物园。

3. 游览区

游览区着重挖掘水文化内涵，拓展人文情怀，以视觉要素传达为核心，打造东线源头价值传播景观，以标志性造型、主题元素园艺等应用方式为手段，围绕南水北调东线源头“起点”文化，将其贯穿于源头展示区所有水文化景观打造之中；在“咏源”文化长廊，重点打造诗景和谐，环境优美，文化韵味十足的诗画长廊、观赏池等景观。

4. 出入口（集散区）

该区域包括江都水利枢纽东门、北门、仙女游园及龙川广场。设置含国家水利风景区标识和江都水利枢纽标识的导游设施、景区手绘导游图、工程文化景点明信片，完善灯光宣传及导引设施。

5. 接待服务区

该区域是伴随着江都水利枢纽功能拓展，适应接待展示和人才培养等要求而衍生并不断发展的，是现代水利发展的见证。打造实训基地水文化景观区，通过挖潜内涵、整合资源，着重在文化引领、管理提升、品牌优质上做美、做优、做实，提升水平，形成景观独特、文化厚重、环境优美、生态和谐、配套齐全的水利人才培育基地以及水文化旅游观光场所，展现人水和谐画卷，抒发江都水利枢纽的治水情怀。

（二）万福归江文化园

万福归江文化园主要包括万福闸、太平闸、金湾闸、鱼道等工程及其管理范围，总面积 0.91 km^2，其中水域面积 0.60 km^2，陆域面积 0.31 km^2。

万福归江文化园既是淮河归江水道重要控制工程，又是“七河八岛”中心区域，包含深厚的“归江十坝”历史文化，有着丰富的水文水生态资源、旅游资源、历史文化内涵，以及得天独厚的地理优势。以 65 孔万福闸、24 孔太平闸、22 孔金湾闸为标志的水工程景观，金湾水杉林是天然的氧吧。依傍“江淮心、扬州眼”之称的万福大桥城市新景观、以廖家沟为主轴的城市中央公园，以及马可波罗花世界、扬州乐园等，引人入胜。

万福归江文化园围绕万福、太平、金湾三闸展现工程宏伟壮观景象；主要以江都水利枢纽水闸科普园陈展江淮治水、水利科技、工程景观、水生态建设、园林景观等内容；建有“千里淮河由此归江”文化展示区，以文化石、历史文化墙、文化长廊的形式介绍归江十坝，丰富淮河归江历史；同时，依托万福大桥、侵华日军万福桥大屠杀遇难同胞纪念碑加大宣传，引导社会公众接受爱国主义教育。

（三）邵仙漕运文化园

邵仙漕运文化园包括邵仙套闸、运盐闸、邵仙闸洞、邵伯闸等涵闸及其管理范围，总面积约 0.15 km^2，其中水域面积 0.07 km^2，陆域面积 0.08 km^2。

邵仙漕运文化园有着独特的区位优势，邵伯湖和京杭大运河水系在此连通，高水河、运盐河、老通扬运河在此交汇；有独特的水利工程景观；有着古运河和漕运的历史痕迹。两岸绿化廊道幽长，环境优美；南来北往的船舶川流不息；工程管理区基础设施完备。

目前，该文化园分为工程景观展示、运河文化展示、廉政文化展示。

工程景观展示：以邵仙枢纽和邵伯节制闸为依托，通过对各类机电设备、金属结构全面检修保养；对水工建筑物进行防碳化处理；对各类标识、标牌、警示标志进行完善；对上下游河道水草、漂浮物及护坡杂树杂草及时清理等改造，提高邵仙套闸通航的安全性和运行效率，更好地服务航运事业，提高经济效益。同时，与当地建筑风格相呼应达到景观升级的效果。

运河文化展示：通过邵伯运河故道、斗野园、邵伯古堤及大码头等景点，可以了解历史悠久的运河文化。邵伯运河故道历史上是南北漕运的必经之路，是大运河主航道不可分割的一部分，带动了邵伯镇的最初产生并不断发展。现在邵伯运河故道为防洪排涝和城市景观河道。在邵伯节制闸上游的斗野园内，保存着一只镇水铁犀，长 1.98 m，高 1.10 m，腹空，横卧在厚约 10 cm 的连体铁座上，重约 1 500 kg，是昔日大运河泛滥，百姓祈求安康的见证。

廉政文化展示：在邵仙闸管理所重点打造畅廉文化园和法治文化景观。“畅廉”即取“倡”字谐音，体现反腐倡廉之意，同时结合套闸通航功能，寓意通畅、顺达。

畅廉文化园以“清风流韵、崇德倡廉”为主题，利用邵仙船闸的地理条件，采用廊、墙、屏、帆等表现形式，将文化长廊、主题墙、清廉之帆等廉政文化景观分区布置，与水文化和精神文明建设有机融合，以“润物细无声”的方式，使廉政文化入眼、入脑、入心，充分发挥廉政文化的示范、引领、导向作用，营造了风清气正、人人向上的良好工作氛围。

（四）宜陵生态文化园

宜陵生态文化园包括宜陵闸、宜陵北闸、三里窑闸等涵闸工程及其管理范围，总面积约 0.53 km^2，其中水域面积 0.11 km^2，陆域面积 0.42 km^2。

宜陵生态文化园地处新通扬运河、老通扬运河及三阳河交汇处，具有深厚的地域文化和水文化历史。三里窑闸四面环水，水土资源丰富，新建的管理所基础设施完备。

宜陵生态文化园景观建设结合工程达标创建、水土保持等，以《江苏省江都水利枢纽管理现代化规划》等为依据，充分挖掘通扬运河、三阳河治水历史背景，传承发扬先贤治水精神，全面规划、协调发展、综合治理、突出重点，打造与现代化水利工程相适应的水利文化景点。

目前，宜陵生态文化园结合水土保持，重点打造了三里窑闸“桃源湾”，桃红柳绿的原生态景观已初步形成。

第三节 水利风景区管理

管理处充分依托水利工程发展绿化的有利条件，坚持环境建设与工程建设同步，环境管理与工程管理齐抓的方针，大力开展环境建设与管理。经过多年不懈努力，江都水利枢纽水利风景区于2001年被水利部授予首批“国家水利风景区”，2016年高分通过水利部组织的国家水利风景区复审。

（一）景区管理体制

2001年风景区成立以来，管理处不断健全建管机制。成立景区建设与管理工作领导小组，下设景区管理办公室，具体负责景区建设与管理工作。景区注重加大专业人才的引进和培养力度，组织人员赴外考察学习，参加水利部景区办、地方旅游局举办的各类培训班。组织景区管理、服务人员参加旅游业务技能培训、技能比赛，邀请有关专家开展景区建设与管理知识讲座，不断提高管理人员业务素质和服务水平。

（二）景区管理制度

针对景区管理工作实际，管理处逐步建立健全一系列比较完善的规章制度，做到有章可循、有章可依，促进景区规范化管理。

近年来，景区以提升建管水平，树立“源头”形象为抓手，强化景区服务管理、运营管理、安全管理、卫生管理，提升景区基础设施管理和维护水平。制定水利风景区创建管理办法和长效管理办法，推行目标管理考核，形成人人参与管理、自觉服从管理的良好局面。处水利风景区管委会由分管领导兼主任，并明确分工职责。将景区管理工作纳入单位（部门）年度目标考核细则，参与处“一年四考、一考三评”，管理质量与个人绩效挂钩。加强景区日常管理，推进景区绿化、卫生、安保服务社会化，定期对承包公司开展考核。根据景区实际，制定的主要规章制度有《江都水利枢纽风景区管理办法》《安全管理规定》《宣传奖励办法》《卫生管理制度》《大门出入管理规定》《巡逻人员岗位职责》《重点防火部位防火制度》《消防设施管理办法》《旅游投诉管理暂行工作规则》等，并重视景区的监督与考核工作。推行目标管理考核，将风景区水文化建设纳入职能部门年度目标考核细则，管理质量与个人绩效挂钩。

（三）景区管理经费

目前，景区建管经费主要来源是结合水土保持、工程改造、自有资金以及借力地方政府，较多用于维护，缺乏发展经费。随着风景区建设力度和提升要求，需投入大量经费，落实专门经费渠道。

（四）配套设施

管理处遵循绿色环保理念，不断提升景区总体功能，配套建设江都水利枢纽迎宾馆、芒稻茶社、园中园及江苏水利技能培训鉴定基地，完善江都水利枢纽植物园，拓宽景区主干道和旅游通道，新增景区主干道花卉种植及草坪喷灌节水设施。不断完善国家水利风景区标识系统及旅游导视图，增加节水宣传、水利科普等制品，展示特色水文化，强化品牌意识。不断提升景区主入口设施，配套完善接待中心、生态停车场、公共厕所，增加休闲座椅、垃圾箱，提高旅游服务能力。

第四节　水利风景区管理成效

发展水利风景区是水资源综合开发利用的目标之一，是发掘水资源潜在效益的一个重要途径，既有显著的经济效益，又有较好的环境效益和社会效益。科学合理地开展水利风景区建设，发展水利旅游，不仅可以带动经济发展，促进经济结构、产业结构的调整，为水生态环境质量的改善提供支持，而且可以搭建向社会发展良好水生态环境的平台。

景区紧紧抓住南水北调江都站改造、淮河入江水道整治、大中型水闸除险加固和扬州城市发展机遇，同步提升景区硬件设施，融入“源头”特征，拓展文化内涵，扩大宣传推介，促进景区创新发展。科学制定并认真实施《江苏省江都水利枢纽管理现代化规划（2011—2020）》《江都水利枢纽水文化发展规划（2014—2020）》《江苏省江都水利枢纽水利风景区发展规划》，完善景区总体规划和功能性提升规划，秉持一脉相承的规划理念，立足水利工程，以水文化为内涵，合理布局游憩空间和功能分区，完善基础设施与休闲旅游服务设施，促进景区可持续发展，彰显东线“源头”水文化特色。同时，依托区位优势、资源优势和生态环境优势，立足扬州地区，辐射全国水利同行及周边城市，努力将景区打造成集水利科普、水情教育、文化体验、观光旅游、会议培训、健身休闲等多功能于一体的国家级示范水利风景区。

景区2017年入选水利部“水工程与水文化有机融合典型案例”和“江苏最美水地标——水工程”，2019年先后被评为“国家水情教育基地”“江苏最美运河地标”。2020年11月13日，习近平总书记亲临江都水利枢纽视察并发表重要讲话、作出重要指示，对“古有李冰都江堰，今有人民江都站”的提法表示赞同。

（一）社会效益

随着江都水利枢纽水利风景区的完善和升级，江都水利枢纽产生了良好的社会效益。

1. 彰显工程作用

自《江苏省江都水利枢纽水利风景区发展规划》实施以来，通过对景区工程的加固改造、维修养护、信息化建设、精细化管理，充分发挥景区泵站、水闸工程的功能作用，为苏北地区乃至全国的社会经济发展做出了更大贡献。如2019年成功抗御60年未遇的气象干旱，4座泵站累计抗旱运行235天、抽水75亿m^3，自流引江58亿m^3，抽引水量均创历史新高。2020年万福闸、太平闸、金湾闸累计排泄洪水323亿m^3，创2008年以来泄洪量新高。

2. 发挥科普教育功能

充分发挥“国家水利风景区”“国家水情教育基地”的作用，通过江都水利枢纽展览馆、南水北调东线江苏数据中心、“咏源”文化长廊、万福归江文化园等，向游客普及水利知识，倡导科学方法和科学思想。同时，宣传江都水利枢纽人“引源、厚泽、卓创、致远”的水利精神，有利于积极培育和践行社会主义核心价值观，弘扬传递正能量，构建和谐社会。

3. 弘扬水文化

通过邵伯历史文化园、江都水利枢纽科普园（水闸部分）、仙女游园等景点，向游客展示扬州及运河历史的地方文化，宣传扬州的城市文化品牌，提高扬州的城市知名度。

（二）经济效益

基于工程发挥的巨大作用，江都水利枢纽对里下河和徐淮两大“粮仓”的粮食增产，保障苏北地区经济发展发挥了巨大的作用。

目前，江都水利枢纽水利风景区直接从事与参观接待相关工作的员工有100余名。随着江都水利枢纽水利风景区建设与开发工作的不断推进和江都水利枢纽知名度的提升，景区将为扬州，特别是江都区人民提供大量的就业机会，有利于提高居民收入。同时，江都水利枢纽在对外综合经营项目中树立了良好的品牌形象，对增加新的经济增长点也起到了积极的促进作用。

（三）生态效益

江都水利枢纽水利风景区的建设有效促进水生态环境修复和保护工作。多年来，江都水利枢纽水利风景区加强建设与开发，提升了景区及周边的自然和人文环境，提高了当地的基础设施和服务设施水平，丰富周边生态旅游资源，体现了人文理念和生态效益的统一。同时，江都水利枢纽水利风景区使城市具有更好的抗旱能力和抗涝能力，并能调节气候、优化水环境，旱则能蓄之，涝则能泄之，城市活力大大增强。

江都水利枢纽水利风景区的建设逐步做到在开发和保护水利风景区资源的同时，实现经济、社会、生态效益相统一，使景区发展具有较好的综合效益。目前已经实现了较好的社会效益，经济效益和生态效益也有所体现，随着景区各个项目的建成，社会效益将更加凸显，经济效益和生态效益也将逐渐提高，近期成为扬州市江都区最快的经济增长点之一。远期将带动江都区的加快发展，从而促进扬州市社会经济与资源、环境协调的可持续发展。

第十八章
国情和水情教育

第一节　教育场馆建设

（一）江都水利枢纽展览馆

该馆坐落于江都水利枢纽核心工程区内，面积 380 多 m^2，分为序厅、历史篇、创业篇、工程篇、管理篇、人文篇等展区。陈展内容跨越千年历史，浓缩治水精华，定格治水瞬间，传承治水精神。在表现手法上，以江淮地域水文化为切入点，以江都水利枢纽特色水文化为重点，贯穿国家重大水工程建管历程，着力挖掘弘扬优秀水历史和水文化，突出工程功能效益和管理经验集成，彰显新中国治水的伟大实践和现代水利发展的巨大成就。

历史篇带领观众走进江淮这片曾经沧桑和鸿蒙苦难的场景。主场景塑像群的表现主题为 1931 年那场骇人听闻的水患，受灾群众踏上背井离乡之路；展板以古代治淮、人工运河等为主线，追溯江都水利枢纽工程水域所涉的淮河归江水道、邗沟与大运河、通扬运河、三阳河历史以及归江十坝等古代江淮人民的水利智慧，反映水是人类文明之源，水利和农桑是人类历史的主旋律。该篇章同时陈展中国国家博物馆典藏的国宝级书画珍品《乾隆南巡图》第四卷《阅视黄淮河工》仿品，以及清扬州运盐史陈桓生所立重修万福桥碑真迹，并以电影《江淮之都　应水而生　缘水而兴》反映水利兴则仓廪实、颓则万民哀的历史事实，体现水利工作的重要战略地位。

创业篇以宏伟构想起首，阐述毛泽东主席关于治淮、南水北调的伟大战略，周恩来总理对江苏水利的重视和江都水利枢纽工程前身“苏北引水灌溉工程”的关怀。概述了江水北调规划、治淮规划，讲述国家南水北调东线一期工程和淮河归江水道尾闾工程的前世今生。描绘了江苏江水北调龙头、国家南水北调东线源头、治淮骨干工程“江都水利枢纽工程”建设及加固改造历程。一帧帧斑驳的黑白老照片、一个个锈迹斑斑的老物件令人泛起回忆，追忆在经济技术困难条件下，自力更生、艰苦奋斗的创业艰辛。

工程篇以水科普为重点，直观展示江都水利枢纽工程调度运用实现七大功能；以江都四站、江都东闸两座典型泵站、水闸的电动实物模型并辅以 3D 演示水工建设过程和机电装置工作原理。展板以图文方式全面统计江都水利枢纽工程建成后释放巨大的生态效益、社会效益和经济效益；以巨幅精美照片展开水美江苏画卷。定格于重大历史时刻，收集了江都抽水站各站工程建成期间《人民日报》等刊发的文章。互动体验区让参观者以驾驶直升机的方式游览核心工程区，可谓足不出户，即可感受这座历久弥新工程所散发的魅力。

管理篇从组织管理出发，梳理管理处管理体系演变和发展过程，从技术管理、达标创建、创新管理、信息化建设、人才培养、水政执法、“河长制湖长制”工作推进、全面从严治党、精神文明建设、水利经济、风景区建设等工作维度出发，充分展示建处 50 多年来各部门成立发展过程和脉络，以及在各项工作领域中取得的长足进步和丰硕成果。该区域还设有光影感知与亲水互动，虚拟荷塘锦鲤游弋，在锦绣影像中体会人与自然和谐共生的乐趣。

人文篇展示内容纪实丰富。分别解读管理处精神、处徽、处歌内容与内涵；展示荣誉分为工程建设、工程管理、党建精神文明、群团组织、风景区及水文化等五个子项，并从管理处取得 200 多项荣誉中精选多项陈展于荣誉柜。该篇集中展示曾经调研考察和到访的众多党和国家领导、省部级领导和国际友人的现场图片。将众多名人关于江都水利枢纽工程题词画作呈于墙上供参观者欣赏，从艺术角度了解江都水利枢纽工程。“源头记”可通过触摸屏查阅工程建管大事记、各类视频影像资料。驻足在恢宏磅礴的《江淮明珠赋》前，共忆辉煌历程，展望筑梦未来。

（二）南水北调东线江苏展示馆

南水北调东线展示馆坐落于江都水利枢纽一站与二站之间。星空灯下东线工程蜿蜒于江淮大地，南水北调东线工程巨型沙盘横卧在大厅中央。巨大屏幕上画面定格在南水北调工程的规划。该馆四壁陈列了经历 50 多年论证，数十万建设者十多年攻坚，南水北调这个跨越半个世纪的梦想变成现实的过程。东线一期工程在江苏省江水北调工程的基础上向北延伸，抽江规模提升，翻水梯级增加，新增供水量 36 亿 m^3。反映了历经几十年的建设和运行，如今江苏的南水北调工程体系已成为世界上最大的网络化泵站集群。展厅“南水北调工程　功在当代利在千秋”的标语下，剖面图展示了从 0.7 m 高程的江都水利枢纽，经过 9 级台阶提升 30 m，送水逾 400 km 进入山东的“足迹”，以及南水北调东线江苏段的建设管理，也逐年迈上新台阶。该馆以江苏省扛起为全国发展大局做贡献的责任，统筹配置境内江、淮、沂沭泗等多种水源和区域雨洪资源，科学优化实行洪旱错峰调度，克服省内农业灌溉高峰期供水保障的巨大压力，竭尽全力保证以南水北调东线工程向省外调水的水源丰沛稳定为主线，反映了党和国家实施南水北调工程建设，就是要对水资源进行科学调剂，促进南北方水资源均衡发展、可持续发展。要继续推动南水北调东线工程建设，完善规划和建设方案，确保南水北调东线工程成为优化水资源配置、保障群众饮水安全、复苏河湖生态环境、畅通南北经济循环的生命线。

(三) 侵华日军万福桥大屠杀遇难同胞纪念碑

1937 年 12 月 14 日，侵华日军侵占扬州城。17 日清晨，日军在扬州及东郊五里庙、万福桥一带强抓民夫四百余人，运送物资去仙女庙。下午返扬途中，日军将我同胞押至万福桥上，用机枪从两端扫射，除一人跳河幸存外，四百余同胞悉遭杀戮，血染廖家沟，酿成惨绝人寰的“万福桥惨案”。1995 年 8 月，为纪念抗日战争胜利 50 周年，扬州市委、市政府决定在湾头镇境内的万福闸西首建立侵华日军万福桥大屠杀遇难同胞纪念碑，警示人们不忘国耻。1996 年，该处被列为江苏省爱国主义教育基地。每年都有人来到侵华日军万福桥大屠杀遇难同胞纪念碑前，追悼在“万福桥惨案”中被侵华日军枪杀的遇难同胞，铭记“勿忘国耻，振兴中华”的历史使命。

(四) 江石溪纪念碑亭

江石溪纪念碑亭于 1994 年 6 月动工，7 月建成，坐落于南水北调东线的源头——江都水利枢纽工程二站东侧，占地 144 m^2，建筑面积 15 m^2。碑亭四角飞檐，歇山屋面，黄琉璃瓦覆顶，坐落于两层花岗岩台基之上，大理石室内地坪，台阶室外地坪是花岗岩火烧板，掩映在参天绿树之下，周围由两层汉白玉栏杆环绕，斩假石外饰，亭中矗立一宽 1 m、高 2.2 m 的汉白玉石碑，上刻“江石溪先生安息处”八个行书大字，碑后刻有江石溪先生的生平事迹。正面两侧抱柱上悬挂着黑底黄字的挽联一副，是民国时期江苏省省长韩国钧题写的挽联“向秀赋方成，惊听笛声到邗上；江郎才未尽，尚留诗卷在人间”。江石溪纪念碑亭现已成为江都区十大爱国主义教育基地之一。

第二节　教育实践活动

(一) 爱国主义教育

江都水利枢纽爱国主义教育坚持爱国、爱党和爱社会主义高度统一，主要表现在与全国文明单位创建相结合，开展精神文明建设，引导职工和社会大众热爱祖国的壮丽河山、悠久的历史、灿烂的文化，关心祖国的前途和命运。热爱社会主义制度和社会主义现代化建设事业，热爱中国共产党和各族人民，维护祖国的独立和统一。从学习历史入手，特别是要学习近代史和现代史，让人们了解祖国的历史和现状，引导人民群众树立民族自尊心和自信心，树立对自己祖国的高度责任感和祖国利益高于一切的思想，树立为祖国、为人民勇于献身的精神，把爱国之心、报国之志转化为爱国行动。实现中华民族伟大复兴的中国梦，是当代中国爱国主义的鲜明主题。大力弘扬伟大爱国主义精神，大力弘扬以改革创新为核心的时代精神，为实现中华民族伟大复兴的中国梦提供共同的精神支柱和强大的精神动力。江都水利枢纽以工程建设发展历史为脉络，以国情水情教育为抓手，推进爱国主义教育基地建设。深入贯彻落实《新时代爱国主义教育实施纲要》，以服务高质量发展为主线，以培育和践行社会主义核心价值观为根本，不断创新爱国主义教育活动载体，精心策划推出一系列有筋骨、有道德、有温度、有"源头"特色的宣教产品和活动项目，亮点突出，成效明显。先后与区域多家学校、国家机关、企事业单位、城乡社区、驻地部队等建立共建共享机制，每年有 2 万多大中小学生、党员干部、各界群众和部队官兵等来此参观学习。积极响应水利风景区向全国医务工作者实行免费入园的倡议，江都水利枢纽还积极配合战"疫"英雄河湖健康行活动，接待了来自省疾控中心、省人民医院、省中西医结合医院、南医大四附院等单位近 20 组抗疫医护人员来处参观，展示了治水成就，传播了治水文化。

（二）推广普及红色文化

管理处深度挖掘红色资源，加大江都水利枢纽工程建筑等保护力度，实行文物、旧址保护修缮与开发利用，环境提质改造与完善综合服务功能同步推进，因地制宜、科学合理推进红色旅游。深入挖掘红色文化内涵，积极做好史料征集、管理和使用工作，打造党建特色工作方法和活动阵地，在资源融合、党建融合、业务融合、文化融合等方面求突破。突出抓好宣讲队伍建设，加强红色文化研究，传承讲好红色故事，有效发挥红色文化资源和教育基地作用。

中国是一个水旱灾害严重的国家，兴修水利历来是治国安邦的大事。中华人民共和国成立以来，党的历代领导集体都十分重视兴修水利，始终把水利放在战略的高度来认识，随着国家建设事业的发展，对水利战略地位的认识，已经从水利是"农业的命脉"提高到水利要"全面为社会经济服务"，进而又提高到水利是"国民经济的基础产业"。在党的领导下，江苏建成了防洪排涝工程体系。以长江、淮河、太湖和沂沭泗流域洪涝治理为重点，实施大规模的治淮、治太、江海堤防达标、重点区域治理和城市防洪工程建设，建成了较高标准的防洪排涝工程体系。江苏省整修或修复流域性堤防 6 300 多 km，开挖疏浚重要县域以上河道 700 多条、大中小河道 2 万多条。兴建水库 908 座，水闸 3 058 座，大中型抽水站 240 座。长江、太湖、淮河的流域防洪标准接近或达到 50 年一遇，沂沭泗流域防洪标准提高到 20 年一遇，部分海堤防洪标准接近 50 年一遇，区域防洪标准也普遍达到 10～20 年一遇。依托建成的水利工程体系，先后战胜了 19 个洪涝灾害年、15 个干旱灾害年、18 个旱涝交错年，实现减免灾效益达 3 500 亿元。构建了跨流域调水工程体系以水资源供给和保障为重点，逐步构建和完善江水北调、江水东引和引江济太三大跨流域调水工程体系，实现了长江、太湖、淮河和沂沭泗等四大水系的互联互通、互调互济。多年来，三大调水系统年均跨流域调水 160 亿 m^3 以上，有力地保证了全省经济和社会可持续发展对水资源的需要。

江都水利枢纽工程建成后，为淮河下游千万群众免除了涝旱之灾，为苏北千万亩盐碱地改良提供了水源，特别是作为"南水北调"工程的东线源头，持续向华北地区输送优质生产生活用水，为构筑江淮生态大走廊提供了“江都方案”，因此具有重要的民生意义和生态功能。在长期的建设、维护和功能升级过程中，逐步形成了“源头精神”。这种精神彰显了党和政府一切为了人民的政治情怀，体现了党和政府全心全意为人民服务的责任和担当。江都水利枢纽工程于 1961 年 12 月破土动工，至 1977 年 3 月基本建成，“蓄泄兼筹”的治淮方略得以实现；在改革开放和现代化建设的新时期，作为“南水北调”这一战略性惠民工程的东线源头，江苏水利枢纽经过工程改造，负责从长江下游干流提水，沿京杭大运河逐级翻水北送；当前在绿色发展理念的指引下，大力推进清水活水、生态廊道等工程任务，充分体现了党和政府全心全意为人民服务的宗旨意识和不变初心。

（三）水利科普教育

江都水利枢纽坚持实施科教兴国战略和可持续发展战略，加强科学技术普及工作，提高公民的科学文化素质，推动经济发展和社会进步，通过向社会普及水利科学技术知识、倡导科学方法、传播科学思想、弘扬科学精神的活动开展水利科普，采取公众易于理解、接受、参与的方式。将科普作为社会主义物质文明和精神文明建设的重要内容。江都水利枢纽志愿服务团队自主开展科普活动，坚持群众性、社会性和经常性，结合实际，因地制宜，采取多种形式。坚持科学精神，依靠社会各界组织参加各类科普活动，尤其是与各类学校教育机构合作，把科普作为素质教育的重要内容，组织学生开展多种形式的科普活动。依托江都水利枢纽工程和水闸、泵站、节水水利科普教育基地，组织开展青少年校外科普教育活动。邀请科学研究和技术开发机构、高等院校、自然科学和社会科学类社会团体，管理处职工发挥自身优势和专长，积极参与和支持科普活动。组织和支持水利高级职称员工开展科普活动，充分动员鼓励结合本职工作进行科普宣传，帮助加强青少年科技教育师资队伍建设。向公众开放泵房、陈列室和其他场地、设施，举办讲座和提供咨询。运用新闻出版、广播影视、文化等机构和团体，发挥自身优势做好科普宣传工作。综合性互联网站应当开设科普网页，出版书籍，与各类文化场所相结合，发挥水利科普教育作用。结合学校教育，加强综合实践活动课程中的水利科技类研究型课程的建设。编制科普课程，积极发动组织区域学生开展各类水利科普竞赛，以活动促进水利科普教育，创设良好的青少年科技教育的社会环境。

（四）节日文化涵育

中华传统节日蕴含着博大精深的文化内涵，体现着世代相传的价值观念。江都水利枢纽坚持以社会主义核心价值体系建设为根本，兼收并蓄，在坚守中发展，在发展中创新。大力宣传近年来精神文明建设取得的积极成果，着力营造关爱互助、安定团结、欢乐祥和的节日氛围，江都水利枢纽坚持丰富干部职工文化生活，积极倡导文明和谐、实用节俭的现代节日理念，在移风易俗中体现人文关怀，在欢乐喜庆中倡导文明新风，不断提升全处干部职工文明素质和单位文明和谐程度。

以纪念重要节日、重大历史事件、重要历史人物等为契机，依托党政工团等活动载体形式，精心开展丰富多彩的爱国主题教育活动。这些活动是推进社会主义核心价值体系建设的重要载体，是群众性精神文明创建活动，将文明单位创建活动与之紧密结合，坚持开展“我们的节日”文化活动,“我们的节日”不仅是传统的,更是现代的;不仅是古老的,更是创新的。深入开展形式多样的节日活动,充分利用传统节日和革命纪念日等,结合管理处职工队伍思想现状和工作实际情况组织开展丰富多彩的经典诵读、节日民俗、文化娱乐和体育健身活动,发挥优秀传统文化的滋养和引导作用,推动“我们的节日”主题活动广泛开展。春节期间,突出辞旧迎新、尊老爱幼主题,举办职工联欢晚会等活动,营造欢乐健康、快乐吉祥的节庆氛围。元宵节期间,突出团圆平安、家庭和睦主题,举办迎春灯会、秧歌会等活动,营造安定和谐、欢乐祥和的喜庆氛围。清明节期间,突出纪念先人、缅怀先烈主题,举办祭奠扫墓、清明诗会等活动,引导人们继承中华民族优良传统,慎终追远,珍惜幸福生活。劳动节期间,突出爱岗敬业、无私奉献主题,举办先进人物事迹报告会、慰问劳动模范等活动,大力倡导劳动光荣、工作快乐,营造尊重劳动、尊重知识、尊重创造的社会氛围。端午节期间,突出人与自然和谐共处主题,举办诗会、歌会、经典诵读、踏青、登山等活动,增强人们热爱家乡、热爱自然的情感。“七一”期间,突出心向党、跟党走主题,举办党史学习、党史讲座、知识竞赛、传唱革命歌曲等活动,在全处唱响社会主义好、共产党好主旋律,密切党和人民的血肉联系。中秋节期间,突出团结、团圆主题,举办民俗文化节、中秋赏月、体育健身等活动,营造社会和谐、健康向上的节日氛围。重阳节期间,突出敬老孝亲主题,每年邀请离退休职工回处座谈、举办老年人联谊会、敬老助老等活动,大力弘扬尊老敬老的传统美德。国庆节期间,突出社会主义好、改革开放好、伟大祖国好主题,举办文艺演出、发展成果展示等活动,激发广大市民热爱祖国、建设家乡的责任感和使命感。不断满足干部职工精神文化需求,提升活动的思想文化内涵。针对各节日的具体情况研究制定具体活动方案,推动活动有序开展。精神文明办公室认真组织各项工作,做到既形成声势又扎扎实实。坚持从实际出发,适应干部职工的审美情趣、接受能力和心理特点,立足群众乐于参与和便于参与,不断创新节庆活动的形式和载体,有针对性地设计、开展活动,增强“我们的节日”主题活动的吸引力和感染力。

第三节　教育宣传展示

(一) 创新载体手段

结合技术创新和职工技能培训开展科普活动,设立向公众开放的科普场馆和设施,结合群众生活、学习、健康娱乐等需要开展教育宣传活动。将践行社会主义核心价值观作为评选“最美江都水利枢纽人”等各项推优评比的重要标准,举办优秀共产党员、先进工作者、优秀青年等推优活动,推荐身边好人,宣传身边好事,使社会主义核心价值观具象化,通过典型榜样选树,发挥先进典型的正面引导和教育的功能作用,扩大先进典型的影响力,开展感人事迹讲述、宣传,潜移默化地传播弘扬正能量。加强水利工作宣传,在长江、淮河发生较大流域性洪水、干流全线超警戒水位时期,流域抗旱调水时期,与国家级、省级媒体联动,深入基层细挖报道线索，多角度开展水利宣传工作。深度报道亮点工作，围绕管理处党委和行政工作要点、工作思路及重大工作部署，深入了解推进工作的方法、措施、成效，及时掌握基层各项工作贯彻落实情况，提高信息的准确度，进一步强化意识形态工作，依法依规管好思想理论阵地、新闻宣传阵地。加强新媒体应用，着力加强与国家、省市级有关媒体的合作，充分运用"学习强国"、"今日头条"、"交汇点"、"荔枝新闻"、省级机关"党建云"平台，精准高效地推送新闻，加大宣传力度；扩大"江都水利枢纽"微信公众号宣传成效，发挥"两端一微"(PC端、移动端和微信)作用，紧紧围绕河长制、湖长制、生态河湖建设、工程管理、防汛抗旱、综合经营等中心工作，同时在新华、新浪、腾讯发布网络文明微博每年达2 000篇、博客400多篇，充分展示南水北调东线"源头"形象，努力形成舆论引领作用更凸显、宣传教育成效更明显、凝心聚力效果更突出的态势。

（二）核心价值培育

坚持价值引领，把培育和践行社会主义核心价值观贯穿文明单位创建活动全过程。社会主义核心价值观是群众性精神文明创建活动的重要组成部分；是全面贯彻习近平新时代中国特色社会主义思想和党的十九大精神，贯彻党的教育方针，坚持社会主义方向，落实立德树人根本任务的重要载体；是把江都水利枢纽建设成为锻造理想信念的熔炉、弘扬主流价值的高地、涵育中华文化的家园、滋养文明风尚的沃土的有效途径；是激励广大干部职工向上向善、孝老爱亲，忠于祖国、忠于人民，培养担当民族复兴大任的时代新人的坚强保证。通过核心价值培育提高公民道德、职业道德、文明修养和民主法治观念，提高文化生活质量，使文化内容健康、格调高雅、丰富多彩，提高文明程度，使秩序良好、环境优美，育人环境进一步改善。

夯实文明创建，培育社会主义核心价值观。社会主义核心价值观是唯物史观与认识论、价值观与实践论的有机统一，我们将社会主义核心价值观弘扬作为文明创建的具体路径，将其日常化、形象化、生活化，纳入创建工作计划。结合管理处发展实际，融合社会主义核心价值观，制定精神文明建设规划，坚持党政工团齐抓共管，专题研究文明创建工作，制订年度工作要点和计划任务分解表，培育好社会主义核心价值观，助推文明创建工作发展。

注重学习宣贯工作。把社会主义核心价值观学习融入职工教育培训、干部素质教育，举办"弘扬东线源头特色水文化，践行社会主义核心价值观知识竞答"，组织职工全员参加官方媒体举办的社会主义核心价值观答题，引导广大干部职工深刻把握社会主义核心价值观的丰富内涵和实践要求，在处区及闸坝管理所制作安装"遵德守礼"牌、文明提示语，实时更新"江苏省文明单位在线"专题网页，网络文明传播小组利用博客、微博、论坛、QQ等网络互动阵地进行宣传，近两年累计发表博客292篇、微博2 180条。围绕中心工作，践行社会主义核心价值观。坚持开展道德讲堂、诚信守法、勤俭节约、文明有礼培育、道德经典诵读、"我们的节日"、邻里守望、义务植树等系列活动；突出帮扶共建活动，与江都仙女镇水务站、江都砖桥社区、江都浦头镇西元村、徐州下水道四班开展结对共建。突出特色文体活动，弘扬社会主义核心价值观，职工自编自导自演"迎新春联欢会"，组织"弘扬传统文化，传承良好家风"故事演讲征文、"中国梦·劳动美·幸福路"微视频制作等特色活动。"源头精神"的传承构想及具体举措，一种时代精神的树立，需要千万人的不懈努力。当前，立足实际传承“源头精神”，应重点抓好五大关系，在目标定位、载体建设、实践应用、研究学习、传播推介等方面多管齐下，在与时俱进、奋斗不息、创新突破的高质量发展中，把挖掘、提炼、弘扬的过程激变成深入学习、融入灵魂、长期坚持的过程，并使之最终作为一种可贵的新时代精神继续传承下去。

（三）工匠精神传播

“工匠精神”是江都水利枢纽人文特征和灵魂。坚持以立德树人为根本任务，高度重视“工匠精神”的培育并落到实处，为江都水利枢纽灌注更为丰富的思想内涵，提升职业教育真正的人文价值。“工匠精神”内涵在于精益求精、严谨、耐心、专注、坚持、专业、敬业。在加快制造业转型升级，实现制造大国向制造强国转变的关键时期，培养大批拥有工匠精神的技术人才，是江都水利枢纽的现实需要。工匠精神是中华民族的传统美德，江都水利枢纽在育人中坚持塑造江都水利枢纽工匠文化，将职业精神、职业技能、人文素养三者统一，引导青年职工将对工匠精神的不懈追求贯穿自己的职业生涯。加强“工匠精神”的养成教育、体验教育和实践教育，从而使“工匠精神”与技术活动、技能培育有机结合起来，并内化为职业精神。在自身文化软实力构建过程中，以“工匠精神”的培育作为切入点和制高点。弘扬“工匠精神”，营造劳动光荣、技能宝贵、创造伟大的社会氛围，才能有职业文化软实力生存的社会基础。将“工匠精神”变成一种传统、一种理念、一种价值趋向。让其源于历史文明又适合现代文明、源于传统教育又基于职业教育，在职工之间形成文化与思想的共同价值观，培育出内生动力，从而长久发展。同时建立制度机制保障，自觉践行工匠精神，支撑“源头智造”“源头精造”，让工匠精神内化为江都水利枢纽人的精气神。

（四）优秀作品创作

围绕编辑的文艺创作评论刊物、内部交流网络平台，开展积极健康的文艺评论；围绕重大作品、文艺精品和创作思潮组织开展好专题研讨会，让作品创作真正形成理论成果，去指导推动作品创作的实践，把作品创作提高到一个新的水平。编著出版了《江都水利枢纽志》《江都水利枢纽志续》《江淮明珠》《江都水利枢纽精细化管理丛书》《江都水利枢纽水情教育读本（社会版）》《江都水利枢纽水情教育读本（青少年版）》等，创作《我是一滴水》《“源”语青春》《清源之梦》《京杭大运河黄金水脉》《梦在水利　爱在源头》等多部微电影作品。

舞台呈现作品外聘优秀作品创作团队、人员，侧重创作贴近群众、生动鲜活的江都水利枢纽主题原创作品，推出更多易于推广、易于普及群众的文艺作品。根据实际情况，围绕重大节日，挑选精干创作骨干，确定重点题材，确立重点创作任务，推出文艺精品。同时加大组织策划力度，将博大精深的传统文化贴近现实，用群众喜闻乐见的形式加以展现，对优秀的剧目广泛开展展演，形成具有本地特色的文艺精品，用品牌活动来带动作品创作。打造江都水利枢纽优秀文艺精品基层巡演的品牌文化，以重大时间节点为契机，搭建文艺作品展示的良好平台，充分发挥优秀文艺作品引领示范的作用，既展示了创作者的才能，又营造了繁荣文艺创作的良好氛围。为庆祝建党100周年，创作排演舞台剧《筑梦江淮》。

第四节 组织管理模式

（一）组织机构管理

江都水利枢纽国情水情教育具备丰富的爱国主义教育内容，有成熟的宣传资料，有一定规模的场所和基本配套设施，有专业的管理人员负责落实基地的规划组织和管理工作。能够结合自身特点，开展适合青少年参与的各类主题教育活动，定期组织开展活动。免费为受众提供服务，年接待学生人数达到总人数的25%。成立爱国主义教育基地领导小组及办公室。领导小组负责研究解决爱国主义教育基地有关的重大问题，制定《爱国主义教育基地管理办法》《国家水情教育基地管理办法》等方案，规范各项管理制度，深化国情水情教育。

突出爱国主义教育主题，邀请专家学者联合挖掘基地文化内涵和历史内涵，积极策划、组织、开展各种国情水情教育活动，每年至少开展1～2次主题教育活动，振奋民族精神，激发爱国热情，增强民族凝聚力，努力培养"四有"新人。与风景区建设联动加强教育设施的维护、修缮和环境的美化，与时俱进，努力运用现代化的展示手段，增强教育效果。

加强对讲解员和接待人员的教育培训，认真履行岗位职责，在接待咨询、参观引导、讲解示范等方面实行规范化服务，以主动和热情的态度为公众提供满意的服务。规范便利服务内容、方式和手段，制作江都水利枢纽手绘地图，抓实安保、车队、医疗等后勤保障工作，确保服务优质、高效。注重志愿者队伍建设，配齐配强工作队伍。管理处的接待部门配备8名高素质的专职讲解员，江都抽水站、万福闸、江都闸、邵仙闸、宜陵闸、技师工作室等各工程场所配备兼职讲解员，负责展陈场所的参观讲解和对外接待服务，每位讲解员平均每月讲解不低于90次。利用专题讲座、现场教学等形式，每季度开展讲解员业务集中培训，提升他们的思想素质和业务技能。完善表彰激励机制，提高讲解员的积极性。

（二）区域组织联动

"3+"平台延伸，新方式构架服务网络。以水利行业、地方政府、非政府组织为三个切入点，积极联动，搭建并延伸服务平台，给国情水情教育提供良好的输出渠道，为弘扬社会新风、构建和谐社会做贡献。

纵向联动行业，突出水利特色。根据省水利厅统一部署要求，积极开展"保护山川河流""南水北调江苏段清水走廊"等志愿者服务活动；每年世界水日、中国水周期间，与江都区水务局联合开展形式多样的水利宣传活动；发挥省管湖泊职能，与高邮湖、邵伯湖涉湖管理单位联合开展湖泊保护行动，志愿者深入湖泊核心功能区，给渔民送水法、送宣传；世界运河博览会恰逢节假日，管理处志愿者热情做好与会代表参观访问管理处期间的迎宾、后勤等服务工作。

横向联动政府，服务地方发展。积极与地方政府合作，成为扬州江都地方税务局“源头”文化教育基地，传播水文化，弘扬社会主义核心价值观；发挥爱国主义教育基地作用，每年志愿者接待地方中小学生参访2万人次。

机制科学合理。注重将爱国主义教育评价和职工的日常行为规范相结合，用制度细化职工思想行为准则，把日常管理工作与思想教育有机结合，将爱国主义教育评价和人才培养工作相结合，引导职工扎实学好理论知识，在实践中提高专业技能、提升综合素养。聚焦爱国主义主题，利用报刊重要版面、广播电视黄金时段，推出有深度、有温度的鲜活报道。加强爱国主义网络内容建设，广泛开展网上主题教育活动，唱响互联网爱国主义主旋律。注重运用微博、微信、视频网站等传播平台，开展生动活泼的网上爱国主义宣传教育。

（三）志愿服务支撑

江都水利工程管理处志愿者服务队隶属于江苏省水利志愿者总队，现有注册志愿者179人，覆盖率达40%。近年来，在省水利厅党团工委的正确领导下，江都水利工程管理处将志愿者服务组织建设作为培育和践行社会主义核心价值观的重要载体，丰富精神文明建设的重要环节，积极探索志愿者服务管理模式，构建服务网络，壮大队伍组织，打造出一支有水利行业特色的志愿者服务队伍，赢得了社会的广泛认同和好评。

“2+1”模式探索，新思路提升志愿者组织管理。将组织管理与自治管理相结合，探索组织梯级管理、提供专业培训和团队自治管理模式，新思路提升志愿者组织管理水平，充分发挥志愿者服务力量。

加强组织领导，梯级管理打造梯队。管理处党委高度重视，制定管理处《志愿者服务队管理暂行办法》，加强队伍管理。精神文明办公室直接领导，年初制订年度服务总体思路、具体计划，确保制度化管理。志愿者服务总队下设党员分队、青年分队和职工分队，设队长来负责具体服务事项，年终表彰志愿者服务贡献突出的同志。同时，在政策、人力、物力等各个方面给予志愿者服务有力支持。

加强专业培训，专项培训定制专才。管理处每年结合职工继续教育和各项培训，加强志愿者专业服务技能。利用职业培训，巩固提高志愿者专业技能，更好地开展志愿服务活动，加强组织自治，品质服务打造品牌。各志愿者分队加强组织自治，统计队员参加志愿服务时间，要求每年累计不少于24 h。根据服务对象不同的需求，按照注册登记信息，向队员提供适合的服务岗位，合理安排队员结成服务团队开展服务，并要求统一佩戴“小红帽”，规范个人言行；加强宣传教育，开展重大活动，组织志愿者进行宣誓，引导队员自觉履行志愿服务承诺，传播志愿服务理念，维护水利行业、志愿者组织形象。

（四）源头特色活动

与都江堰联合倡议成立“长江经济带国家水情教育基地联盟”，将长江经济带11个省（市）的国家水情教育基地聚合起来，联珠成串、并线成网，提升水情基地建设和水情教育整体水平。通过联盟实现流域水情教育上中下游呼应、东中西部联合，提高水情宣传教育声势，扩大水情教育影响力和受众面，促进长江水文化研究与挖掘、发展与繁荣，为“保护传承弘扬长江文化”提供动力。以爱国主义教育示范基地创建为抓手，推动“百校千家”计划，拓宽爱国主义教育渠道，通过水利建设丰富多彩的实践活动反映新时代社会主义建设伟大成就。

百校计划。以社会主义核心价值观为主线，以江都水利枢纽、都江堰工程建设管理的历程、感人故事为主要内容，进行深入思考和研讨，策划宣讲稿，增强宣讲的针对性、实效性。以真人讲演、影像录播等线上、线下形式，赴流域各中小学、高等院校宣讲，计划每 5 年完成 100 个学校，10 万受众的爱国主义宣讲。

千家计划。以申请筛选机制，在全社会召集学龄儿童家庭，每周末组建两批次 10 组家庭、30 人规模参观团队。设计、制定合理参观路线，由管理处志愿者带队参观江都水利枢纽。每年完成 1 000 个家庭的参观接待，以家庭为单位开展爱国主义教育，发挥爱国主义教育示范基地作用。联合都江堰管理局向都江堰市 1 000 个学龄儿童家庭发放《江都水利枢纽水情教育手册》。

组织“水伴少年”水生态课堂。联合都江堰管理局，以“源头”“都江堰”等特色水文化丰富、服务课外生活。线上以水知识、水法规、节水教育为主题，面向少年儿童开展志愿服务课堂；线下以水情教育基地为依托，开展“我是小河长”等水利职业体验等活动，帮助在水边成长的少年儿童树立亲水、节水、护水意识，搭建少年儿童学知识、交朋友的平台。志愿服务小组与校园、社区联动，专业配套实施“成长计划”，确保活动的规范化、长效化。

“水润华年”水利技术讲坛。搭建起水利职工运用技术、传播技术、研究技术的平台，以江都水利枢纽、都江堰人才技能培训为依托，以优质人才资源为支撑，以弘扬工匠精神、劳模精神鼓励水利技术创新思维、加强水利技术创新交流，以水泵、水闸、水文、水执法等行业工种新技术为水利知识讲堂主题，制作教学视频，开放线上讲堂，实现云端共享，为水利行业青年学习技术知识提供免费视频教程等学习资源，推进水利新技术实践运用和研究发展，并将线上精品课汇聚线下，开展水利行业公益技术讲坛，弘扬劳动光荣、技能宝贵、创造伟大的时代风尚。

“水韵光年”水文化直播间。以江都水利枢纽、都江堰工程水文化，如水工程、水景观、水利遗产为直播内容，打造“水韵光年”直播间，以最新的传播媒体，开展水情教育、水文化传播，向观众传递节水知识，带领观众云游水美风景，为生态文明建设添砖加瓦。

后记

2020年11月13日，习近平总书记视察江都水利枢纽时强调，要依托大型水利枢纽设施和江都水利枢纽展览馆，积极开展国情和水情教育，引导干部群众特别是青少年增强节约水资源、保护水生态的思想意识和行动自觉，加快推动生产生活方式绿色转型。

《以水定城　以水定业——江都水利枢纽印记》（以下简称《印记》）源于此、践于行，在中国共产党百年华诞之际付梓，值得庆贺。

2021年1月，在江苏省水利厅指导下，省江都水利工程管理处着手《印记》编纂工作，成立编纂委员会，提出编写提纲和计划，明确资料提供和撰稿人员。《印记》是在《江都水利枢纽志》基础上的凝练、拓展和延伸。整个编写过程分为五个阶段：第一阶段成立编委会，研究确定《印记》架构，明确编写责任；第二阶段在

《江都水利枢纽志》基础上搜集、整理、完善、汇总资料；第三阶段组织编写、审核，提出修改意见，进一步充实书稿，交出版社审稿；第四阶段根据出版社存疑进行修改，反馈给出版社审核；第五阶段出版社再次反馈存疑，编委会进一步完善，最终定稿。《印记》设篇、章、节3个层次，上限尽可能记载到事情的最初阶段，下限为2020年底，影像记事亦至2020年底。

在整个编撰过程中，编委会得到了省水利厅有关处室和兄弟单位的大力支持，在此一并表示感谢！

印记资治，服务当代，垂鉴后代。这是全省水利工程管理单位首家自行编写出版的治水史书、水情读本，由于编委会水平有限，不足之处在所难免，敬请不吝赐教。

编委会

2021年5月